myBook+

Ein neues Leseerlebnis

Lesen Sie Ihr Buch online im Browser – geräteunabhängig und ohne Download!

Und so einfach geht's:

- Gehen Sie auf **https://mybookplus.de**, registrieren Sie sich und geben Ihren Buchcode ein, um zu Ihrem Buch zu gelangen
- **Ihren individuellen Buchcode finden Sie am Buchende**

Wir wünschen Ihnen viel Spaß mit myBook+!

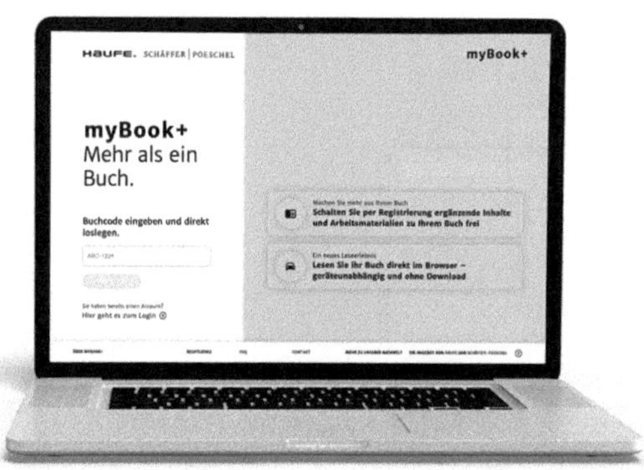

Aufsichtsrat kompakt

Michael Beyer/Reinhard Heyd

Aufsichtsrat kompakt

Basiswissen mit Schaubildern

2., aktualisierte und überarbeitete Auflage

Schäffer-Poeschel Verlag Stuttgart

Bibliografische Information der Deutschen Nationalbibliothek

Die Deutsche Nationalbibliothek verzeichnet diese Publikation in der Deutschen Nationalbibliografie; detaillierte bibliografische Daten sind im Internet über http://dnb.dnb.de/ abrufbar.

Print:	ISBN 978-3-7910-5714-9	Bestell-Nr. 17003-0002
ePub:	ISBN 978-3-7910-5716-3	Bestell-Nr. 17003-0100
ePDF:	ISBN 978-3-7910-5715-6	Bestell-Nr. 17003-0151

Michael Beyer/Reinhard Heyd
Aufsichtsrat kompakt
2., aktualisierte und überarbeitete Auflage, Februar 2024

www.schaeffer-poeschel.de
service@schaeffer-poeschel.de

Bildnachweis (Cover): © iStock, photosoup

Produktmanagement: Anna Pietras

Schäffer-Poeschel Verlag Stuttgart
Ein Unternehmen der Haufe Group SE

Vorwort

Sehr geehrte Leserinnen und Leser,

seit dem Erscheinen der ersten Auflage haben sich zahlreiche regulatorische, gesellschaftliche und technische Entwicklungen ergeben, die von besonderer Relevanz für Aufsichts-, Verwaltungs- und Beiräte sind.

In dieser zweiten und umfassend überarbeiteten Auflage gehen wir daher auf Neuerungen ein wie die Anforderungen an den Aufsichtsrat in Bezug auf Nachhaltigkeit (ESG), neue Gesetze wie beispielsweise FISG, StaRUG, »Lieferkettengesetz« oder ARUG II, den 2022 überarbeiteten DCGK sowie auf die Rolle des Aufsichtsrats bei Themen wie Strategie und Digitalisierung.

Aufgrund der positiven Resonanz sind wir unserem Konzept treu geblieben, die Texte durchgehend um leicht verständliche Abbildungen anzureichern.

Wir würden uns freuen, wenn Ihnen dieses Buch insbesondere durch die Themenauswahl und -aufbereitung eine wertvolle Unterstützung bei Ihrer Aufsichtsratstätigkeit bzw. Mandatsarbeit ist. Für Anregungen stehen wir jederzeit gerne zur Verfügung.

Berlin/Ulm, Herbst 2023
Michael Beyer
Reinhard Heyd

Inhaltsverzeichnis

Kapitel 4: Internes Kontrollsystem und Risikomanagement

Kapitel 5: Prüfung

Kapitel 6: Compliance

Kapitel 7: Eignung

Kapitel 8: Effizienzprüfung

Kapitel 9: Auswirkungen aktueller Entwicklungen auf die Mandatsarbeit

Kapitel 10: Praxisorientierte Themenfelder der Aufsichtsratsarbeit

Kapitel 1: Grundlagen der Aufsichtsratstätigkeit

1 Einleitung

»Die Tätigkeit in einem Aufsichtsrat erfordert wenig Aufwand, ist mit keiner Verantwortung verbunden und übermäßig gut bezahlt.«
Gesetzesbegründung aus dem Jahr 1906 zur damaligen Höchstbesteuerung

Die zitierte Gesetzesbegründung dürfte der öffentlichen und politischen Wahrnehmung noch bis vor wenigen Jahren entsprochen haben oder zum Teil noch entsprechen. Zwar mögen einige Mitglieder des Aufsichtsrats diesen Einschätzungen nicht ganz ungerechtfertigt ausgesetzt sein, doch kann eindeutig festgestellt werden, dass die Anforderungen an die Mandatsträger sowie deren persönliche Haftungssituation deutlich zugenommen haben. Exemplarisch sind vermehrt nachfolgende Schlagworte zu vernehmen, auf die in den nachfolgenden Kapiteln eingegangen wird:

- Professionalisierung der Aufsichtsratsarbeit,
- dynamische Pflichtintensität,
- zusätzliche Themenfelder: Digitalisierung, Nachhaltigkeit, Risiko- und Compliance Management
- Schadenersatzanforderungen steigen in Anzahl und Höhe,
- von der reinen Kontrolle zur eigenen Tatsachenfeststellung,
- erforderliche Sorgfalt nur mit Zeit und Kompetenz sicherzustellen,
- kompetente Sparringspartner für den Vorstand gesucht,
- Haftungsvermeidung durch Expertise.

> Die Anforderungen an die Mandatsträger sowie deren persönliche Haftungssituation haben deutlich zugenommen.

Die Abbildung 1 zeigt die Kernthemen der modernen Aufsichtsratsarbeit in Stichpunkten auf. Bereits auf den ersten Blick wird klar, dass die zeitgemäße und umfassende Ausübung des Mandats eine Vielzahl von Kompetenzen verlangt und mit diversen Risiken sowie neuen Anforderungen an die Kompetenzen einhergeht. Als Beispiel für solche neuen Themen soll stellvertretend die Digitalisierung genannt werden, die folgende exemplarische Fragestellungen mit sich bringt:

- Unterliegt das Unternehmen einem durch die Digitalisierung bedingten disruptiven Geschäftsmodell?
- Wird der Fokus der Aufsichtsführung auch verstärkt auf Aspekte wie Datenschutz, Datensicherheit, Cyberkriminalität, Auswirkungen der Digitalisierung auf die Arbeitswelt inkl. Kompetenzen und Strukturen gelegt?
- Gibt es ein IT-Kompetenzzentrum (IT-Verantwortlicher)?
- Welches sind die Auswirkungen der Digitalisierung auf das Geschäftsmodell, die Wettbewerbssituation sowie die wesentlichen Chancen und Risiken?

Einige der genannten Themen werden bereits in Kapitel 1 behandelt, andere – wie zum Beispiel die besonderen Rollen oder die Effizienzprüfung – werden in den folgenden Kapiteln erläutert.

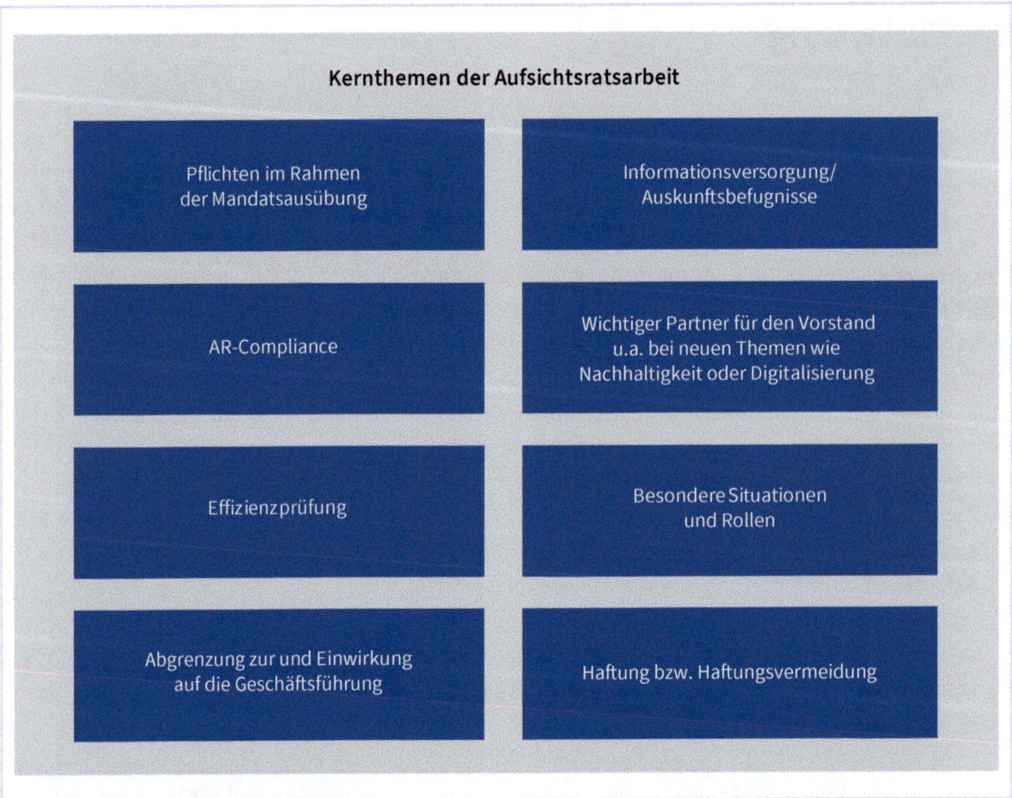

Abb. 1: Kernthemen der Aufsichtsratsarbeit

2 Pflichten

Die Aufgaben und Pflichten des Aufsichtsrats sind mitnichten als statisch zu bezeichnen. Die »klassische« Pflicht des Aufsichtsrats stellt, neben der Bestellung und Abberufung der Vorstandmitglieder, die in § 111 Abs. 1 AktG verankerte Überwachung der Geschäftsführung dar. Dies bedeutet die retrospektive Ergebniskontrolle durch den Vergleich von Soll- und Istwerten anhand der Bücher und Schriften der Gesellschaft sowie das Überprüfen von Handlungen der Geschäftsführung auf Recht-, Ordnungs- und Zweckmäßigkeit. Durch Gesetzesänderungen und Rechtsprechung unterliegen die weiterführenden Aufgaben von Aufsichtsräten jedoch einem stetigen Wandel.

So erfolgte 2009 durch die Umsetzung des Bilanzrechtsmodernisierungsgesetzes (BilMoG) eine Neuformulierung des § 107 Abs. 3 Satz 2 AktG. Dieser konkretisiert und ergänzt nun die Aufgaben des Aufsichtsrats um die Überwachung des Rechnungslegungsprozesses, der Wirksamkeit des internen Kontrollsystems, des Risikomanagementsystems und des internen Revisionssystems sowie der Abschlussprüfung.

Entsprechend obliegt dem Aufsichtsrat die Beauftragung des Abschlussprüfers sowie die Überwachung von dessen Unabhängigkeit.

Als weitere zugewachsene Aufgabe sind die mitunternehmerischen Tätigkeiten wie die Beratung des Vorstands, das Mitspracherecht und unter Umständen das Zustimmungserfordernis in weittragenden Unternehmensentscheidungen zu nennen (§ 107 Abs. 4 Satz 2 AktG).

> Der Aufsichtsrat unterliegt zur Erfüllung seiner Aufgaben einer reinen Selbstorganisation.

Nicht zuletzt wird dies durch Grundsatz 13 des Deutschen Corporate Governance Kodex (DCGK 2022) deutlich. Dort heißt es: »Vorstand und Aufsichtsrat arbeiten zum Wohle des Unternehmens vertrauensvoll zusammen.«

Diese Aufgabenverteilung und die daraus folgende Veränderung der Rolle des Aufsichtsrats ist im Ergebnis ein Sich-zunutze-Machen der Vorteile der monistischen Board-Verfassung zum einen, sowie der Aufsichtsratsverfassung (Zwei-Institutionen-Modell) zum anderen. Entsprechend hoch sind hier die Anforderungen an die Informationsnetzwerke zwischen Aufsichtsrat und Geschäftsführung.

Um all diesen Aufgaben gerecht zu werden, unterliegt der Aufsichtsrat einer reinen Selbstorganisation und kann im Bedarfsfall auch Teile seiner Aufgaben an selbst eingerichtete Ausschüsse delegieren, deren Aufgabe es wiederum ist, dem Aufsichtsrat zu berichten. Dieser hat in einem in der Satzung der Gesellschaft festgelegten Turnus der Hauptversammlung Bericht zu erstatten.

Wesentliche Pflichten des Aufsichtsrats

- Überwachung der Geschäftsführung gem. § 111 I AktG (DCGK 2022 Grundsatz 6: auch deren Beratung!)
- Bestellung und Abberufung der Vorstandsmitglieder (§ 84 I und III AktG)
- Erteilung des Prüfungsauftrages an den Abschlussprüfer (§ 111 II S. 3 AktG)
- Prüfung und Feststellung des Jahresabschlusses (§§ 171 I, 172 AktG)
- Allgemeine Sorgfaltspflicht (§ 116 S. 1 AktG)
- Pflicht zur Selbstorganisation → z.B. Durchführung von Sitzungen

Abb. 2: Wesentliche Pflichten des Aufsichtsrats (1)

Wichtigste Pflicht des Aufsichtsrats ist die Überwachung der Geschäftsführung gemäß § 111 AktG. Diese Pflicht hat der Aufsichtsrat als Organ wahrzunehmen. Entsprechend sind sämtliche Aufsichtsratsmitglieder hier grundsätzlich Kraft organschaftlicher Rechtsverhältnisse zur Mitwirkung verpflichtet. Diese Überwachungsfunktion ist eine Dauerfunktion und hat daher, wie auch die Geschäftsführung durch den Vorstand, dauerhaft zu erfolgen. Ein Verstoß gegen diese Pflicht begründet einen Anspruch auf Schadensersatz der Gesellschaft.

> Zur Überwachung und Beratung gewährt das Gesetz dem Aufsichtsrat umfangreiche Informationsrechte.

In der Praxis erstreckt sich die Überwachung des Vorstands primär auf alle bedeutsamen Maßnahmen der Geschäftsführung. Dies sind zunächst alle operativen Maßnahmen zur Organisation der Geschäftsführung. Hier sind insbesondere die Überwachung der Systeme zur Erkennung bestandsgefährdender Entwicklungen für die Gesellschaft zu nennen sowie die Überwachung der internen Kontroll- und Compliance-Systeme auf Angemessenheit und Effizienz. Es besteht außerdem die Verpflichtung, Hinweisen auf Fehlverhalten nachzugehen.

Um diese Aufgaben effektiv wahrnehmen zu können, gewährt das Gesetz dem Aufsichtsrat (nicht jedoch dem einzelnen Mitglied) umfangreiche Einsichts- und Prüfungsrechte.

Unterstützt werden diese durch die Berichtspflichten des Vorstands gegenüber dem Aufsichtsrat.

Im Rahmen der Ausarbeitung dieser Rechte sind vielfach Verweise auf das Aktiengesetz (AktG) sowie auf das Genossenschaftsgesetz (GenG) und GmbHG zu finden.

Die Ursache dafür ist, dass insbesondere die Regelungen für den Vorstand und den Aufsichtsrat in beiden Rechtsformen (AG und eG) nahezu deckungsgleich sind. Daher wenden die Gerichte, vor allem auch der Bundesgerichtshof, bei der Auslegung von Zweifelsfragen im Genossenschaftsrecht oder im Recht der GmbH auch das Aktiengesetz analog an (sofern es keine rechtsformspezifische gesetzliche Regelung gibt).

Vor diesem Hintergrund wird bei Genossenschaften und Gesellschaften mit beschränkter Haftung auch der sogenannte Deutsche Corporate Governance Kodex (DCGK 2022) für anwendbar gehalten. Es handelt sich dabei um Grundsätze guter Unternehmensführung, die eigentlich für börsennotierte Aktiengesellschaften erarbeitet wurden, aber auch auf andere Rechtsformen anwendbar sind (Präambel des DCGK 2022). Dies gilt sinngemäß auch für den PCGK (Public Corporate Governance Kodex), der die Grundsätze guter Unternehmensführung der öffentlichen Hand definiert. An den Stellen, wo das Genossenschaftsgesetz und das GmbHG vom Aktiengesetz deutlich abweichen, wird gesondert darauf hingewiesen.

Wesentliche Pflichten des Aufsichtsrats

- Allgemeine Verschwiegenheitspflicht (§ 116 S. 2 AktG)
- Einberufung der Hauptversammlung zum Wohl der Gesellschaft (§ 111 III AktG)
- Prüfung der Vertretung der Gesellschaft ggü. Vorstandsmitgliedern (§ 112 AktG)
- Insolvenzantragspflicht bei Führungslosigkeit, Zahlungsunfähigkeit oder Überschuldung (§ 15a III InsO)
- Zustimmungspflichtige Rechtsgeschäfte gem. Geschäftsordnung (§ 111 IV S. 2 AktG)

Abb. 3: Wesentliche Pflichten des Aufsichtsrats (2)

Die besondere Bedeutung des Rechnungslegungsprozesses zeigt sich bereits darin, dass er als (einziger) zentraler Unternehmensprozess der Überwachungsfunktion des Aufsichtsrats unterstellt ist und Eingang ins Gesetz gefunden hat. Nach § 107 AktG obliegt dem Aufsichtsrat die Überwachung des Rechnungslegungsprozesses, der Wirksamkeit des internen Kontroll- und Risikomanagementsystems, des internen Revisionssystems sowie der Abschlussprüfung. Gegenstände der Überwachung sind nicht nur Jahresabschluss, Konzernabschluss und (Konzern-)Lageberichte als Ergebnis der Rechnungslegung, sondern auch der gesamte Rechnungslegungsprozess selbst. Dies umfasst auch die rechnungslegungsbezogenen Aspekte des internen Kontrollsystems, des Risikomanagementsystems sowie der internen Revision. Die Einrichtung des Rechnungslegungsprozesses obliegt dem Vorstand. Der Aufsichtsrat hat zu überwachen, ob der Vorstand den genannten Prozess pflichtgemäß eingerichtet hat und ob die Wirksamkeitskontrollen funktionieren. Sollte der Prozess nach Einschätzung des Aufsichtsrats nicht angemessen implementiert sein, so hat der Aufsichtsrat die Anpassungen vom Vorstand einzufordern. Dies setzt jedoch zur Beurteilung der IST-Situation sowie zur beratenden Skizzierung des Soll-Bildes neben Branchenkenntnissen umfassende Kenntnisse aus den Bereichen Rechnungslegung, Controlling, Risikomanagement etc. voraus.

> Zur Beurteilung von betriebswirtschaftlichen Sachverhalten müssen Ist-Situationen vom Aufsichtsrat verstanden werden und Soll-Bilder erstellt oder kompetent geprüft werden können.

Um eine Vorstellung zu erhalten, wie diese Kompetenzen im Aufsichtsratsgremium vorzuhalten sind, hilft ein Blick in den § 25d KWG, der die erforderliche Sachkunde von Mandatsträgern in Kreditinstituten konkretisiert. Danach müssen alle Mitglieder des Gremiums insbesondere bei Finanzthemen in der Lage sein, Kollektiventscheidungen individuell beurteilen zu können – unabhängig von der vertieften Expertise von Ausschüssen, Experten etc. Die hier angesprochene Fachkompetenz bezieht sich ebenfalls auf Arbeitnehmervertreter und politische Vertreter innerhalb des Aufsichtsrats. Zwar sind diese Anforderungen lediglich im KWG kodifiziert, doch ist im Streitfall durchaus auch von einer Ausstrahlungswirkung der Sachkunde-Kriterien auf Mandatsträger außerhalb des Bankensektors auszugehen. § 100 Abs. 5 AktG verlangt bei Unternehmen von öffentlichem Interesse, dass die Aufsichtsratsmitglieder in ihrer Gesamtheit mit dem Sektor, in dem die Gesellschaft tätig ist, vertraut sind. Insbesondere durch die jüngsten Bilanzskandale und Urteile scheint ein Kompetenzmangel auf diesem Gebiet vor Eignern, der Öffentlichkeit und ggf. der Gerichtsbarkeit schwerlich argumentierbar.

Die hier angeführten Beispiele wesentlicher Pflichten stellen keine umfassende und abschließende Auflistung dar – zumal sich der Begriff der Wesentlichkeit auch immer auf die besonderen Umstände beziehen kann, in denen sich ein Unternehmen befindet. Als Konsequenz kann sich ergeben, dass eine im Mandatsalltag weniger relevante Aufgabe in speziellen Situationen zur signifikanten Herausforderung wird.

Wesentliche Pflichten des Aufsichtsrats

- Erlass einer Geschäftsordnung für den Vorstand § 77 Abs. 2 S. 1 AktG
- Überwachung des Rechnungslegungsprozesses nach § 107 AktG
- Prüfung des Abhängigkeitsberichts gem. § 314 AktG
- Passive Empfangszuständigkeit bei Führungslosigkeit der Aktiengesellschaft nach § 78 Abs. S. 2 AktG
- Geltendmachung von Schadensersatzansprüchen der Aktiengesellschaft gem. § 93 AktG

Abb. 4: Wesentliche Pflichten des Aufsichtsrats (3)

3 Abgrenzung der Organe

Der Vorstand ist das (geschäftsführende) Leitungsorgan der Aktiengesellschaft. Bestellt wird dieser durch Beschluss vom Aufsichtsrat und besteht grundsätzlich aus mindestens einem Mitglied, bei einem Grundkapital von mehr als drei Millionen Euro aus mindestens zwei Mitgliedern. Die zentrale Aufgabe des Vorstands geht aus § 76 Abs. 1 AktG hervor und ist die eigenverantwortliche Leitung der Gesellschaft mit der Sorgfalt eines ordentlichen, gewissenhaften Geschäftsleiters (»Business Judgement Rule«, § 93 Abs. 1 Sätze 1 und 2 AktG). Besteht der Vorstand aus mehreren Mitgliedern, so sind diese grundsätzlich nur zur gemeinsamen Geschäftsführung befugt. Weiterhin vertritt der Vorstand die AG, sowohl außergerichtlich als auch gerichtlich. Ebenso obliegt dem Vorstand die Führung der laufenden Geschäfte. Weitere Pflichten des Vorstands sind unter anderem

- die Aufstellung vom Jahresabschluss und Lagebericht,
- die Entwicklung der strategischen Ausrichtung des Unternehmens (Grundsatz 2 DCKG 2022),
- die Einberufung und Durchführung von ordentlichen und außerordentlichen Hauptversammlungen,
- die Berichterstattung an den Aufsichtsrat,
- die Eröffnung des Insolvenzverfahrens.

> Die zentrale Aufgabe des Vorstands ist die eigenverantwortliche Leitung der Gesellschaft mit der Sorgfalt eines ordentlichen, gewissenhaften Kaufmanns.

Aus der Eigenverantwortlichkeit des Vorstands ergibt sich, dass dieser seine Tätigkeiten grundsätzlich selbstständig und weisungsfrei ausübt. Einschränkungen ergeben sich hier für besonders weitreichende Rechtsgeschäfte, bei denen der Vorstand der Hauptversammlung die Frage zur Entscheidung vorzulegen hat (vgl. Holzmüller-Entscheidung). Ebenso können sich Beschränkungen der Geschäftsführungsbefugnis aus der Satzung der AG oder aus der Geschäftsordnung des Vorstands ergeben. Dort sind die Rechtsgeschäfte in einem Katalog festzuhalten, die der Zustimmung des Aufsichtsrats bedürfen. Verweigert der Aufsichtsrat seine Zustimmung, so kann der Vorstand die Vorlage der Hauptversammlung zur Zustimmung vorlegen. Verweigert auch diese die Zustimmung, so hat das Rechtsgeschäft zu unterbleiben.

Möglich ist dem Vorstand die Delegation von Aufgaben in verschiedene Ausschüsse, beispielsweise nach dem Divisionsmodell. Mit wachsender Größe einer Aktiengesellschaft kann diese Möglichkeit wohl als unverzichtbar bezeichnet werden. Ausgenommen hiervon sind jedoch alle Grundlagengeschäfte der Gesellschaft.

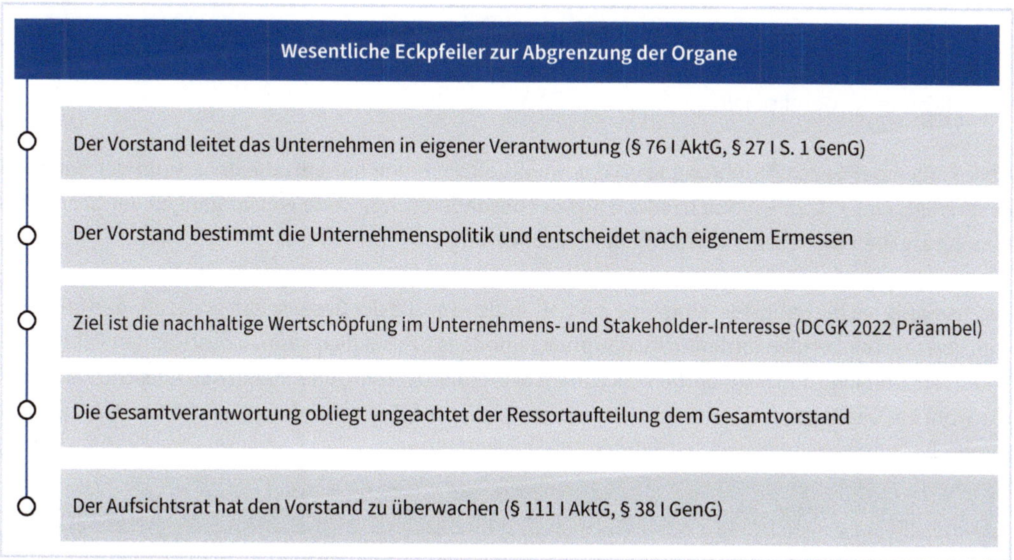

Abb. 5: Wesentliche Eckpfeiler zur Abgrenzung der Organe (1)

Auf den Aufsichtsrat ist an dieser Stelle nur zur Abgrenzung und daher stark verkürzt einzugehen. Bei Gründung der Aktiengesellschaft wird der Aufsichtsrat zunächst von den Gründern bestellt. Dieser bleibt dann bis zur Entlastung durch die erste Hauptversammlung im Amt. Von dort an obliegt die Wahl der Aufsichtsratsmitglieder, soweit es sich nicht um Arbeitnehmervertreter handelt, der Hauptversammlung. Eine Wahl zum Aufsichtsratsmitglied ist bis zur maximalen Höchstdauer von fünf Jahren möglich, kann jedoch beliebig oft durch den Hauptversammlungsbeschluss verlängert werden. Die zentrale Aufgabe des Aufsichtsrats ist die in § 111 Abs. 1 AktG niedergelegte Überwachung der Geschäftsführung. Diese und alle weiteren Aufgaben des Aufsichtsrats sind in den folgenden Kapiteln näher zu beleuchten. Aufgaben der Geschäftsführung können dem Aufsichtsrat grundsätzlich nicht übertragen werden, jedoch stellt der Katalog von möglichen Zustimmungserfordernissen ein starkes Werkzeug zur Einflussnahme des Aufsichtsrats auf die Geschäftsführung dar. Die Aktionäre der Aktiengesellschaft üben in der Hauptversammlung ihre Rechte und Pflichten aus. Sowohl Vorstand, als auch Aufsichtsrat sollen an der Hauptversammlung teilnehmen.

> Eine zentrale Aufgabe des Aufsichtsrats ist die Überwachung des Vorstands bzw. der Geschäftsführung.

Die Hauptversammlung hat gemäß § 119 AktG zu folgenden Themen Beschluss zu fassen:

- Bestellung der Mitglieder des Aufsichtsrats, soweit diese nicht nach anderen Vorschriften entsendet werden,
- Gewinnverwendung,
- Entlastung der Mitglieder von Vorstand und Aufsichtsrat,
- Bestellung der Abschlussprüfer,
- Satzungsänderungen,
- Maßnahmen der Kapitalbeschaffung und -herabsetzung,

- Bestellung von Prüfern für etwaige Sonderprüfungen von Gründungsvorgängen oder Vorgängen der Geschäftsführung,
- Auflösung der Gesellschaft.

Über Fragen der Geschäftsführung kann die Hauptversammlung nur entscheiden, wenn der Vorstand es verlangt. Eine Pflicht kann sich jedoch aus der besonderen Tragweite von Vorgängen der Geschäftsführung ergeben (vgl. Vorstand/Holzmüller-Entscheidung).

Turnusmäßig hat die Hauptversammlung einmal jährlich am Sitz der Gesellschaft stattzufinden und wird vom Vorstand einberufen (ordentliche Hauptversammlung). Zusätzlich kann in bestimmten Fällen eine Hauptversammlung durch Minderheitsaktionäre einberufen werden, oder durch den Aufsichtsrat, wenn das Wohl der Gesellschaft es erfordert (außerordentliche Hauptversammlung) (vgl. §§ 121 ff. AktG).

Wesentliche Eckpfeiler zur Abgrenzung der Organe

- Die Kompetenzverteilung zwischen beiden Organen ist zwingend und steht nicht zur Disposition
- Es gilt der Grundsatz der formellen Satzungsstrenge (§ 23 V 1 AktG, § 18 S. 2 GenG)
- Im Fokus der Überwachung stehen Unternehmensplanung (Strategie, Finanzen) und Risikomanagement
- Die maßgebliche Abgrenzung bestimmt sich (auch für eG's) aus § 90 AktG, nämlich den Regeln über die Berichterstattung des Vorstands an den Aufsichtsrat
- Aufsichtsrat und Vorstand arbeiten zum Wohl der Gesellschaft vertrauensvollzusammen (DCGK 2022 Grundsatz 13)
- Kompetenzverteilung zwischen beiden Organen gilt auch für GmbH, außer der Gesellschaftsvertrag regelt einen anderen Inhalt (§ 52 GmbHG)

Abb. 6: Wesentliche Eckpfeiler zur Abgrenzung der Organe (2)

4 Rechte im Überblick

> Ein effizientes Werkzeug des Aufsichtsrats ist der Zustimmungsvorbehalt, wenn er konsequent genutzt wird.

Da sich häufig aus den Pflichten auch vice versa die Rechte ergeben (z. B. kann die Pflicht zur Überwachung der Geschäftsführung auch als Recht angesehen werden), sollen hier lediglich einige Rechte angeführt werden, die bisher nicht explizit genannt worden sind.

Dem Aufsichtsrat steht das präventiv wirkende Zustimmungserfordernis aus § 111 Abs. 4 AktG für bestimmte Handlungen des Vorstands als effizientes Werkzeug der Kontrolle zur Verfügung. Dies darf jedoch der grundsätzlichen Geschäftsführung durch den Vorstand nicht zuwiderlaufen, sodass Maßnahmen des gewöhnlichen Geschäftsbetriebes nicht unter den Zustimmungsvorbehalt des Aufsichtsrats fallen dürfen. Genauer kann sich der Vorbehalt nur auf Maßnahmen erstrecken, die aufgrund ihrer Art, des Volumens oder des Risikos für das Unternehmen von grundlegender Bedeutung sind. Diese Maßnahmen müssen weiterhin auf genaue Geschäfte oder Geschäftsarten präzisiert werden.

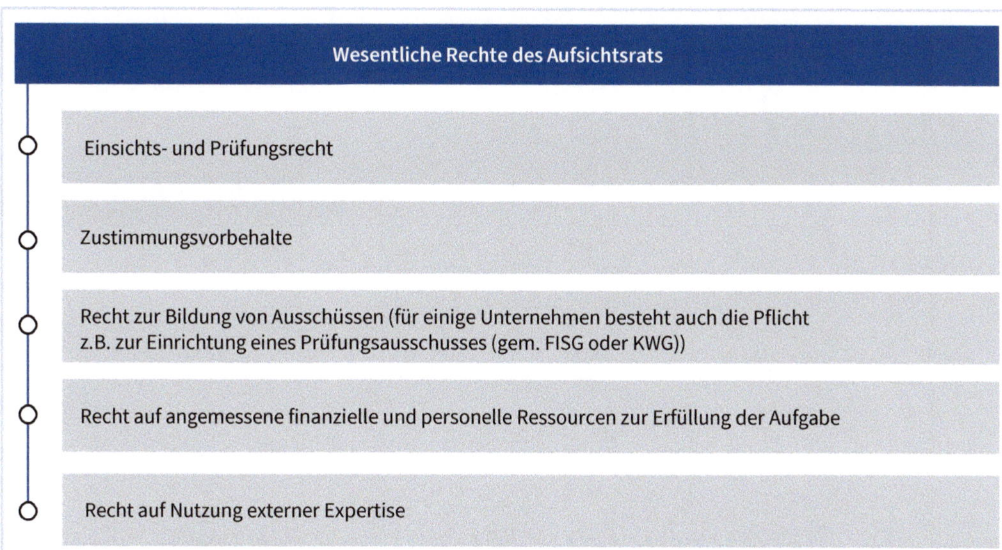

Abb. 7: Wesentliche Rechte des Aufsichtsrats

Die Zustimmungserteilung durch den Aufsichtsrat hat grundsätzlich vor Durchführung der Maßnahme durch eine Beschlussfassung zu erfolgen. Eine Ausnahme ist hier nur durch besondere Eilbedürftigkeit und das Ziel, die Gesellschaft vor Schäden zu schützen, zu rechtfertigen. Sollte der Aufsichtsrat seine Zustimmung verweigern, so bleibt dem Vorstand die Möglichkeit, die Maßnahme der Hauptversammlung zum Beschluss vorzulegen. Versagt auch diese ihre Zustimmung, hat die Maßnahme zu unterbleiben.

Es besteht zwar keine gesetzliche Pflicht, dass der Aufsichtsrat eine Geschäftsordnung für den Vorstand erlässt, jedoch ist dies in der Praxis üblich. Zwar ist es auch dem Vorstand möglich sich selbst eine Geschäftsordnung zu geben, jedoch hat der Aufsichtsrat hierzu das vorrangige Recht.

Die Bedeutung des Rechts auf angemessene Ressourcen ist ebenfalls hervorzuheben, denn wenn von diesem Recht kein Gebrauch gemacht wird, kann sich der Aufsichtsrat grundsätzlich auch wegen unzureichender Fortbildung, mangelnder Expertise etc. nicht exkulpieren. Schließlich sei daran erinnert, dass der Aufsichtsrat das höchste Gremium im Unternehmen ist und sich im einvernehmlichen Rahmen mit dem Vorstand die Ressourcen, Mittel usw. zuweisen lässt, die er nach seiner Einschätzung benötigt. Hier soll es mitnichten um Konfrontation oder Machtspiele gehen, jedoch muss sich der Aufsichtsrat seiner Aufgabe und Verantwortung bewusst sein und gelegentlich auch einfordern, was er zur Erfüllung seiner Aufgaben benötigt.

5 Informationsversorgung

Gemäß § 111 Abs. 1 AktG hat der Aufsichtsrat die Geschäftsführung zu überwachen. Diese Grundfunktion wird einerseits im DCGK 2022 aufgegriffen und andererseits weiter spezifiziert. Dieser Aufgabe kann er indes nur mit angemessen umfangreichen und aktuellen Informationen nachkommen.

Antizipative Kontrolle bedeutet, dass der Aufsichtsrat bereits in die strategische Planung einbezogen wird (vgl. § 90 AktG). Diese Anforderung setzt voraus, dass eine strategische Planung erstellt wird. Umfang und Detaillierungsgrad der sich aus der Beratungs- und Überwachungsfunktion des Aufsichtsrats ergebenden Informationsanforderungen können vom Aufsichtsrat festgelegt werden. Daraus resultiert jedoch eine doppelte Zielrichtung und Begrenzung: Einerseits sind die Anforderungen an den Wirtschaftlichkeitsgrundsatz gebunden, d.h., dass die gewünschten Informationen seitens des Vorstands nicht erhoben werden müssen, wenn die Kosten der Informationserhebung und -auswertung höher sind als der Informationsnutzen. Andererseits erfordert die Business Judgement Rule (§ 93 Abs. 1 Satz 2 AktG) fundierte unternehmerische Entscheidungen auf Basis angemessener Informationen. Dazu gehört auch, wie im nächsten Abschnitt weiter ausgeführt wird, dass der Aufsichtsrat die notwendigen Informationen erhält bzw. nachfordern kann und in der Lage ist, sie auch fachlich zu verstehen.

Gerade für Entscheidungen von grundlegender Bedeutung sind planerische und strategische Informationen erforderlich. Hierzu reichen regelmäßig operativ angelegte Auswertungen oftmals nicht aus. Daraus folgt, dass der Aufsichtsrat das gesamte Portfolio der die Geschäftseinheiten betreffenden Informationen benötigt wie auch die auf den Produktlebenszyklus einzelner Segmente bezogenen Daten. Die Überwachung und Beratung des Aufsichtsrats umfassen insbesondere auch Nachhaltigkeitsfragen (Grundsatz 6 DCGK 2022).

> Insbesondere bei Entscheidungen grundlegender Bedeutung reichen operativ angelegte Auswertungen nicht aus, sondern sind Informationen zur Planung und Strategie zu ergänzen.

Sowohl Planung als auch Kontrolle bedürfen der Informationsfundierung. Dabei ist zwar die Informationsversorgung gemeinsame Aufgabe von Vorstand und Aufsichtsrat, die Initiative über Inhalt, Umfang, Aufbereitung und zeitliche Verfügbarkeit liegt jedoch beim Aufsichtsrat. Besondere Anforderungen ergeben sich aus dem in Deutschland vorherrschenden Trennungsmodell mit seiner Aufgabenparzellierung zwischen Vorstand und Aufsichtsrat. Daher empfiehlt es sich, ein Berichtswesen einzuführen bezüglich der Planvariablen, der Abschätzung der Auswirkungen alternativer Planvarianten und der – getrennt von der Faktendarstellung zu kommunizierenden – Einschätzung des Vorstandes. Die Parameter für die Planungs- und Kontrollunterlagen, die an den Aufsichtsrat kommuniziert werden, sollten nicht anders sein als jene, die für die managementbezogene Planung und Kontrolle herangezogen werden, wenngleich die Aufbereitung kompakt und auf die Zielgruppe der Aufsichtsratsmitglieder abzustimmen ist.

1 Antizipative Kontrolle	2 Angemessene Informationsversorgung	3 Follow-up-Berichterstattung
• Aufsichtsorgan ist in die strategische Planung einzubeziehen (Grundsatz 16 DCGK 2022). • Das setzt voraus, dass es eine strategische Planung gibt. • Fundierung unternehmerischer Entscheidungen gemäß Business Judgement Rule.	• Informationsversorgung ist grundsätzlich Aufgabe des Vorstands • Die Initiative über Inhalt, Umfang, Aufbereitung und zeitlicher Verfügbarkeit liegt jedoch beim Aufsichtsrat (Grundsatz 16 DCGK 2022).	• Berichterstattung über Projektstände, Zielerreichungen oder -abweichungen (Grundsatz 16 DCGK 2022). • Präzise Formulierung der Strategie ist erforderlich für Soll-Ist-Vergleiche, Meilensteine etc. • Dafür sind Budgets ein mögliches Mittel.

Abb. 8: Informationsversorgung (1)

Hierfür können Grundsätze, wie sie in DRS 20 bzw. in dem Konzept des Integrated Reporting entwickelt wurden, in analoger Anwendung auf ihre Eignung zur Kommunikation zwischen Vorstand und Aufsichtsrat geprüft werden. Angesichts des knappen Zeitfensters der Aufsichtsratssitzungen sollten nicht die Budgetierungsverfahren erläutert werden müssen, vielmehr haben die angewandten Budgetierungskonzepte bekannt zu sein.

Aufsichtsführung bedeutet unter anderem, Entwicklungen zu begleiten und projektbegleitende Überwachung und Beratung auszuüben. Dies erfordert eine laufende Berichterstattung über den Projektstand sowie ggf. eingetretene oder erwartete Abweichungen von den Ziel-/Planungsprojektionen. Die Erörterung des Stands der Strategieumsetzung bzw. der Planung setzt deren präzise Formulierung voraus, sowie ihre Fortschreibung in zeitlicher Hinsicht nach Meilensteinen und Projektfortschrittsgrößen. Dafür sind Budgets eine von mehreren möglichen Darstellungsweisen. Planungsrelevante Kennzahlen und deren Entwicklung im Zeitvergleich können ebenfalls herangezogen werden. Wichtig ist, dass die Vorgabe- und Kontrollgrößen homogen sind und die durch den Zeitvergleich ermittelten Differenzen inhaltlich interpretierbar und hinsichtlich der relevanten Verantwortlichkeiten nachvollziehbar sind.

> Vom Aufsichtsrat wird erwartet, dass er über die Berichtspflicht des Vorstands hinausgehende notwendige Informationen eigenständig anfordert.

Die Berichterstattung ist die Grundlage der Überwachungstätigkeit des Aufsichtsrats, da er umfassende Informationen zur Überwachung und zukunftsorientierten Beratung benötigt. Dafür kann er im Wesentlichen auf die folgenden Quellen zurückgreifen:

- Vorstand,
- Abschlussprüfer,
- eingeschränkt: Mitarbeiter.

Auf die Möglichkeit des Austausches mit Mitarbeitern wird später innerhalb dieses Abschnitts eingegangen.

Eine der wesentlichen Pflichten des Vorstands ist die regelmäßige, zeitnahe und umfassende Information des Aufsichtsrats. Dazu ist auf alle relevanten geschäftspolitischen Aspekte, Strategie, Planung, Geschäftsentwicklung, Risikolage, Risikomanagement und Compliance, Nachhaltigkeit und Digitalisierung einzugehen.

Das Mindestmaß der Berichtspflicht enthält § 90 AktG, dem ein Katalog an Themen entnommen werden kann. Letztlich bleibt es jedoch die gemeinsame Aufgabe von Vorstand und Aufsichtsrat, eine ausreichende und angemessene Informationslage sicherzustellen. Diese gemeinsame Verpflichtung ist auch dadurch zu begründen, dass vom Aufsichtsrat erwartet wird, über die Pflichtberichterstattung hinausgehende notwendige Informationen selbst aktiv einzufordern. Auf diese Weise kann er seine Informationslage so gestalten, dass eine effektive Überwachung des Vorstands möglich ist.

Zentrale Elemente der Berichterstattung des Vorstands an den Aufsichtsrat sind der Jahresabschluss und der Lagebericht (bzw. Konzernabschluss und Konzernlagebericht), welche ggf. mit dem sog. Abhängigkeitsbericht über die Beziehungen zu verbundenen Unternehmen zu ergänzen sind. Hinzu kommen Halbjahres- und Quartalsberichte. Diese Berichte sind vom Aufsichtsrat auf ihre Richtigkeit intensiv durchzuarbeiten und zu prüfen. Dies gilt insbesondere auch für die Erklärung zur Unternehmensführung (§ 289f HGB) sowie die nichtfinanzielle Erklärung mit ihrem Schwerpunktthema Nachhaltigkeitsberichterstattung (§ 289c ff. HGB). Ergänzt werden die dem Aufsichtsrat vorzulegenden Vorlagen um den Wirtschaftsplan (Finanz-, Investitions- und Personalplanung) sowie die Strategieplanung mit Abweichungsanalyse gegenüber der Vorperiode sowie den Zustand von Risiko- und Compliance-Management-System.

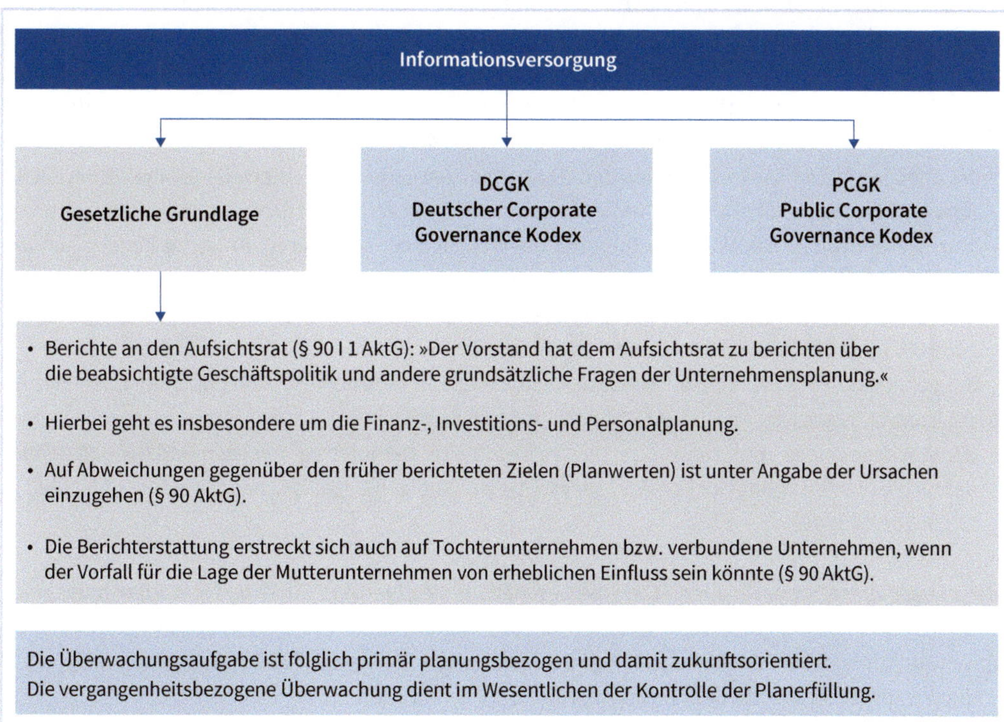

Abb. 9: Informationsversorgung (2)

Bei dieser wesentlichen Aufgabe ist die zweite angeführte Informationsquelle von besonderer Bedeutung, nämlich der Abschlussprüfer. Seine Ergebnisse und Berichte an den Aufsichtsrat helfen diesem, die Berichterstattung des Vorstands zu würdigen und auf ihre Richtigkeit zu prüfen. Die Prüfungsergebnisse und das Prüfungsurteil des Abschlussprüfers geben dem Aufsichtsrat entscheidende Hinweise auf die Korrektheit der vom Vorstand übermittelten Informationen. Dies ist zwar eine essenzielle Botschaft, sagt jedoch nichts über die Erreichung der Geschäftsziele aus, sondern bedeutet nur, dass die berichteten Informationen, Zahlen etc. korrekt sind.

> Der Prüfungsausschuss kann sich auch direkt bei den Leitern der Zentralbereiche in seinem Zuständigkeitsbereich informieren (§ 107 Abs. 4 Satz 4 AktG).

Der Abschlussprüfer kann zwar dem Aufsichtsrat nicht die Pflicht zur Prüfung der genannten Berichte abnehmen, da diese Aufgabe allein und persönlich dem Aufsichtsrat vorbehalten ist, aber in seiner Rolle als »Gehilfe« dient er ihm als sachverständige und unabhängige Quelle und Auskunftsperson.

Neben den gesetzlichen Aufgaben des Abschlussprüfers können ihm oder anderen geeigneten externen Beratern auch zusätzliche bzw. erweiterte Prüfungsaufträge erteilt werden. Beispielhaft sind Gutachten bei Unternehmensübernahmen, Sanierungskonzepte, Prüfung von Kontrollsystemen und Nachhaltigkeitssystemen oder Ähnliches zu nennen.

Zwar kann der Aufsichtsrat zum Zweck der Informationsbeschaffung nicht generell auf die Mitarbeiter des Unternehmens zugehen, da primär der Vorstand als Ansprechpartner des Aufsichtsrats benannt ist. Da die Geschäftsführung in der Hoheit des Vorstands liegt, wäre ein Zugriff auf Mitarbeiter durch den Aufsichtsrat einerseits als ein Eingriff in diese explizite Vorstandskompetenz zu werten, andererseits würde er einen Loyalitätskonflikt zwischen dem Mitarbeiter und seinem Vorgesetzten, i.d.R. dem Vorstand auslösen. Als Sonderfall regelt allerdings § 107 Abs. 4 Sätze 4 und 5 AktG, dass der Prüfungsausschuss über den Ausschussvorsitzenden unmittelbar bei den Leitern derjenigen Zentralbereiche, die für Aufgaben im Zuständigkeitsbereich des Prüfungsausschusses verantwortlich sind, Auskünfte einholen kann. In diesem Fall ist der Vorstand hierüber unverzüglich zu informieren. Ähnliche Regelungen bestehen nach § 25d KWG bereits für Kreditinstitute. So kann

- der Vorsitzende des Risikoausschusses beim Leiter der Internen Revision und beim Leiter des Risikocontrollings (§ 25d Abs. 8 Sätze 3 und 4 KWG),
- der Vorsitzende des Prüfungsausschusses beim Leiter der Internen Revision und beim Leiter des Risikocontrollings (§ 25d Abs. 9 Sätze 3 und 4 KWG) sowie
- der Vorsitzende des Vergütungsausschusses beim Leiter der Internen Revision und bei den Leitern der für die Ausgestaltung der Vergütungssysteme zuständigen Organisationseinheiten (§ 25d Abs. 12 Sätze 6 und 7 KWG)

Auskünfte einholen, wobei in allen Fällen die Geschäftsleitung hierüber unterrichtet werden muss.

Typische unkritische vorstandsunabhängige Quellen, die das Aktienrecht vorsieht, sind zum Beispiel:

- die erwähnten Auskünfte des Abschlussprüfers,
- die Beauftragung von Sachverständigen,

- die Hinzuziehung von Experten zu bestimmten Themen in den Aufsichtsratssitzungen,
- die Einsichtnahme in die Bücher und Schriften der Gesellschaft.

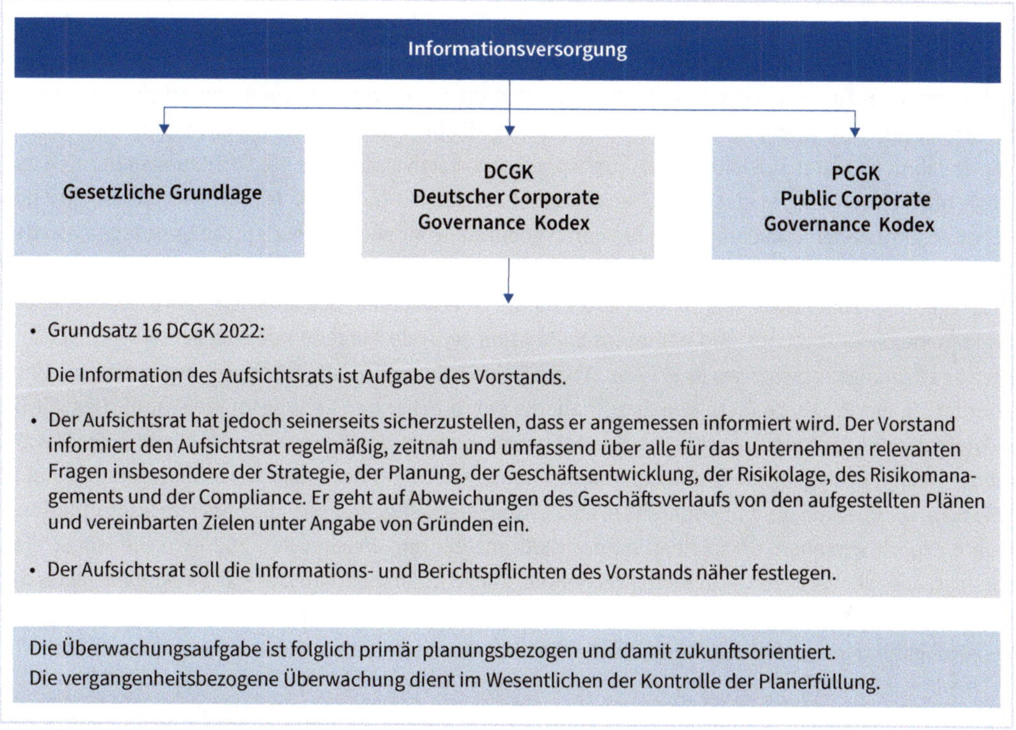

Abb. 10: Informationsversorgung (3)

Geht die Initiative vom Aufsichtsrat aus, kann wiederum zwischen dem generellen Informationsrecht, dem Informationsrecht in Ausnahmefällen sowie einer unternehmensindividuellen Regelung zur Informationsbeschaffung differenziert werden.

Die bisherige Rechtsprechung hat bisher nur in wenigen Ausnahmen entschieden, dass der Aufsichtsrat im Sinne eines generellen Rechts befugt ist, von Mitarbeitern Informationen einzuholen. Diese eher traditionelle Auffassung sieht hierbei ein »Informationsweitergabemonopol« beim Vorstand. Somit besteht **kein generelles Recht**, am Vorstand vorbei Informationen zu beschaffen. Eine solche Maßnahme seitens des Aufsichtsrats wird in der Regel das Vertrauensverhältnis zwischen Aufsichtsrat und Vorstand stark belasten. Auch nach der traditionellen und aktuell (noch) vorherrschenden Sicht ist es jedoch möglich, mittels Zustimmung des Vorstands den Wünschen aller Seiten gerecht zu werden.

> Nach der traditionellen Auffassung liegt das »Informationsweitergabemonopol« beim Vorstand. Die moderne Auffassung hingegen sieht darin ein Hindernis für die effektive Überwachung und lässt Ausnahmen davon zu.

Demgegenüber sieht die jüngere/moderne Auffassung jedoch genau diese jederzeitige Informationsmöglichkeit des Aufsichtsrats direkt bei den Mitarbeitern ohne explizite Zustimmung des Vorstands vor. Dadurch wird insbesondere der effektiven Überwachung des Vorstands Rechnung getragen, da eine mögliche selektive Informationsweitergabe durch diesen an den Aufsichtsrat nach diesem Modell weniger Aussicht auf »Erfolg« haben wird. Nicht vergessen werden sollte nämlich der Umstand, dass der Aufsichtsrat z. B. für die Wiederbestellung und die Vergütung des Vorstands verantwortlich ist. Weiterhin ist zu berücksichtigen, dass das Aktiengesetz den Zugriff auf Mitarbeiter auch nicht explizit ausschließt. Wie erwähnt, kann der Aufsichtsrat Auskunftspersonen, Sachverständige etc. in Sitzungen berufen und somit über diesen Weg auch Mitarbeiter einbinden. Weiterhin hat er die Möglichkeit, die Bücher und Schriften einzusehen und damit auch die daran gebundene Möglichkeit, sich diese Unterlagen von den zuständigen Mitarbeitern erläutern zu lassen. Für die moderne Auslegung spricht ebenfalls die neuere Gesetzgebung. Spätestens seit dem BilMoG sind die Überwachung des internen Kontrollsystems, des Risikomanagementsystems und der internen Revision zentrale Aufgaben des Aufsichtsrats, insbesondere des Prüfungsausschusses (§ 107 Abs. 3 Satz 2 AktG). Eine effiziente Überwachung in diesem Sinne erfordert in der Praxis de facto den Zugriff auf die entsprechenden Leitungsorgane. Ähnliches gilt für die Aufgabe des Prüfungsausschusses, Empfehlungen oder Vorschläge zur Gewährleistung der Integrität des Rechnungslegungsprozesses zu unterbreiten und sich mit der Qualität der Abschlussprüfung zu befassen. Darüber hinaus gibt es bereits branchenspezifische Regelungen, die bestimmte Informationsrechte explizit vorsehen. Beispielhaft ist das KWG anzuführen, welches in § 25d KWG die Möglichkeit vorsieht, dass der Vorsitzende des entsprechenden Aufsichtsratsausschusses sich direkt beim Leiter der internen Revision oder beim Leiter des Risikocontrollings bzw. beim Leiter der für die Ausgestaltung der Vergütungssysteme zuständigen Organisationseinheiten von Kreditinstituten Informationen beschafft.

Auch wenn das generelle **Informationsrecht** des Aufsichtsrats zur Informationsbeschaffung bei vorstandsnachgelagerten Betriebseinheiten überwiegend abgelehnt wird, so sollte der Aufsichtsrat jedoch in **Ausnahmefällen** das Recht haben, sich Informationen am Vorstand vorbei direkt von den Mitarbeitern zu holen.

Ein Ausnahmefall soll dann vorliegen, wenn ein besonderes Informationsbedürfnis des Aufsichtsrats besteht und wenn die Informationsbeschaffung über den Vorstand gescheitert ist oder aufgrund dessen Mitwissen eine sinnvolle Untersuchung nicht mehr gegeben wäre. Beispiele für besondere Informationsbedürfnisse sind unter anderem:

- Verdacht auf schwerwiegenden Pflichtverstoß des Vorstands,
- Vorenthaltung angeforderter Informationen,
- fehlerhafte und unvollständige Informationen,
- mangelndes Vertrauensverhältnis beider Gremien,
- Unternehmen befindet sich in der Krise.

> Gerichtsurteile zeigen eindeutig die Tendenz des Aufsichtsrats, in spezifischen Situationen Informationen auch ohne Einbeziehung des Vorstands bei den nachgelagerten Betriebseinheiten zu bekommen.

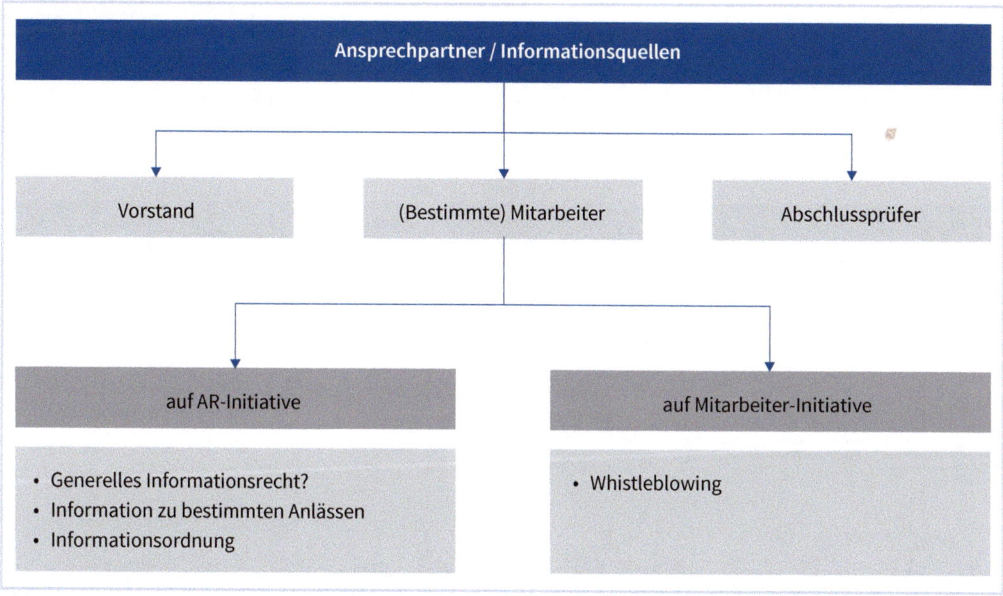

Abb. 11: Ansprechpartner/Informationsquellen

Folgt man der konservativen Auffassung, muss der Aufsichtsrat auch in den genannten Punkten zuerst versuchen, die Informationen über den Vorstand einzuholen. Von praktischer Bedeutung – und von Gerichten bestätigt – ist jedoch, dass der Aufsichtsrat sogar verpflichtet ist, Informationen direkt bei Mitarbeitern einzuholen, wenn Berichte unklar, unvollständig etc. sind oder Verdacht auf ein Fehlverhalten des Vorstands vorliegt. Das OLG Stuttgart (WM 2012) hat hierzu ausgeführt, dass in diesen Fällen der Aufsichtsrat in Ausübung seiner Überwachungsfunktion sogar verpflichtet ist, Nachforschungen am Vorstand vorbei vorzunehmen.

Erwähnt sei an dieser Stelle noch, dass sich daraus keine Direktionsbefugnis des Aufsichtsrats gegenüber dem Mitarbeiter begründet.

In der Praxis wird der Aspekt »wer, wann auf wen zugreifen darf« durch eine Regelung zur Informationseinholung gelöst. Diese Vereinbarung kann sich an Themen orientieren, die für den Aufsichtsrat von Bedeutung sind. Weiterhin kann ein Personenkreis definiert werden, auf den zur Informationseinholung zugegriffen werden kann. Es kann auch ausformuliert werden, ob es sich um ein dauerhaftes Recht handeln soll, oder ob nur unter bestimmten Umständen von diesem Recht Gebrauch gemacht werden kann. Ebenfalls sollte geklärt sein, ob der Vorstand vorher zu unterrichten ist, wer konkret aus dem Gremium des Aufsichtsrats die Informationen einholen darf und wie genau diese zu liefern sind (schriftlich/mündlich? Nur in offiziellen Sitzungen? etc.).

Durch eine solche Regelung werden mögliche Grauzonen und Unsicherheiten zumindest reduziert – auch bei den potenziell befragten Mitarbeitern bezüglich ihres Verhaltens in solchen Situationen. Weiterhin werden Abstimmungen vermieden, Vertrauensverhältnisse gewahrt und die Autorität des Vorstands bei den Mitarbeitern wird, da die Nachfragen des Aufsichtsrats nur innerhalb eines klar abgesteckten Rahmens erfolgen, nicht beeinträchtigt. Jedoch gilt es noch zu klären, wie es sich verhält, wenn der Mitarbeiter selbst auf seine Initiative Informationen an den Aufsichtsrat erteilen möchte. Hierzu empfiehlt sich die Einführung eines unternehmens- bzw. konzernweiten Hinweisgebersystems, wie es in der Empfehlung A.4 des DCGK 2022 nahegelegt wird.

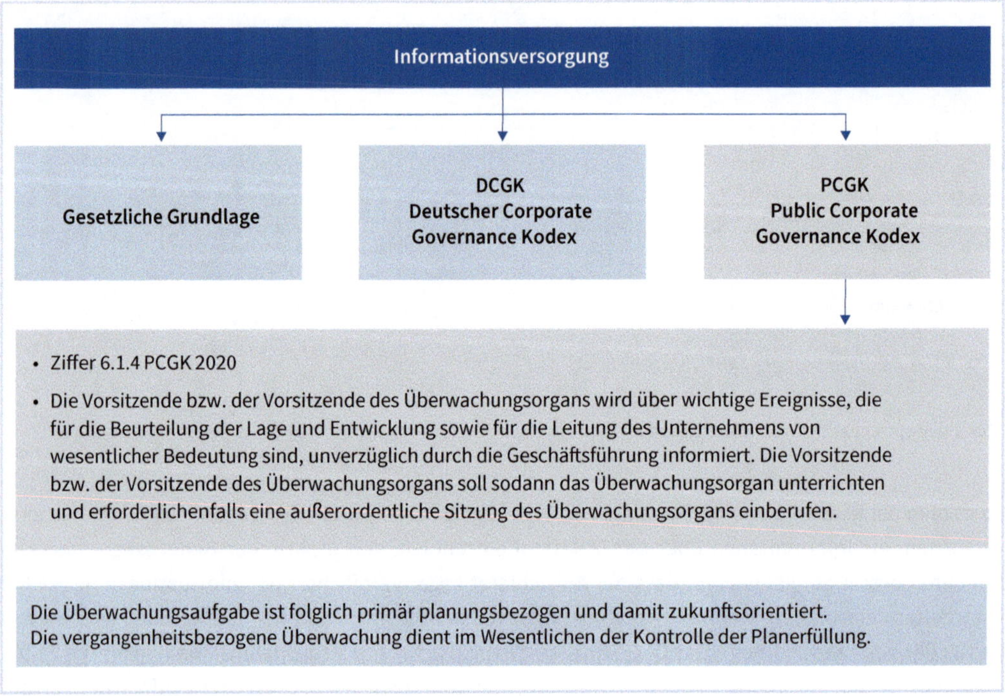

Abb. 12: Informationsversorgung (4)

Geschieht die Informationserteilung auf Initiative von Mitarbeitern, ist dies in der Praxis insbesondere vor dem Hintergrund des Whistleblowings zu sehen. Hierbei liegen in der Regel (vermutete) Regelverstöße zugrunde, die der Mitarbeiter mitteilen möchte.

Zu diesem Thema hat der Bundestag am 16.12.2022 ein **Hinweisgeberschutzgesetz (HinSchG)** beschlossen, das in Umsetzung der EU-Hinweisgeberschutzrichtlinie (RL (EU) 2019/1937 Personen schützen soll, die im Zusammenhang mit ihrer beruflichen Tätigkeit beobachtete Verstöße melden. Ziel des HinSchG ist es, die Meldung von Verstößen und deren Untersuchung durch die Unternehmen transparenter zu regeln. Eine wesentliche Änderung bezieht sich auf den Umgang mit anonymen Meldungen. Das HinSchG regelt nun, dass die Meldestellen nicht mehr nur anonyme Meldungen bearbeiten sollen, sondern sogar müssen. Hierfür müssen die Meldestellen auch entsprechende Maßnahmen treffen, z. B. IT-gestützte Hinweisgeberschutzsysteme einführen, um dem Erfordernis anonymer Kommunikation gerecht zu werden. Schließlich wird der Anspruch auf Schadensersatz erweitert. Hinweisgebende Personen, die Repressalien erleiden, können auch Schadensersatz für immaterielle Schäden verlangen, d. h. es müssen nicht mehr nur Vermögensschäden ersetzt werden. Im Einzelfall kann auch Schmerzensgeld für immaterielle Schäden geltend gemacht werden. Dies ist in Fällen von Mobbing oder Diskriminierung relevant, in denen Schäden an Rechtsgütern in der Regel schwer nachweisbar sind (§ 37 Abs. 1 HinSchG).

Um arbeitsrechtliche Schwierigkeiten zu vermeiden, bietet sich der Erlass einer unternehmensinternen Regelung zum Whistleblowing an. Dies liegt in der Kompetenz des Vorstands und regelt üblicherweise Themen wie Auskunftspersonen, Berichtsturnus, neue Berichte, spezielle Berichte für den Aufsichtsrat etc. Sie ist nicht zu verwechseln mit der Geschäftsordnung, die der Aufsichtsrat für den Vorstand (§ 77 Abs. 2 Satz 1 AktG) oder sich selbst (Empfehlung D.1 DCGK 2022) erlassen kann. Nach Grundsatz 16 des DCGK 2022 ist die Information des Aufsichtsrats Aufgabe des Vorstands. Der Aufsichtsrat hat jedoch seinerseits sicherzustellen, dass er angemessen informiert wird. Die Informationsordnung kann entweder als gesonderte Arbeitsgrundlage oder als spezieller Teil der Geschäftsordnung verstanden werden. In der Praxis bietet sich an, die Informationsordnung als Annex zur Geschäftsordnung des Vorstands zu führen, da der Vorstand im Wesentlichen der Informations- bzw. Berichtsschuldner gegenüber dem Aufsichtsrat ist.

> Informationsordnungen sind eine sehr gute Möglichkeit, Unsicherheiten bei der Informationsversorgung zu nehmen und Grauzonen zu reduzieren.

In jedem Falle sollten die Voraussetzungen für einen Informationsdurchgriff des Aufsichtsrats auf vorstandsnachgelagerte Mitarbeiter bzw. Auskunftspersonen im Rahmen einer Informationsordnung geregelt werden. Neben anderen praktischen Fragen geht es hierbei auch darum zu klären, in welchen Fällen der Vorstand vor, während oder unverzüglich nach der Befragung von Leitern der Zentralbereiche informiert werden soll. Angesichts der Compliance-Verstöße der vergangenen Jahre wird der Ruf nach einem Zugriff auf Informationen durch das dem Vorstand nachgelagerte Management immer lauter und aufgrund der immer umfassenderen Überwachungs- und Beratungspflichten des Aufsichtsrats wird diese Option auch zukünftig schwer noch zu verneinen sein. Insofern wirkt eine mit dem Vorstand erarbeitete oder zumindest abgestimmte Informationsordnung rechtlichen Grauzonen entgegen. Um das Vertrauensverhältnis zwischen Vorstand und Aufsichtsrat nicht unangemessen zu belasten, empfiehlt sich jedoch eine zurückhaltende Ausgestaltung. Schließlich soll und darf der Aufsichtsrat nicht in die Rolle des sog. »Überunternehmers« gedrängt werden.

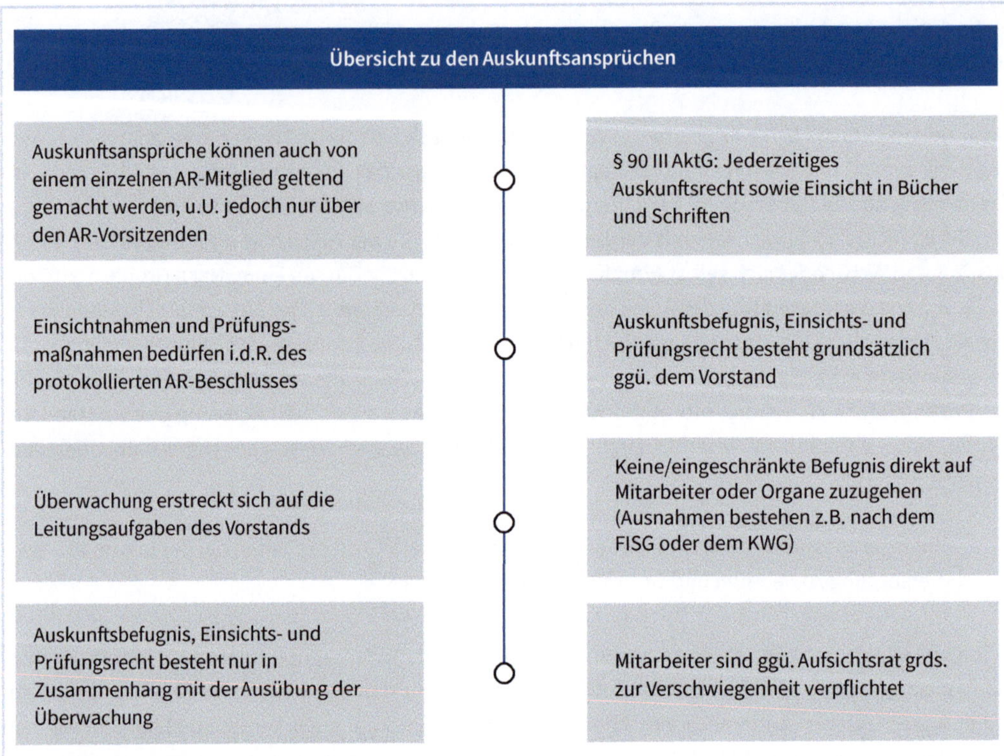

Abb. 13: Übersicht zu den Auskunftsansprüchen

6 Einwirkung auf die Geschäftsführung

Die Einwirkung des Aufsichtsrats auf die Geschäftsführung ist maßgeblich von der Definition seiner Rolle beziehungsweise des Jobprofils geprägt. In den kommenden Schaubildern wird den Aspekten des Zustimmungsvorbehalts sowie der Möglichkeit der Weisungsbefugnis nachgegangen.

Daneben spielen jedoch folgende Fragen eine Rolle, deren Beantwortung durch die Gremien Aufschluss darüber geben, wie z. B. mit dem Zustimmungsvorbehalt umgegangen wird:

- Welche (neuen) Rollenerwartungen gibt es an Aufsichts- und Beiräte bzw. was wird in unserem Unternehmen (zukünftig) erwartet?
- Wie definiert der Aufsichtsrat Beratung?
- Wie wird der stärkeren Beobachtung von Aufsichtsräten Rechnung getragen?

> Aufsichtsrat wird immer stärker zum Beruf. Dies erkennt man nicht zuletzt an den stetig wachsenden Anforderungen und speziellen Fortbildungen.

Nicht nur die Normen und Regelungen zum Mandatsverständnis, sondern auch die sich ändernden Anforderungen an Aufsichtsräte lassen eindeutig die Tendenz erkennen, dass der Wandel von der klar definierten traditionellen Rolle des Überwachungsorgans hin zum Berater in vollem Gange ist. Die neuen Aufgaben von Bei- und Aufsichtsräten führen zwangsläufig zu einer sehr viel ausgeprägteren unternehmerischen Rolle als bei einer reinen Kontrollausübung. Als Konsequenz kann sich jedoch bei Fehlentscheidungen im Rahmen der Unternehmensführung nicht mehr hinter den fragwürdigen Entscheidungen des Vorstands versteckt oder gar exkulpiert werden. Das wiederum wird sehr wahrscheinlich zu einer neuen Generation von Aufsichtsräten führen, die dieses Amt weniger als Nebenmandat oder gar Nebenbeschäftigung ansieht, sondern als Beruf und professionelle Aufgabe – nämlich die Weiterentwicklung der Gesellschaft sowie die angemessene Unterstützung des Vorstands bei der Unternehmensführung. Ein Ausdruck dieser Unterstützung ist der in folgenden Abbildung 14 angeführte Zustimmungsvorbehalt.

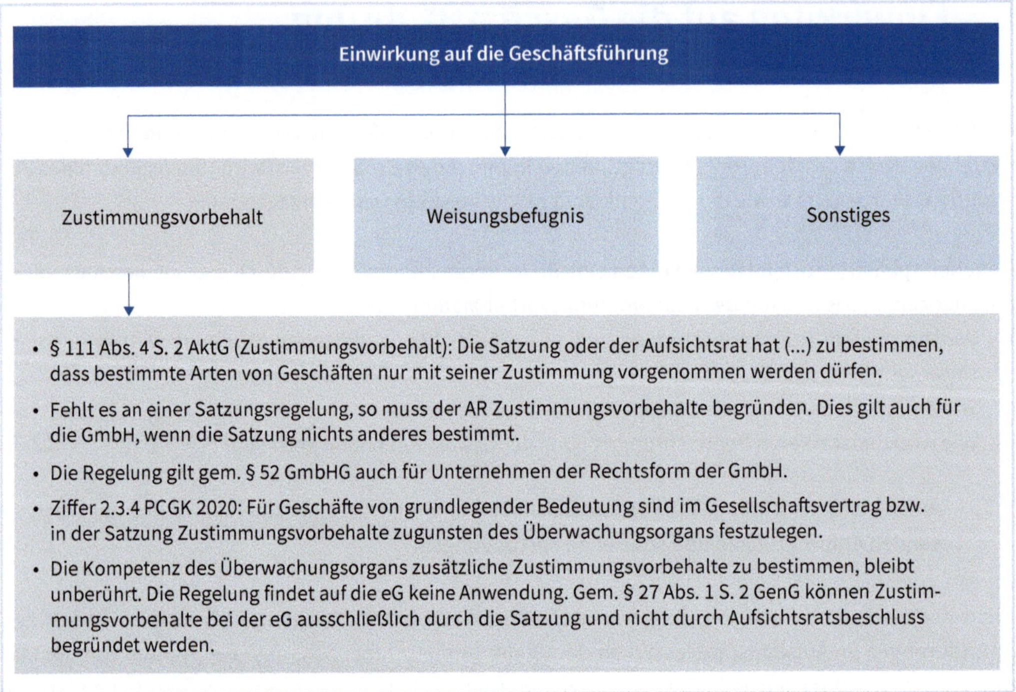

Abb. 14: Einwirkung auf die Geschäftsführung (1)

Für den Wandel im Rollenverständnis spricht auch die erhebliche Zunahme an Fortbildungsangeboten. Dies ist auch nur konsequent, da die Mitglieder des Aufsichtsrats die erforderlichen Aus- und Fortbildungsmaßnahmen eigenverantwortlich wahrzunehmen haben und dabei von der Gesellschaft angemessen unterstützt werden sollenn (z.B. § 25d Abs. 4 KWG). Eine Empfehlung für Aufsichtsratsfortbildungen umfasst folgende Themen:

- Rechtliche Grundlagen der Aufsichtsratstätigkeit,
- Rechte und Pflichten nach dem jeweiligen Recht sowie dem DCGK,
- Haftungsfragen,
- (Konzern-)Rechnungslegung,
- Risikocontrolling,
- praktische Arbeitsweise von Aufsichtsräten und Ausschüssen,
- Behandlung von Interessenskonflikten,
- Branchen- und Unternehmenskenntnisse,
- und viele weitere.

Die Einwirkung auf die Geschäftsführung ist neben den rechtlichen bzw. faktischen Möglichkeiten insbesondere eine Frage der aktiven Mandatsgestaltung und Führung sowie Beratung.

> Aufsichtsräte sollen all ihre persönliche und berufliche Expertise in ihr Mandat einbringen. Zusätzliche Beraterverträge sind daher nur sehr eingeschränkt möglich.

Auf den Begriff der Beratung ist näher einzugehen. Weniger der Gesetzgeber, sondern vielmehr die Rechtsprechung der letzten zehn Jahre hat bewirkt, dass vor dem Hintergrund des Amts des Aufsichtsrats gesonderte Beratungsverträge zwischen Unternehmen und Aufsichtsratsmitgliedern praktisch nicht mehr möglich bzw. zulässig sind. Befürchtet wird dabei eine Verwischung des Vier-Augen-Prinzips, dass derjenige, der Entscheidungen trifft bzw. zu bestimmten Entscheidungen rät, nicht gleichzeitig deren Ausführung beaufsichtigen kann. Denkbar sind Beraterfunktionen von Aufsichtsräten nur, wenn die Hauptversammlung dem zustimmt. Hintergrund ist, dass die Aufsichtsräte all ihre persönlichen Erfahrungen und beruflichen Fähigkeiten in ihr bestehendes Mandat einbringen sollen und sich nicht gesondert als Berater vergüten lassen sollen. Beraterverträge zwischen Mitgliedern des Aufsichtsrats und dem Unternehmen sind nur noch in solchen Bereichen zulässig, die von vornherein und auch auf absehbare Zeit nichts mit der Aufsichtsratstätigkeit zu tun haben, weil sie sonst wieder in das originäre Mandat fallen würden. Auch solche aufsichtsratsfernen Themen dürfen nur noch mit Zustimmung des Aufsichtsrats durch einzelne Mitglieder beraten und somit gesondert vergütet werden.

Aber warum dieser Paradigmenwechsel im Verständnis der Aufsichtsratstätigkeit, weg von der vergangenheitsbezogenen Kontrolle hin zur zukunftsbetonten Beratung? Unter anderem kann dies damit begründet werden, dass Unternehmen eine immer kürzere Lebensdauer haben und sich die Bedingungen für Unternehmen scheinbar immer schneller ändern (Digitalisierung/Technik, Nachhaltigkeit, neue Wettbewerber etc.). Auf die Geschäftsführung einzuwirken geht jedoch weit über die hier genannten Möglichkeiten hinaus. Schließlich geschieht dies bereits durch die Wahrnehmung der im Vorfeld dieses Kapitels angeführten Rechte und Pflichten und reicht von der regelmäßigen Berichterstattung bis hin zur Ausnutzung der Personalhoheit über den Vorstand.

Eine interessante und oftmals unterschätzte Möglichkeit der Einwirkung besteht darin, den Vorstand von gewissen Themen und Gesprächen bewusst fernzuhalten und somit eine Informationslage innerhalb des Gremiums zu schaffen. Es geht also um **Sitzungen ohne den Vorstand** (Empfehlung D.6 DCGK 2022), die zuweilen notwendig sein können und ohne Diskussionen o. Ä. erhebliche Signalwirkung ausstrahlen können. Mitglieder des Vorstands sind grundsätzlich nicht berechtigt, an Sitzungen des Aufsichtsrats teilzunehmen. Es besteht aus Sicht der Vorstandsmitglieder eher die Pflicht, die notwendigen Informationen an den Aufsichtsrat zu kommunizieren. Dabei ist es üblich, dass mindestens ein Vorstandsmitglied während der gesamten Sitzung oder nur mit kurzer Unterbrechung, zum Beispiel für Abstimmungen, teilnimmt. Entsprechend verfügen Vorstandsmitglieder, die an einer Aufsichtsratssitzung teilnehmen, lediglich über ein Rederecht, nicht jedoch über ein Antrags- oder Stimmrecht. Der DCGK regt daher im Sinne einer guten Unternehmensführung an, dass der Aufsichtsrat bei Bedarf auch ohne den Vorstand Sitzungen abhalten bzw. bestimmte Themen behandeln soll. Dabei ist naheliegend, dass es sich um Themen handelt, die den Vorstand betreffen. Beispielsweise könnte es um Fragen der Vorstandsvergütung, der Verlängerung von Vorstandsbestellungen oder Haftungsthemen gehen. Denkbar sind auch Ergebnisvorstellungen von Wirtschaftsprüfern oder Beratern, die ggf. Sachverhalte, Projekte etc. beurteilen, damit der Aufsichtsrat eine neutrale Vergleichsmöglichkeit hat.

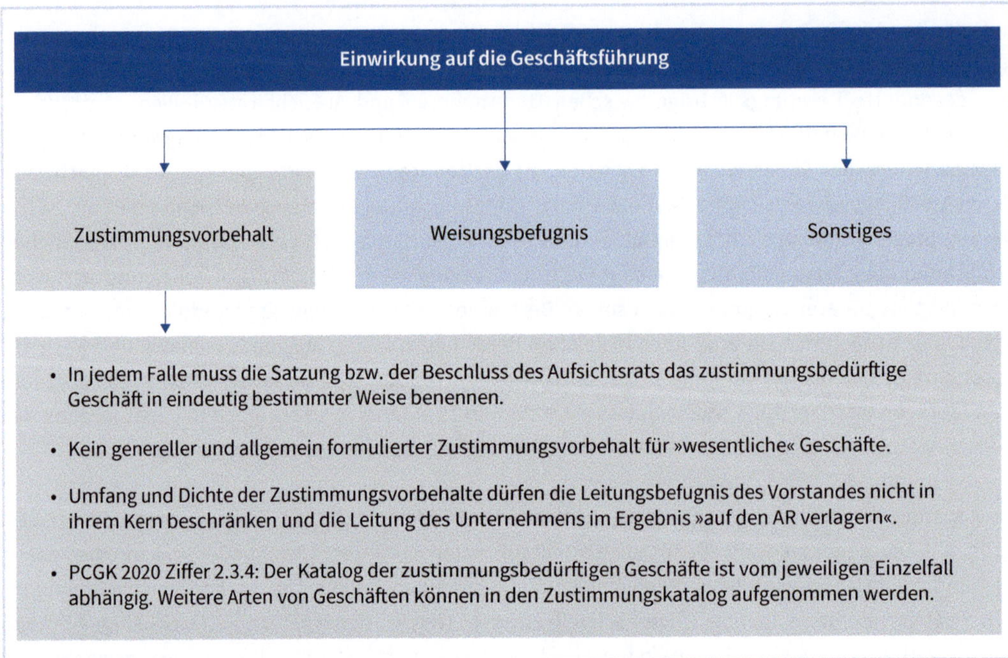

Abb. 15: Einwirkung auf die Geschäftsführung (2)

Auch im Rahmen der Effizienzprüfung sollte der Vorstand mindestens an den abschließenden Diskussionen nicht teilnehmen, damit sich der Aufsichtsrat eine einheitliche und geschlossene Meinung über die zukünftige Ausrichtung und ggf. erforderliche Anpassungen bilden und dies mit einer Stimme dem Vorstand kommunizieren kann. Zumal es im KWG bereits fest verankert ist, dass der Aufsichtsrat gem. § 25d 11 KWG mindestens einmal jährlich die Struktur und die Arbeit des Vorstands als Kollektiv und auch individuell zu beurteilen hat.

> Unter Umständen gebietet es die Sorgfaltspflicht, Sitzungen des Aufsichtsrats ohne Teilnahme des Vorstands durchzuführen.

Die Teilnahme des Vorstands über die genannten Themen hinaus kann jedoch auch zu einer Verletzung der Rechte des Aufsichtsrats führen. Es sind schließlich diverse Konstellationen oder Themen denkbar, bei denen Diskussionen und darauf aufbauende Beschlüsse in Anwesenheit des Vorstands anders verlaufen würden als bei dessen Fernbleiben. Zu denken wäre hier zum Beispiel an wichtige kritische Wortbeiträge, die in Anwesenheit des Vorstands unterbleiben würden oder an Arbeitnehmervertreter des Aufsichtsrats, die sich zu bestimmten Themen in Anwesenheit des Vorstands eher reserviert äußern würden. Es handelt sich hierbei nicht um ein Kavaliersdelikt, sondern kann das Unternehmensinteresse deutlich tangieren und auch zu einer Frage der Einhaltung der nötigen Sorgfalt werden. Abschließend kann daher festgehalten werden, dass die Teilnahme des Vorstands (zumindest des thematisch betroffenen Ressortvorstands) üblich und für den Informationsaustausch auch absolut nötig ist. Sonst könnte die rückwärtsgewandte Kontrollfunktion nicht wahrgenommen und auch die Beratung des Vorstands durch den Aufsichtsrat als zukunftsorientierte Komponente schlichtweg nicht realisiert werden.

Es ist jedoch genauso zweckmäßig, die Teilnahme an Sitzungen zu hinterfragen und im Sinne bestimmter Themen und Entscheidungsfindungen bei Bedarf auch auf den Vorstand zu verzichten. Um dabei aber das Vertrauensverhältnis nicht zu gefährden und den Informationsfluss vom Aufsichtsrat zum Vorstand zu wahren, sind sog. Executive Sessions anzusetzen, in denen der Vorstand aus erster Hand direkt vom Aufsichtsrat über alle für ihn bzw. seine Arbeit relevanten Themen informiert wird. Hierbei wäre auch die Frage zu beantworten, ob der Vorstand nur die Teile des Protokolls der Sitzung erhalten soll, die für ihn relevant sind und die in der Executive Session vorgestellt wurden. Es wäre zumindest konsequent, Interna des Aufsichtsrats auch als solche zu behandeln und nicht über die Protokolle an den Vorstand zu übermitteln. Hier stellt sich unmittelbar die Frage nach der technischen und personellen Verwaltung der Protokolle und der Angelegenheiten des Aufsichtsrats insgesamt. Verfügt der Aufsichtsrat nicht über ein eigenes Büro inkl. Personalressourcen, ist umso mehr sicherzustellen, dass die den Weisungen des Vorstands unterliegenden Mitarbeiter in den angesprochenen Situationen nicht in einen Zwiespalt gelangen.

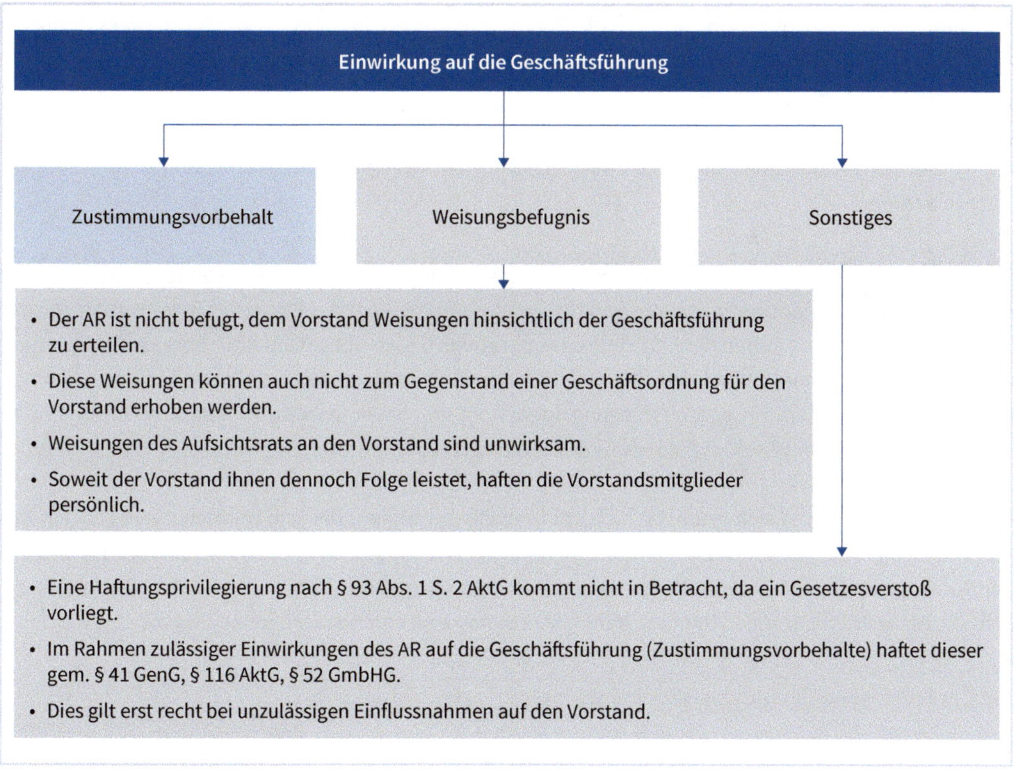

Abb. 16: Einwirkung auf die Geschäftsführung (3)

6.1 Exkurs: Beirat versus Aufsichtsrat

Aufsichtsräte und Beiräte sind nicht dasselbe. In der Praxis werden die Begriffe »Aufsichtsrat« und »Beirat« jedoch häufig synonym verwendet. Hinzu kommt eine Vielzahl nicht näher definierter Termini wie »Familienrat«, »Ältestenrat«, »Gesellschafterausschuss« oder »Verwaltungsrat«. Nachfolgend soll daher zumindest der Unterschied zwischen dem Aufsichtsrat und dem Beirat herausgestellt werden.

In großen Unternehmen, vor allem Aktiengesellschaften und mitbestimmten GmbHs, existiert neben dem Vorstand, der die Geschäfte des Unternehmens alleinverantwortlich führt, zusätzlich ein Aufsichtsgremium, nämlich der Aufsichtsrat, mit den bereits vorgestellten Aufgaben. Größe und Zusammensetzung des Aufsichtsrats unterliegen in Deutschland gesetzlichen Regelungen.

Für die meisten mittelständischen Unternehmen in der hier zugrunde gelegten Definition stellt sich diese Thematik nicht. Hier kommt dem Beirat eine andere Bedeutung zu. Dieser ist in keinem Gesetz explizit als Organ definiert und kann unabhängig von der Rechtsform des Unternehmens freiwillig als zusätzliches Gremium gebildet werden. Unterschiede ergeben sich im Hinblick auf die rechtliche Anbindungsform des Beirats.

> Der Beirat kann unabhängig von der Rechtsform freiwillig als zusätzliches Gremium gebildet werden.

Die rechtliche Ausgestaltung des Beirats hat auch Auswirkungen auf dessen Funktionen. Anders als der Aufsichtsrat, der primär Überwachungsfunktionen übernimmt, liegt der Fokus des Beirats aufgrund der freiwilligen Einrichtung neben der Kontrolle des operativen Geschäfts vor allem im Bereich der Beratung aus unternehmerischer Perspektive. Dies erscheint auch deshalb sinnvoll, da in großen Unternehmen eine Kontrolle der (Fremd-)Geschäftsführung notwendig sein kann. In mittelständischen Unternehmen steht die Beratung der Geschäftsführung und der Gesellschafter im Vordergrund.

Bei Beiräten handelt es sich grundsätzlich um freiwillige Gremien, die sich normalerweise darauf beschränken, die Geschäftsleitung zu beraten und empfehlend tätig zu sein. Die Funktion liegt hier etwa in der Nutzung externen Sachverstandes oder der Beteiligung von Betroffenen. Da es sich nicht um gesetzlich vorgeschriebene Gremien handelt, kann die Arbeitsweise von Beiräten freier ausgestaltet werden.

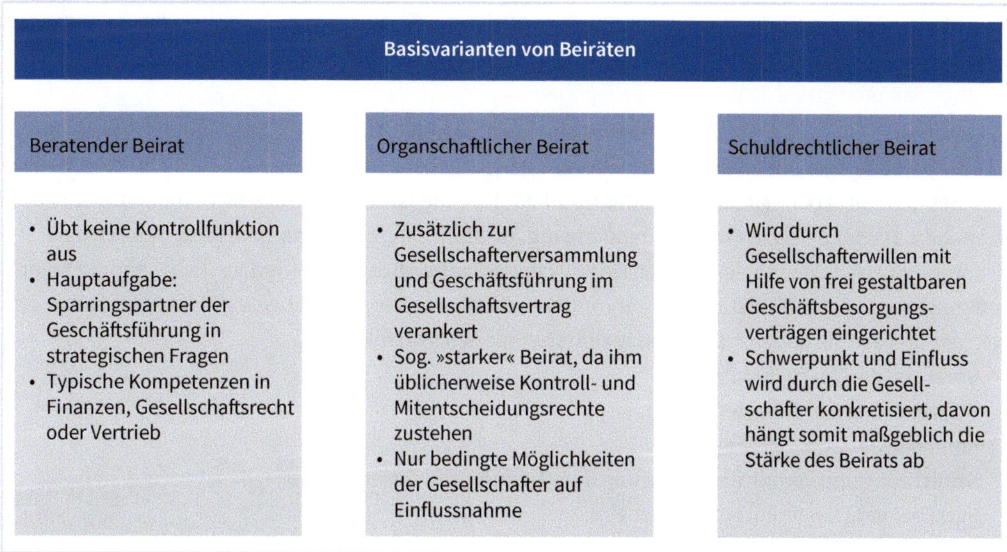

Abb. 17: Basisvarianten von Beiräten

6.2 Exkurs: Besonderheiten beim Beirat

Auch der Beirat kann, je nach Ausgestaltung seiner Rolle, auf die Geschäftsführung einwirken. Dabei haben sich in der Praxis grundsätzlich drei Formen von Beiräten herauskristallisiert:

- Beratender Beirat,
- Beirat als Kontrollorgan,
- Beirat als Entscheidungsorgan.

> Je mehr Einfluss ein Beirat hat, desto stärker muss er auch für die Konsequenzen im Hinblick auf eine mögliche Haftung einstehen.

Als Faustregel gilt, je mehr Einfluss der Beirat hat, desto stärker muss er auch für die Konsequenzen im Hinblick auf Mandatserfüllung und Haftung einstehen. Dies ist nur folgerichtig, da über weitreichende Rechte eine erhebliche Einwirkung auf die Geschäftsführung möglich ist. Jedes Beiratsmitglied hat die ihm übertragenen Aufgaben sorgfältig wahrzunehmen. Entsteht der Gesellschaft ein Schaden, kann das Beiratsmitglied schadensersatzpflichtig sein.

Angemessen zu ihren jeweiligen Beratungs-, Überwachungs- und Ausgleichspflichten müssen die Beiratsmitglieder mit den dazu notwendigen Informationen versorgt werden. Sie unterliegen dabei der Verschwiegenheit, was aber aus Gründen der Klarstellung ausdrücklich in den Gesellschaftsvertrag oder die Geschäftsordnung aufgenommen werden sollte.

Wie viel rechtlicher Aufwand betrieben werden muss, um einen Beirat zu installieren, hängt davon ab, welche Aufgaben ihm zukommen sollen. Soll er nur beratend tätig sein, reicht ein einfacher schuldrechtlicher Vertrag aus. Soll der Beirat darüber hinaus die Geschicke der Gesellschaft kontrollieren, muss seine Errichtung im Gesellschaftsvertrag verankert sein.

Soll der Beirat über die Beratung hinauswirken, stellt sich die Frage, wie weit seine Befugnisse gehen sollen – gerade gegenüber den anderen Gesellschaftsorganen. Ein einfacher schuldrechtlicher Vertrag zwischen den Beiratsmitgliedern und der Geschäftsführung ist dann oftmals nicht mehr ausreichend. Vielmehr muss der Beirat in die Unternehmensorganisation eingebettet werden. Dazu müssen auch seine Kompetenzen zu denen der übrigen Gesellschaftsorgane abgegrenzt werden. Insbesondere kommt es darauf an, inwieweit Zuständigkeiten anderer Gesellschaftsorgane angetastet werden sollen und welchen Grenzen sie dabei unterliegen. Beiratsfunktionen sind folgende:

- Beratung der Geschäftsführung,
- Beisteuerung von Expertenwissen,
- Kontrolle der Geschäftsführung,
- Schlichtung und Vermittlung zwischen den Organen und Gesellschaftern,
- Entscheidung bestimmter Sachverhalte.

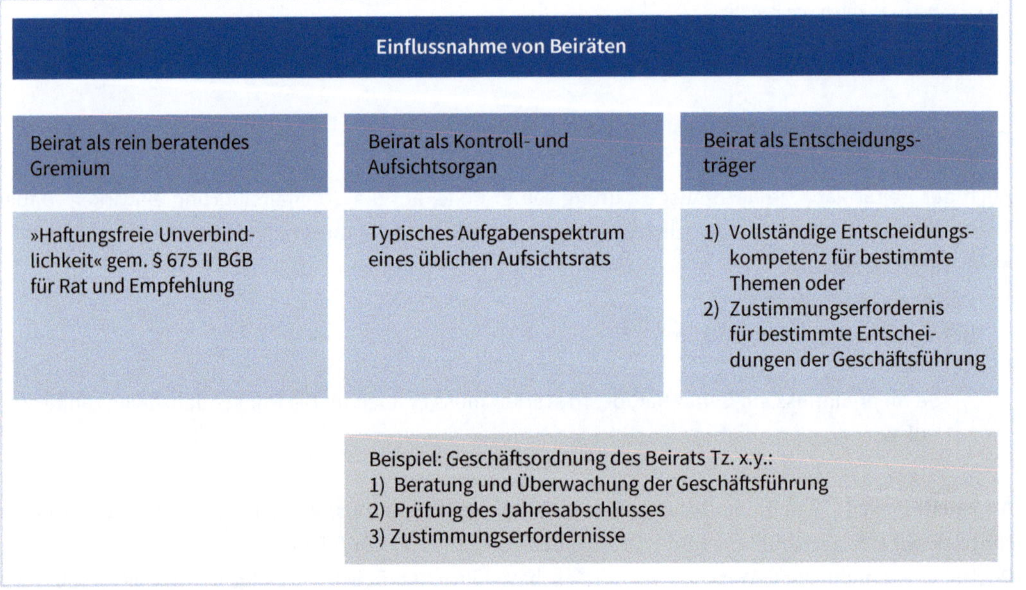

Abb. 18: Einflussnahme von Beiräten

7 Selbstorganisation

Die Selbstorganisation scheint auf den ersten Blick fast trivial und wenig beschreibenswert. Beachtet man jedoch die Konsequenzen einer fehlerhaften oder ungenügenden Organisation, erscheint eine Auseinandersetzung mit den grundlegenden Aspekten notwendig. Dies gilt umso mehr, wenn man berücksichtigt, dass Aufsichtsräte mit immer größeren Informationsmengen umgehen müssen und sich die Gremienkommunikation – zum Beispiel durch virtuelle Datenräume – weiterentwickelt.

Aufsichtsratssitzungen gelten dann als gelungen, wenn diese auf möglichst einfachem, zweckmäßigem, zeit- und kostensparendem Weg durchgeführt werden konnten. Die Basis dafür sind eine gründliche Vorbereitung (inkl. Lektüre der Unterlagen), ein kommuniziertes Agenda-Setting sowie ein gutes Sitzungsmanagement. Als letzter Punkt der Sitzungen werden in der Regel die Beschlüsse gefasst, welche wesentliches Element der im Anschluss zu erstellenden Protokolle sind.

> Eine Vertrauenskultur ist die Basis für eine gesund-kritische Diskussion im Interesse des Unternehmens.

Das **Sitzungsmanagement** ist die Basis für eine effektive Teamarbeit und für zielführende Sitzungen. Die notwendigen Grundlagen dafür sind neben der Unabhängigkeit vor allem die Qualifikation und das Engagement der Mitglieder sowie eine Aufsichtsratskultur, die gesund-kritische Diskussionen zulässt und durch Vertrauen geprägt ist, ohne in eine zu große Abhängigkeit zu geraten. Die Mitglieder des Aufsichtsrats sind nicht nur zur Teilnahme an den Sitzungen verpflichtet, sondern sollten sich auch ihrer aktiven Rolle im Rahmen der Willensbildung bewusst sein. Passivität und Zurückhaltung sind nicht angebracht und stehen der Kontrollfunktion entgegen. Wiederkehrende mangelnde Vorbereitung und fachliche Lücken sollten angesprochen werden und im Zweifelsfall mittels personeller Konsequenzen korrigiert werden. Dies ist nicht zuletzt auch aufgrund der Gremienverantwortung und -haftung ein notwendiges Vorgehen, welches derzeit in der Praxis noch zu selten umgesetzt wird.

Neben organisatorischen Aspekten wie Teilnehmer, Ort der Sitzung, Art der Sitzung (ordentlich oder außerordentlich) etc. sollten insbesondere vertrauensbildende Maßnahmen regelmäßig überprüft werden. Laut Dubs (2019) zeichnet sich eine gelungene Vertrauenskultur durch folgende Merkmale aus:

- Anstelle von »Machtspielen« tritt der kritische Dialog.
- Probleme werden zeitnah gelöst und nicht aufgeschoben.
- Streitfragen werden versachlicht und im Sinne der langfristigen Unternehmensziele bearbeitet.
- Unangenehmes oder Problematisches wird nicht unterdrückt, sondern transparent offengelegt.
- Die Mitglieder des Aufsichtsrats werden gleichermaßen inhaltlich und zeitlich offen informiert und in die Willensbildung einbezogen (unter Berücksichtigung bestehender Ausschüsse). Dadurch wird eine vertrauensvolle Zusammenarbeit ohne ein hierarchisches Beziehungsgefüge ermöglicht.
- Die normativen und strategischen Vorstellungen sollten jederzeit transparent, sinngebend, berechenbar und verständlich sein.

Wesentliche Aspekte der Selbstorganisation

Organisation
- Geschäftsordnung
- Ausschüsse
- Regelmäßige Sitzungen
- Kommunikation
- Informationsaustausch

Inhalt der Niederschrift
- Ort und der Tag der Sitzung
- Teilnehmer (Beteiligung Externer?)
- Gegenstände der Tagesordnung
- Beschlüsse des Aufsichtsrats
- Wesentlicher Inhalt der Verhandlungen/Sitzungen
- Ausführliche oder kurze Darstellung?
- Nachvollziehbarkeit der Entscheidungsfindung
- Geheimhaltungsinteresse bei Due-Diligence-Vorgängen oder Discovery
- Eigene Erklärungen einzelner Mitglieder (»Dissenting Opinions«)

Beschlussfassung
- Reguläre oder außerordentliche (Präsenz-) Sitzungen
- Telefonkonferenz, Videokonferenz, E-Mail, Umlaufverfahren (Satzung!)

Dokumentation (durch Vorsitzenden des Aufsichtsrats) mit unterzeichneter Niederschrift

Abb. 19: Wesentliche Aspekte der Selbstorganisation

Einige Ausführungen sollen noch dem oftmals unterschätzten Protokoll gewidmet werden. Über die Sitzung des Aufsichtsrats ist ein Protokoll zu erstellen, welches Ort, Tag, Teilnehmer, Themen, Verhandlungen und Beschlüsse beinhaltet. Oftmals werden lediglich nur **Beschlussprotokolle** geführt, welche die Meinungsbildungen und Diskussionen nur in Stichpunkten dokumentieren. Hierbei besteht die Gefahr, dass die derzeitigen Standards einer guten Compliance nicht eingehalten werden und auch die Nachweisbarkeit (z. B. durch die Protokollierung abweichender Meinungen) eingeschränkt ist.

> Das Protokoll und die Art der Niederschrift sind zentrale Elemente der Rechts- und Beweissicherheit.

Führt man sich jedoch die Bedeutung von Protokollen vor Augen, lohnt sich in der Regel der Mehraufwand, den der Übergang von reinen Beschluss- zu sog. **Verhandlungsprotokollen** mit sich bringt. Anhand von Verhandlungsprotokollen können getroffene Entscheidungen, Einwände einzelner Mitglieder, Proteste, sonstige Besonderheiten etc. detailliert rekonstruiert werden. Bei Entscheidungen von besonderer Wichtigkeit ist zu erwägen, die noch exaktere – jedoch auch aufwendigere – Protokollform zu wählen, nämlich das »**wörtliche Protokoll**«.

Für eine gute Nachvollziehbarkeit, angemessene Compliance und Effizienz ist regelmäßig das Verhandlungsprotokoll das Mittel der Wahl. Entscheidend dabei ist die Fähigkeit des Protokollführers, die Sachverhalte, Einwände etc. treffend und klar zu dokumentieren. Das angebrachte Maß an Objektivität wird hierbei sicherlich selten durch aktive Teilnehmer erreicht und es empfiehlt sich daher ein Protokollführer, der nicht dem Gremium angehört. Das Protokoll ist somit auch der wesentliche Nachweis zur **Dokumentation** des Sitzungsverlaufs und der Beschlüsse. Dabei wird im Idealfall dokumentiert, dass die Beschlüsse des Aufsichtsrats auf Basis angemessener Informationen nach gründlicher Erörterung gefasst worden sind (siehe Business Judgement Rule § 93 Abs. 1 Satz 2 AktG). Dabei ist nicht nur auf den Beschluss als Ergebnis der Gespräche einzugehen, sondern auch auf die Begründung. Die Informationsgrundlage ist ebenfalls zu spezifizieren und als Anhang beizufügen. Damit wird auch ermöglicht, dass die Mitglieder kollektiv und individuell ihr Tun und Unterlassen im Hinblick auf (Rechts-)Streitigkeiten oder Ansprüche nachweisbar festhalten. Diese Dokumentationen dienen als bedeutender Entlastungsbeweis. Vor dem Hintergrund zunehmender Verrechtlichung und Risiken sollte auch der Erhalt aller Unterlagen dokumentiert werden, den die Aufsichtsratsmitglieder außerhalb der Sitzungen (z. B. vom Vorstand) erhalten. Insofern geht im eigenen Interesse der Aufsichtsratsmitglieder der Fokus von der **Dokumentation** zur **rechtssicheren Dokumentation**.

Aktuelle Entwicklungen im Rahmen des Sitzungsmanagements		
(Digitale) Gremienkommunikation	Sitzungsmanagement	Dokumentation der Arbeit des Aufsichtsrats
• »State of the art« • Ortsunabhängig • Flexibel • Schneller Austausch von Unterlagen • Ressourcenschonend • Komfortabel • Diverse Funktionen wie Tracking, Online-Abstimmungen etc.	• Basis für erfolgreiche und effiziente Sitzungen • Frühzeitige Einladungen und Versand aller notwendigen Unterlagen sind Voraussetzung • Ebenso das Engagement und die Kompetenz der Mitglieder • Strukturierung der Themen und Kopplung an strengen Zeitplan • Disziplinierte und konsequente Sitzungsleitung • Nutzung von leicht verständlichen Visualisierungen (falls angebracht)	• Rechtssichere Dokumentation • Geht über die Sitzungen hinaus • Dient als Entlastungsbeweis und der Haftungsabwehr • Anforderungen werden umfangreicher, sorgen bei korrekter Durchführung aber auch für mehr Sicherheit des Aufsichtsrats

Abb. 20: Aktuelle Entwicklungen im Rahmen des Sitzungsmanagements

Neben der stetigen Professionalisierung in den Bereichen Sitzungsmanagement und Dokumentation ist als aktuelle Entwicklung vor allem die digitale Kommunikation anzuführen.

Eine Grundvoraussetzung für die effiziente Arbeit des Aufsichtsrats ist der sichere, flexible und schnelle Informationsaustausch. Nicht selten werden in der Zeit der Digitalisierung noch Akten kopiert, Dateien ausgedruckt und Unterlagen per Post an die Gremienmitglieder gesendet. Dies ist einerseits mit einem hohen Ressourcenverbrauch verbunden und offenbart anderseits eine Arbeitsweise, die nicht den gegenwärtig üblichen Standards und Möglichkeiten entspricht.

Ca. 41 % der Unternehmen (vgl. März, S. 24) nutzen derzeit für die Gremienkommunikation bereits den sicheren virtuellen Datenraum und haben somit auch von der (zum Teil) verschlüsselten E-Mail bereits Abstand genommen.

> Werden bei Ihnen noch Akten versendet? Bedenken Sie das Signal ins Unternehmen, wenn der Aufsichtsrat nicht moderne Kommunikationsmöglichkeiten nutzt.

Sämtliche Informationen lassen sich in dieser geschützten Umgebung von den Aufsichtsratsmitgliedern geordnet nach Sitzungsmappen bzw. -terminen einsehen. Auf diese Weise werden Zeitverzug und die Arbeitsschritte im Zusammenhang mit der Vervielfältigung von Dokumenten vermieden. Bereits im Vorfeld der Sitzung können die Aufsichtsräte über die Plattform die Dokumente bearbeiten, miteinander kommunizieren, Fragen stellen und diskutieren. Somit wird auch der Informationsmenge und -komplexität bei vollen Sitzungsterminen begegnet. Weiterhin können kurzfristige Änderungen der Agenda oder bestimmte Dokumente schnell und effizient im Datenraum zur Verfügung gestellt werden. Sogar Online-Abstimmungen sind in der virtuellen Umgebung in der Regel problemlos möglich. Es stellt sich jedoch die Frage, welche Kriterien ein solcher virtueller Datenraum erfüllen muss, damit sowohl Sicherheit als auch pragmatische Nutzbarkeit gewährleistet sind. Einige der auf der folgenden Seite angeführten Aspekte sollen nachfolgend erläutert werden.

Abb. 21: Wichtige Kriterien im Rahmen der digitalen Gremienkommunikation

Mit »abgestuften Dokumentenberechtigungen« ist gemeint, dass der Administrator in der Lage sein sollte, die gängigen Rechte wie Lesen, Bearbeiten, auf der Festplatte speichern etc. für die Dokumente und Ordner einzurichten . Die zeitliche Limitierung stellt sicher, dass über ein »digitales Verfallsdatum« Dateien nicht mehr geöffnet werden können. Dies ist zum Beispiel hilfreich um den Zugriff auf bereits veraltete Versionen zu verhindern. Der lückenlose Audit-Trail ist nicht nur im Zusammenhang mit den Compliance- und Revisionsanforderungen essenziell, sondern durch die vollständige Historie wird auch die gemeinsame Bearbeitung von Dokumenten erleichtert und der Zugriff auf die verschiedenen Versionen eines Dokuments sichergestellt. Bei der sicheren Integration weiterer Anwender geht es nicht nur um Mitglieder des Aufsichtsrats. Denkbar ist, dass Wirtschaftsprüfer, Berater etc. das Recht und die Möglichkeit erhalten, Informationen in den Datenraum zu laden. Dabei ist sicherzustellen, dass sie keine unberechtigten Zugriffsmöglichkeiten haben.

Als Teil der Selbstorganisation und Selbstwahrnehmung, was das Ausfüllen des Amtes angeht, soll auch auf die Tendenz zur verstärkten öffentlichen Wahrnehmung eingegangen werden. Dies ist insbesondere im Dialog mit (Groß-)Investoren zu erkennen (Anregung A.6 DCGK 2022). Dabei ist jedoch darauf zu achten, dass Betriebs- und Geschäftsgeheimnisse nicht versehentlich kommuniziert werden oder es zu sog. Selective Disclosures und somit zur Bevorteilung bestimmter Investoren kommt. Es geht vielmehr darum, die investorenseitigen Erwartungen aufzunehmen und »mit in das Unternehmen zu nehmen«. Schließlich bleiben die sog. Investor Relations klar in der Kompetenz des Vorstands.

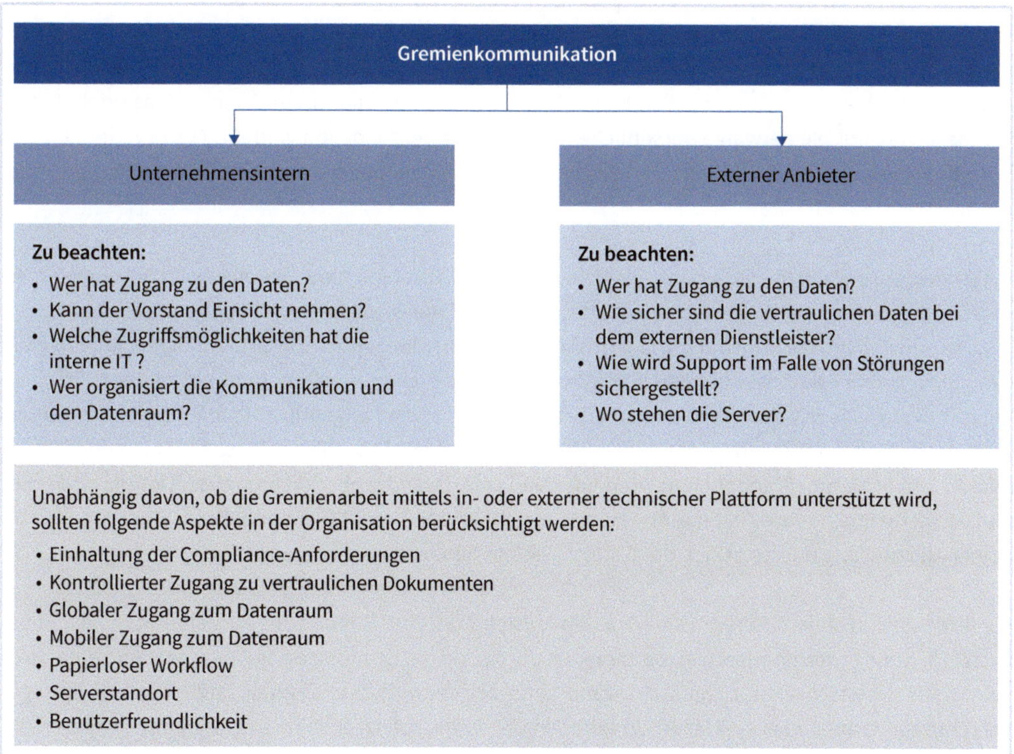

Abb. 22: Gremienkommunikation

8 Haftung

Die Haftung des Aufsichtsrats kommt sowohl im Innenverhältnis als auch im Außenverhältnis in Betracht. Beim Innenverhältnis geht es um Ansprüche des Unternehmens, bei der Haftung im Außenverhältnis um Ansprüche Dritter z. B. im Rahmen der Insolvenz oder wegen strafbaren Verhaltens des Aufsichtsrats.

> Der Sorgfaltsmaßstab richtet sich nicht nach den subjektiven Kenntnissen und Fähigkeiten des einzelnen Aufsichtsratsmitglieds, sondern nach seiner Aufgabe.

Die Erfüllung der Aufgaben der Aufsichtsratsmitglieder ist grundsätzlich am gleichen Sorgfaltsmaßstab zu messen, der auch für den Vorstand gilt, nämlich an der Sorgfalt eines ordentlichen und gewissenhaften Geschäftsleiters (§ 93 Abs. 1 Satz 1 AktG). Dabei steht ihnen ebenso wie dem Vorstand bei unternehmerischen Entscheidungen gemäß § 93 Abs. 1 Satz 2 AktG ein Ermessens- oder Beurteilungsspielraum zu. Der Sorgfaltsmaßstab richtet sich dabei nicht nach den subjektiven Kenntnissen und Fähigkeiten des einzelnen Aufsichtsratsmitglieds, sondern nach seiner Aufgabe. Daher muss jedes Aufsichtsratsmitglied Mindestkenntnisse und Fähigkeiten besitzen oder sich aneignen, die zum Verständnis oder zur Beurteilung aller normalen Geschäftsvorgänge erforderlich sind. Die Mitglieder des Aufsichtsrats haben die für ihre Aufgaben erforderlichen Aus- und Fortbildungsmaßnahmen eigenverantwortlich wahrzunehmen (Grundsatz 19 DCGK 2022). Aus diesem Aufgabenverständnis ergibt sich grundsätzlich, dass alle Aufsichtsratsmitglieder gleich und gesamtschuldnerisch entsprechend ihrem Verschuldensanteil haften. Voraussetzung für eine etwaige persönliche Haftung ist jeweils eine individuelle Pflichtverletzung des betroffenen Aufsichtsratsmitglieds, sodass die einzelnen Mitglieder nicht automatisch haften, wenn der Aufsichtsrat seine Pflichten verletzt.

Aufgrund der sog. »Business Judgement Rule« steht dem Vorstand einer Gesellschaft bei seinen unternehmerischen Entscheidungen grundsätzlich ein weiter Ermessensspielraum zu. Den Aufsichtsrat trifft insoweit die Pflicht, die vom Vorstand getroffenen Entscheidungen zu überprüfen. Bestehen aufseiten des Aufsichtsrats Bedenken bezüglich der Zweckmäßigkeit einer vom Vorstand getroffenen Entscheidung, so hat er sie mit dem Vorstand zu erörtern. Die Überwachungspflicht des Aufsichtsrats geht so weit, dass er sich über erhebliche Risiken, die der Vorstand mit Geschäften eingeht, selbstständig informieren und ihr Ausmaß unabhängig vom Vorstand selbstständig abschätzen muss. Unterlässt er dies und erteilt dennoch seine Zustimmung zu solchen mit erheblichen Risiken behafteten Geschäften, handelt er pflichtwidrig und setzt sich der Gefahr einer persönlichen Haftung aus.

Die Business Judgement Rule gilt auch für den Aufsichtsrat. Eine Haftung des Aufsichtsrats scheidet danach aus, wenn er vernünftigerweise annehmen durfte, auf der Grundlage angemessener Informationen zum Wohle der Gesellschaft zu handeln. Dabei kann sich der Aufsichtsrat grundsätzlich auf die ihm vom Vorstand zur Verfügung gestellten Informationen verlassen, sofern er keine begründeten Zweifel an deren Richtigkeit hat. Es liegt jedoch auch in seiner Verantwortung, im Bedarfsfall weitere Informationen anzufordern und sich nicht lediglich auf die ihm vom Vorstand zur Verfügung gestellten Dokumente zu verlassen.

Überblick über wesentliche Aspekte im Rahmen der Haftung (keine abschließende Aufzählung)	
Innenhaftung	• § 116 i.V.m. § 93 II, III AktG: Haftung bei schuldhafter Pflichtverletzung gegenüber der Gesellschaft • Erfüllung der Pflichten wie z.B. der Sorgfaltspflicht • Überwachung und Beratung des Vorstands • Bei Verletzung der Überwachungspflicht grundsätzlich Verpflichtung zum Schadenersatz
Außenhaftung	Haftung gegenüber Aktionären, Gläubigern und anderen Dritten nur in Ausnahmefällen • Sittenwidrige, vorsätzliche Schädigung • Straftaten (Betrug, Untreue ...) • Inanspruchnahme besonderen persönlichen Vertrauens (»Expertenhaftung«) • Haftung im Zusammenhang mit der Insolvenzantragspflicht
Business Judgement Rule	... bei unternehmerischen Entscheidungen (§ 93 I S. 2 AktG) Es geht nicht um Freistellung von pflichtwidrigem Verhalten, sondern um die Beurteilung der Lage ex ante 1. Unternehmerische Entscheidung? 2. Zum Wohle der Gesellschaft? 3. Frei von Interessenkonflikten? 4. Auf Basis angemessener Informationen?

Abb. 23: Überblick über wesentliche Aspekte im Rahmen der Haftung (keine abschließende Aufzählung)

Eine zentrale Bedeutung im Rahmen der Haftung kommt der Qualifizierung bzw. der Kompetenz der Mitglieder als Kollektiv, jedoch auch individuell zu. Nur wenn ausreichendes fachliches Know-how besteht, ist überhaupt die Erfüllung der Sorgfaltspflicht möglich. Dies kann sehr gut am Beispiel der Business Judgement Rule aufgezeigt werden, die auch als sicherer Hafen für Vorstände und Aufsichtsräte bezeichnet wird. Denn nur wer den zugrunde liegenden Sachverhalt beurteilen kann, erkennt auch, ob die ihm vorliegenden Informationen ausreichend und korrekt sind oder ob gegebenenfalls weiteres Material anzufordern ist. Für mögliche spätere Streitigkeiten empfiehlt sich die detaillierte Dokumentation aller erhaltenen Informationen, der zusätzlich angeforderten Unterlagen sowie der ausführlichen Begründung der Entscheidungen.

> Jeder Aufsichtsrat muss diejenigen Kenntnisse besitzen oder sich aneignen, die notwendig sind, um alle üblichen Geschäftsvorgänge ohne fremde Hilfe verstehen und beurteilen zu können (BGHZ 85, S. 293 ff.).

Eine weitere wesentliche Komponente ist die Zeit und damit zusammenhängend die Intensität, mit welcher die Mandatsträger für ihr Amt zur Verfügung stehen. Es gibt keine gesetzlichen Vorgaben dafür, wie viele Stunden oder Tage im Rahmen der Sorgfaltspflicht aufzuwenden sind. Der inhaltliche Umfang und das Ausmaß der Überwachungstätigkeit richten sich nach der Situation der Gesellschaft. Dieses auch als dynamische Pflichtintensität bezeichnete Vorgehen sieht letztlich vor, dass der Aufsichtsrat desto umfassender seiner Überwachungsfunktion nachkommen und den Vorstand kontrollieren muss, je komplexer und angespannter die Lage eines Unternehmens ist. Im Rahmen der abgestuften Überwachungspflicht spielt also die wirtschaftliche Lage des Unternehmens eine ausschlaggebende Rolle und kann sich im Zweifel auf die Haftung auswirken.

In stabilen Zeiten, in denen der Aufsichtsrat ordnungsgemäß seinen Pflichten nachkommt, ist die begleitende Überwachung in der Regel das Mittel der Wahl und ausreichend. Dabei verlässt sich der Aufsichtsrat auf die Leitung der Gesellschaft durch den Vorstand und beschränkt sich auf die Überwachung und ggf. Beratung des Vorstands. Schließlich obliegt diesem die Leitung der Gesellschaft, sodass in stabilen Zeiten erst eingegriffen werden muss, wenn ein Pflichtverstoß, eine nicht sachgerechte Entscheidung etc. zu vermuten oder gar schon aufgetreten ist.

Gibt es erste Anzeichen für eine (drohende) Schieflage des Unternehmens, muss der Aufsichtsrat sein Engagement ausweiten und die Überwachung intensivieren. Solche Anzeichen können schlechte Branchenprognosen, dauerhafte Ergebnisstagnation oder -minderungen sein. In diesem Fall wird auch von unterstützender Überwachung gesprochen.

Qualifizierung und Kompetenz: Erfüllung der Pflichten	
Sorgfaltspflicht	• Kenntnisse zu Strategie, Finanzen und Risikothemen insbesondere: – Methodenkompetenz – Fachkompetenz • Keine Exkulpation aufgrund von Unkenntnis oder falscher Einschätzung • Entlastung des AR bezieht sich im Zweifel nur auf die Themen, die in der Hauptversammlung angesprochen wurden • Sorgfaltspflicht umfasst nicht nur das Tun, sondern auch das Unterlassen (z.B. von eigenen Recherchen, Fortbildungen ...) • Holschuld bezüglich Informationen, die über das turnusmäßige Pflichtreporting hinausgehen
Business Judgement Rule	• Es wird kein Erfolg geschuldet • Wurde die damalige Entscheidung auf »sauberer Wissens- und Informationsbasis« erstellt, besteht keine Pflichtverletzung.

Abb. 24: Qualifizierung und Kompetenz: Erfüllung der Pflichten

Ist die Krise eingetreten, besteht für den Aufsichtsrat die Pflicht zur gestaltenden Überwachung. Neben dem Ausschöpfen der Informationsquellen (Berichte, Bücher etc.) hat er als quasi letzte Möglichkeit auch sicherzustellen, dass der Vorstand rechtzeitig einen Insolvenzantrag stellt. Weiterhin wäre spätestens zu diesem Zeitpunkt ein offensichtlich ungeeigneter Vorstand abzuberufen und zu ersetzen.

In dem besonderen Fall einer führungslosen Gesellschaft wird die Insolvenzantragspflicht gem. § 15a Abs. 3 InsO auf die Gesellschafter bzw. den Aufsichtsrat übertragen. Darunter wird in der Regel auch der Sachverhalt subsumiert, dass der Aufenthalt des zuständigen Organs unbekannt ist und es sich auf diese oder andere Weise seiner Verantwortung entzieht. Die Antragspflicht würde gem. § 15a Abs. 3 2. Halbsatz InsO nur dann entfallen, wenn der Aufsichtsrat von der Insolvenzreife keine Kenntnis hat und er dies auch nachweisen kann. Im Rahmen der vorgängig erläuterten gestaltenden Überwachung im Krisenfall dürfte dies jedoch schwerfallen. Der Aufsichtsrat haftet weiterhin wegen Verstoßes gegen die Insolvenzantragspflicht gem. § 15a Abs. 3 InsO. Hierbei sind zwei Aspekte von Bedeutung:

- Haftung gegenüber sog. Neugläubigern,
- mögliche strafrechtliche Konsequenzen.

> Die persönliche Kompetenz ist ein wesentlicher Aspekt zur Vermeidung von Streitigkeiten, Haftung etc.

In jeder GmbH kann freiwillig ein Aufsichtsrat als Kontrollorgan gebildet werden (sog. fakultativer Aufsichtsrat). Wesentliche Aufgabe des fakultativen Aufsichtsrats ist ebenfalls die Überwachung der Geschäftsführung. Verletzt ein Mitglied des fakultativen Aufsichtsrats schuldhaft seine Überwachungspflicht, haftet es grundsätzlich so wie ein Aufsichtsratsmitglied einer AG. Eine wesentliche Beschränkung gilt jedoch beim Zahlungsverbot nach Insolvenzreife der Gesellschaft (BGH, Urteil vom 20.09.2010 – II ZR 78/09): »Die Mitglieder eines fakultativen Aufsichtsrats einer GmbH sind bei einer Verletzung ihrer Überwachungspflicht hinsichtlich der Beachtung des Zahlungsverbots nur dann der GmbH gegenüber nach § 93 Abs. 2, § 116 AktG, § 52 GmbHG ersatzpflichtig, wenn die Gesellschaft durch die regelwidrigen Zahlungen in ihrem Vermögen i. S. der §§ 249 ff. BGB geschädigt worden ist. Die Aufsichtsratsmitglieder haften dagegen nicht, wenn die Zahlung – wie im Regelfall – nur zu einer Verminderung der Insolvenzmasse und damit zu einem Schaden allein der Insolvenzgläubiger geführt hat.« Dagegen haftet das Aufsichtsratsmitglied einer AG bei einer solchen Überwachungspflichtverletzung auch gegenüber den Insolvenzgläubigern der Gesellschaft.

Wie zu Beginn des Abschnitts erläutert, ist die persönliche Kompetenz der Aufsichtsratsmitglieder ein zentraler Aspekt zur Erfüllung seiner Pflichten und somit zur Vermeidung von Streitigkeiten, Haftung etc. Fraglich ist jedoch, welches Wissen in welcher Funktion nötig ist. Eine Differenzierung bietet das in der folgenden Abbildung 25 abgebildete Schema, welches die Anforderungen an die verschiedenen involvierten Parteien anhand des Risikomanagements darstellt. Solche Differenzierungen bieten sich für alle wichtigen Fach- und Überwachungsthemen an, da sie einen nachvollziehbaren Rahmen abstecken und z. B. im Hinblick auf Qualifizierungen helfen können. Wichtig ist jedoch, dass sich aus solch einer Orientierungshilfe keine Exkulpation ableiten lässt, wenn die Anforderungen sich in der Praxis anderweitig darstellen. Weiterhin können sie dem Aufsichtsratsvorsitzenden zur Weiterentwicklung des Gremiums dienen, da er so gezielt auf individuelle Fortbildungen hinwirken kann.

Abb. 25: Qualifizierung und Kompetenz: Beispiel zum Risikomanagement

Besonderheiten beim Beirat

Wie bereits erläutert, gibt es mehrere Ausgestaltungsformen für Beiräte, die ihrerseits wieder Einfluss auf die Haftung haben. Insofern soll an dieser Stelle lediglich ein Überblick über die wesentlichen Verhaltens- und Haftungsmaßstäbe gegeben werden und nicht vertieft auf die denkbaren Varianten eingegangen werden.

Das Amt des Beirats darf nicht als bloße Anerkennung früherer Leistungen oder als Position mit rein repräsentativem Charakter missverstanden werden, aus dem keine (rechtlichen) Konsequenzen folgen können. Dies lässt sich bereits daraus ableiten, dass Regelungslücken unabhängig von der Rechtsform durch die Anwendung der aktienrechtlichen Grundsätze für den Aufsichtsrat geschlossen werden. Für Beiräte gilt ebenfalls die Business Judgement Rule, welche vereinfacht ausgedrückt besagt, dass Entscheidungen, die aufgrund angemessener Informationen nach bestem Wissen und Gewissen im Sinne des Unternehmens getroffen worden sind, grundsätzlich nicht zur Haftbarkeit führen. Üblich und rechtlich zulässig ist, dass ein Beirat bei leichter Fahrlässigkeit nicht in Anspruch genommen werden kann.

> Auch für Beiräte gilt die Business Judgement Rule; jedoch auch, dass mit steigenden Einflussmöglichkeiten ebenfalls die Haftungsrisiken steigen.

Dies muss aber explizit dienstvertraglich zwischen Beirat und Gesellschaft geregelt werden. Die Ursache der Haftungsbegrenzung ist, dass andernfalls oftmals keine Personen für den Beirat gewonnen werden können. Um das Risiko für Beiräte zu minimieren, wird in der Praxis häufig der Versuch unternommen, die Haftung für die Mitglieder des Beirats vollständig auszuschließen. Diese grundsätzlichen und vollständigen Haftungsausschlüsse wie etwa »Für uns gilt § 52 Abs. 3 GmbHG nicht«, werden von der Rechtsprechung und Fachliteratur nicht gestützt. Auch für Beiräte gilt: Je mehr Entscheidungskompetenz dem Beirat eingeräumt wird, desto wichtiger wird die Dokumentation der Sitzungen, Beschlüsse etc. unter Berücksichtigung der Business Judgement Rule.

Beiräte sollten daher passend zur Ausgestaltung ihres Mandats ebenfalls Themen wie regelmäßige Fortbildung, Effizienzprüfung, Dokumentation der Arbeit, Diskussionen und Beschlüsse sehr sorgsam im Blick haben.

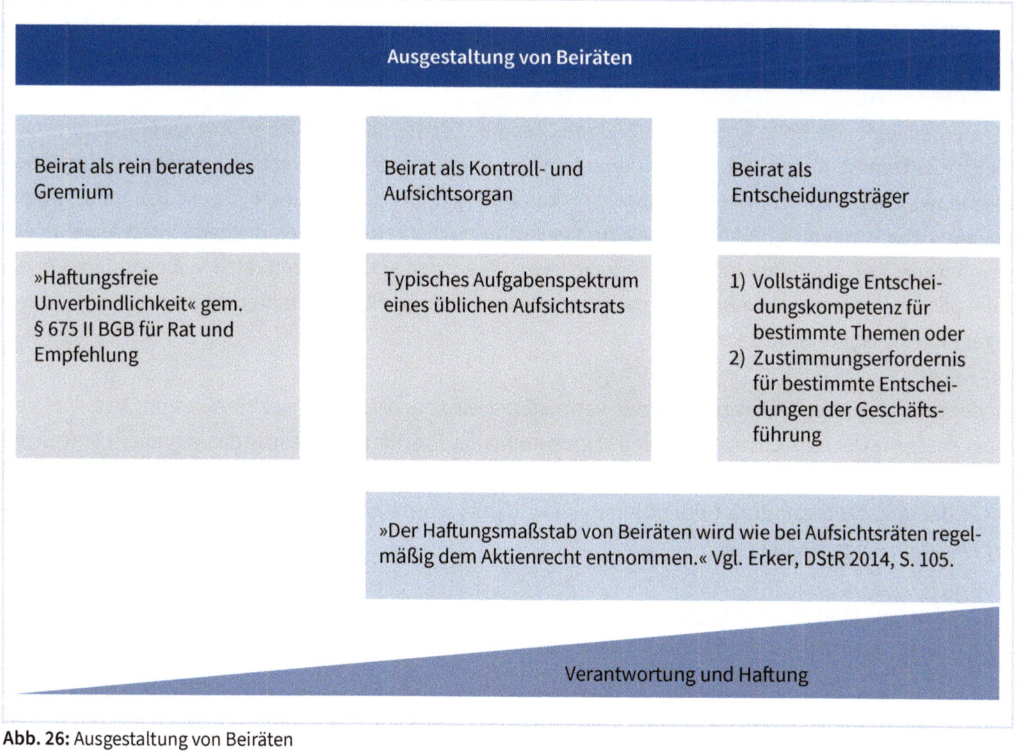

Abb. 26: Ausgestaltung von Beiräten

9 Haftungsmanagement

Beim Haftungsmanagement geht es primär um präventive Maßnahmen vor möglichen Streitigkeiten. Es handelt sich dabei um ein Bündel von Aktivitäten, die im Idealfall für das Kollektiv und für die individuellen Mitglieder kontinuierlich auf deren Erfüllung überprüft werden. Eine zentrale Rolle spielt dabei die regelmäßig durchzuführende Effizienzprüfung, aus der sich diverse Impulse für die Selbstorganisation, die Weiterbildung, die Weiterentwicklung des Gremiums etc. ableiten lassen. Insofern könnte anstelle von Haftungsmanagement eher von einem umfassenden Gremienmanagement gesprochen werden. Häufig bietet sich für darin unerfahrene Gremien ein initiales Set-up z. B. mit externer Unterstützung an, weil sich auf diesem Weg mit der Erfahrung der (externen) Berater auch eine Methodik sicherstellen und implementieren lässt, die branchenüblich ist und den Compliance-Anforderungen Stand hält. Zudem erhalten die Mitglieder einen Eindruck, wie in anderen Gremien gearbeitet und organisiert wird.

Eine entscheidende Rolle kommt auch dem Credo zu, dass Nichtstun eben mit einem Unterlassen gleichzusetzen ist und nicht mit einem versehentlich unentdeckten Sachverhalt, Vorgang etc., über den man eine Exkulpation erreichen könnte. Darin kommt ebenfalls zum Ausdruck, dass der Mandatsträger, um aktiv etwas zu »tun« (in Abgrenzung zum genannten »Nichtstun«), eben die genannten Aspekte wie Kompetenz, Zeit, adäquate Informationslage usw. beherzigen sollte. Es geht also insbesondere um die sinnvolle und angemessene Berücksichtigung und Verzahnung aller genannten Komponenten und weniger um eine isolierte Umsetzung.

Im Kontext der Haftungsprävention bzw. -vermeidung wird auch von der Asset Protection, also dem Vermögensschutz der Aufsichtsratsmitglieder gesprochen, wobei hier nicht einzig das monetäre Vermögen zu betrachten ist. Insbesondere die Reputation stellt für zukünftige Engagements das entscheidende Asset dar. Auf die besondere Bedeutung des Protokolls wurde im Rahmen des Abschnitts zur Selbstorganisation eingegangen.

> Für ein effektives Haftungsmanagement sollte eher von einem umfassenden Gremienmanagement gesprochen werden, welches diverse Aspekte zur Prävention berücksichtigt.

Sollte es zu Streitigkeiten kommen und damit das Thema und die Phase der Prävention erschöpft sein, geht es neben der Beweisführung (Dokumentation) oftmals auch um Fragen des Schadenersatzes, der Zahlung von Abwehr- und Anwaltskosten sowie die Risiken für das Privatvermögen des betroffenen Aufsichtsrats. Der in diesem Zusammenhang übliche Versicherungsschutz sowie einige Varianten und Entwicklungen werden im letzten Abschnitt dieses Kapitels behandelt.

Abb. 27: Aspekte der Haftungsvermeidung

10 Aufsichtsratsrelevante Regelungen im Überblick

10.1 UMAG

Durch das Gesetz zur Unternehmensintegrität und Modernisierung des Anfechtungsrechts (UMAG) vom 22. September 2005 das am 1. November 2005 in Kraft getreten ist, wurde ein bedeutsamer Schritt zur Umsetzung der Vorschlage der Regierungskommission Corporate Governance (10-Punkte-Programm der Bundesregierung zur Stärkung der Unternehmensintegrität und des Anlegerschutzes) umgesetzt. Im UMAG geht es um die Haftung der Organe (Vorstand, Aufsichtsrat) und die Anfechtungsklage in der Hauptversammlung. Das Gesetz enthält drei Regelungsschwerpunkte:

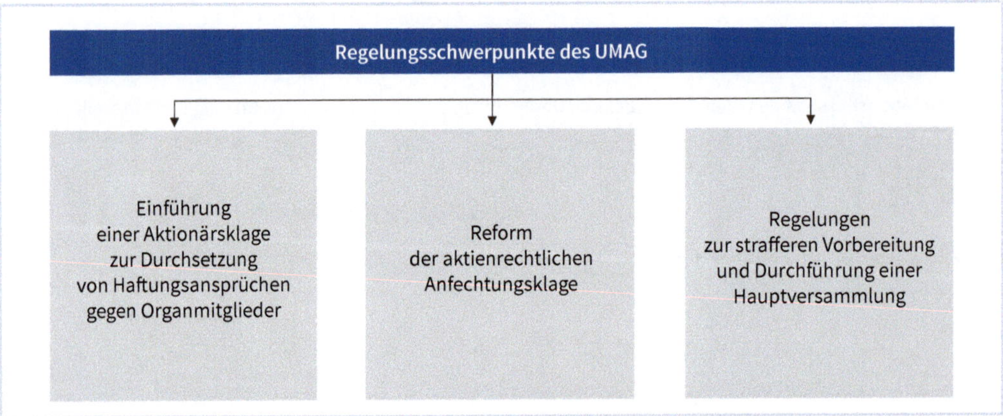

Abb. 28: Regelungsschwerpunkte des UMAG

Im Einzelnen geht es um folgende Themenfelder zur Neujustierung der Corporate Governance von börsennotierten Gesellschaften.

10.1.1 Innenhaftung der Organe

Regelungsgegenstand ist die Haftung der Vorstände und Aufsichtsräte wegen Sorgfaltspflichtverletzung gegenüber der Gesellschaft. Der Haftungstatbestand ist im deutschen Aktienrecht an sich schon sehr scharf – berechtigte Ansprüche werden aber nur selten geltend gemacht. Dem Gesetz geht es um die Erleichterung der Klagedurchsetzung durch eine Aktionärsminderheit. Um dabei missbräuchliche Rechtsausnutzung zu vermeiden, wird ein gerichtliches Vorverfahren (Zulassung) eingeführt und ein Haftungsfreiraum im Bereich qualifizierter unternehmerischer Entscheidungen geschaffen.

Nach § 148 AktG können Aktionäre, deren Anteile im Zeitpunkt der Antragstellung zusammen 1 % des Grundkapitals oder einen Börsenwert von 100.000 Euro erreichen, den Anspruch der Gesellschaft gegen die Organe einklagen.

Die Minderheit kann den Anspruch für die Gesellschaft im eigenen Namen geltend machen. Es gibt hier also keinen besonderen und vom Gericht eingesetzten Vertreter mehr.

Die Klage wird aber »gefiltert« durch ein gerichtliches Zulassungsverfahren. Dadurch sollen missbräuchliche Klagen ausgesiebt werden. Die Zulassung ist an mehrere Voraussetzungen geknüpft (siehe Abbildung 29).

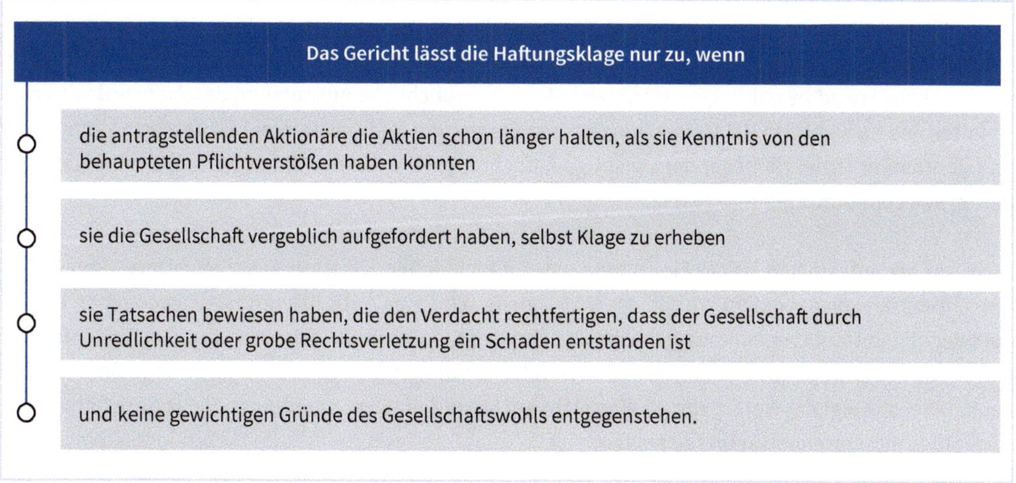

Abb. 29: Haftungsklage

Ferner sieht das Gesetz die Schaffung eines Aktionärsforums für klagewillige Kleinaktionäre im elektronischen Bundesanzeiger vor als innovative Maßnahme zur Verbesserung des Anlegerschutzes. Über dieses Forum können Aktionäre Mitstreiter für das Erreichen gesetzlicher Quoren und zur Stimmrechtsausübung suchen und sie zum Mitmachen aufrufen.

Zuständig für die Klagezulassung ist das Landgericht des Gesellschaftssitzes. Eine Nebenintervention, also das Trittbrettfahren weiterer Aktionäre, nachdem eine Klage zugelassen ist, ist hinsichtlich dieser Klage ausdrücklich ausgeschlossen.

Ist die Klage einmal zugelassen, so trägt die Gesellschaft die Kosten des weiteren Verfahrens. Die Kosten des Zulassungsverfahrens bekommen die Kläger von der Gesellschaft nur erstattet, wenn die Klage zugelassen wird. Die Gesellschaft kann aber insgesamt Rückgriff nehmen, wenn sich später herausstellt, dass die Zulassung durch unrichtigen Vortrag erschlichen wurde. Haben mehrere Kläger zusammen die Klage beantragt und das Quorum gestellt, so wird grundsätzlich nur ein Anwalt erstattet.

Das Quorum von 1% Kapitalanteil oder 100.000 Euro Börsenwert wird auch für die Sonderprüfung eingeführt. Die Sonderprüfung ist oft erforderlich, um die Tatsachen für eine spätere Haftungsklage aufzudecken. Damit werden die Voraussetzungen für Sonderprüfung und Haftungsklage vereinheitlicht. Auch bei der Sonderprüfung haften die Kläger aber bei durch unrichtigen Vortrag erschlichener Prüferbestellung für die verursachten Kosten.

Gewissermaßen als Gegengewicht zur Erleichterung der Haftungsklage wurde die sog. Business Judgement Rule ins Gesetz aufgenommen, d.h. ein Haftungsfreiraum, wenn der Vorstand bei einer unternehmerischen Entscheidung vernünftigerweise annehmen durfte, auf der Grundlage angemessener Information zum Wohle der Gesellschaft zu handeln.

10.1.2 Anfechtungsklage gegen Beschlüsse der Hauptversammlung der AG

Um die Anfechtungsklage gegen Hauptversammlungsbeschlüsse der AG als wichtiges Schutzinstrument für die Aktionäre zu bewahren, aber zugleich die missbräuchliche Ausnutzung des Anfechtungsrechts zu unterbinden, sieht das UMAG Regelungen zum Frage- und Rederecht in der Hauptversammlung vor und übernimmt ferner für besonders wichtige Anfechtungsfälle das bewährte gerichtliche Freigabeverfahren aus dem Umwandlungsgesetz.

Wohl am bedeutsamsten ist die Einführung eines gerichtlichen Eilverfahrens (Freigabeverfahrens) für Anfechtungsklagen nach dem Vorbild des § 16 UmwG. Wird eine Anfechtungsklage gegen einen besonders wichtigen Hauptversammlungsbeschluss eingelegt, so kann die Gesellschaft beim Gericht beantragen, dass der Beschluss trotzdem in das Handelsregister eingetragen wird und ausgeführt werden kann. Die Klage legt das Unternehmen also nicht auf lange Zeit lahm. Allerdings hat das Gericht hier eine sorgfältige Interessenabwägung zu treffen.

Die Freigabe ist mit Bestandssicherungswirkung ausgestattet. Das heißt: Verfügt das Gericht die Eintragung des Beschlusses, so muss seine Umsetzung nicht rückgängig gemacht werden, selbst wenn der Anfechtungskläger später im Hauptverfahren recht bekommt. Der Anfechtungskläger erhält dann nur noch Schadensersatz.

Das Freigabeverfahren ist aber beschränkt auf Kapitalmaßnahmen (also vor allem Kapitalerhöhungen) und Unternehmensverträge. Hier ist die Gefahr einer Blockade des Unternehmens besonders groß. Dadurch entsteht auch ein sehr hohes Erpressungspotenzial indem versucht werden kann, die Umsetzung einer zeitkritischen Entscheidung zunächst zu blockieren, um diesen Versuch später wieder gegen »Vergütung« zurückzunehmen. In allen anderen Fällen der Anfechtungsklage kann es dem Unternehmen zugemutet werden, den Ausgang des Hauptverfahrens abzuwarten.

Da das Freigabeverfahren ein Eilverfahren ist, wird dem Gericht eine Fristvorgabe gesetzt. Das Prozessgericht soll spätestens binnen drei Monaten entscheiden.

Vergleiche müssen mit allen Nebenbedingungen und eventuellen Sondervorteilen im elektronischen Bundesanzeiger veröffentlicht werden.

Wo ein Spruchverfahren nach dem Spruchverfahrensgesetz möglich und ausreichend ist, z.B. sofern es nur um Bewertungsfragen geht, soll eine auf Auskunftsrügen gestützte Anfechtungsklage ausgeschlossen sein, denn ein doppelter Rechtsschutz ist nicht nötig.

Eine Anfechtungsklage kann nur erheben, wer schon vor der Bekanntmachung der Tagesordnung Aktionär war. Man möchte vermeiden, dass sich jemand nach Lektüre der Tagesordnung schnell eine Aktie kauft, weil er eine Klagemöglichkeit wittert.

Das Fragerecht der Aktionäre in der Hauptversammlung ist sehr wichtig, wird aber bisher mitunter missbraucht, um Verfahrensfehler zu provozieren und den Boden für Anfechtungsklagen zu bereiten. Nach dem UMAG kann der Versammlungsleiter per Satzung ermächtigt werden, angemessene Frage- und Redezeitbegrenzungen festzusetzen. Das Gesetz stärkt also die Satzungsautonomie.

Nach dem UMAG können die »frequently asked questions (faq)« oder von vorab von Aktionären eingereichte schriftliche Fragen auf der Website der Gesellschaft eingestellt und beantwortet werden. Sie brauchen dann in der Hauptversammlung nicht mehr beantwortet zu werden. Dadurch kann das lästige und zeitraubende Verlesen von Listen, Tabellen u. dergl. eingespart werden. Die Hauptversammlung soll der Strategiediskussion dienen und soll ein Forum ernsthaft an dem Unternehmen interessierter Gesellschafter sein.

10.1.3 § 123 Aktiengesetz: Anmeldung zur Hauptversammlung, Nachweis der Berechtigung

Mit der Neuregelung des § 123 AktG wird in Satzungsautonomie das Anmeldeverfahren zur Hauptversammlung näher ausgestaltet. Das Erfordernis der Hinterlegung macht deshalb keinen Sinn mehr, weil es meist nur noch Globalurkunden gibt und die Aktionäre keine verbrieften Stücke mehr haben. Das historische Erfordernis der Hinterlegung von Aktien wird abgeschafft.

Bei Inhaberaktien gibt es die zusätzliche Regelung eines Berechtigungsnachweises, deren genauere Ausgestaltung ebenfalls in Satzungsautonomie spezifiziert wird. Da die Aktiengesellschaft bei Inhaberaktien ihre Aktionäre nicht kennt, bedarf es hier einer besonderen Legitimation.

Mit der Einführung eines sogenannten Record Date 14 Tage vor der Hauptversammlung – (Stichtag vor der Hauptversammlung) wird – entsprechend internationalen Vorbildern – festgelegt, dass derjenige, der sich mit einem solchen Nachweis fristgemäß angemeldet hat, als legitimiert gilt, auch wenn er die Aktien danach noch veräußern sollte. Dadurch werden die Aktien insbesondere bei den Fonds handelbar gehalten, die aus Furcht vor der »Sperrung der Aktien« bisher oft ihre Stimmen nicht ausgeübt haben.

10.2 ARUG II

Das Gesetz zur Umsetzung der zweiten Aktionärsrechterichtlinie (ARUG II) ist am 01.01.2020 in Kraft getreten.

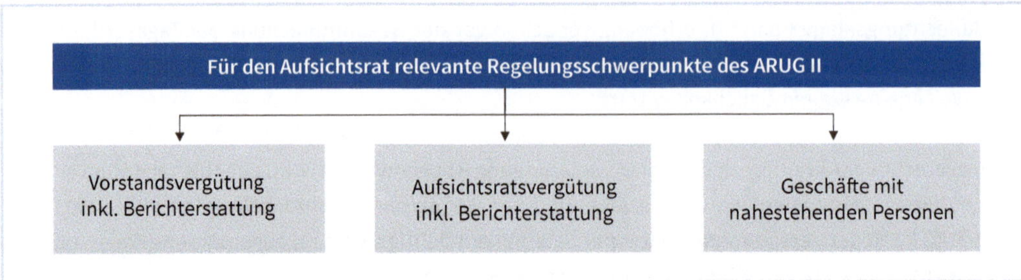

Abb. 30: Regelungsschwerpunkte des ARUG II

Für die Arbeit des Aufsichtsrats sind besonders die Vorgaben zur Vergütung des Vorstands und des Aufsichtsrats (Say on Pay) sowie zu Geschäften mit nahestehenden Personen (Related Party Transactions) relevant.

Vorstandsvergütung

Der Aufsichtsrat muss ein Vergütungssystem für die Vorstandsvergütung festlegen, das der Hauptversammlung mindestens alle vier Jahre sowie bei Änderungen zur unverbindlichen Billigung vorzulegen ist. Im Vergütungssystem ist auch eine Maximalvergütung festzulegen. Die Hauptversammlung kann diese herabsetzen.

Darüber hinaus ist die Struktur der Vorstandsvergütung nicht nur auf eine langfristige, sondern nunmehr auch auf eine nachhaltige Unternehmensentwicklung auszurichten. Das Vergütungssystem sowie der dazugehörige Hauptversammlungsbeschluss sind auf der Internetseite der Gesellschaft zu veröffentlichen.

Aufsichtsratsvergütung

Vorstand und Aufsichtsrat müssen künftig ein Vergütungssystem für den Aufsichtsrat erarbeiten. Beschließt die Hauptversammlung dann im Anschluss über die konkrete Vergütung des Aufsichtsrats, so stimmt sie damit auch über das Vergütungssystem für den Aufsichtsrat ab. Die Hauptversammlung hat mindestens alle vier Jahre einen Beschluss über die Aufsichtsratsvergütung zu fassen. Der Beschluss (einschließlich des Vergütungssystems) muss auf der Internetseite der Gesellschaft veröffentlicht werden.

Berichterstattung über die Vergütung von Vorstand und Aufsichtsrat

Durch das ARUG II wird die Berichterstattung über die Organvergütung bei börsennotierten Gesellschaften aus dem (Konzern-)Anhang und (Konzern-)Lagebericht in einen gesonderten Vergütungsbericht als Teil der externen Finanzberichterstattung verlagert. Danach haben Vorstand und Aufsichtsrat einen klaren und verständlichen Bericht über die im vorangegangenen Geschäftsjahr entsprechend des Vergütungssystems gewährte bzw. geschuldete Vergütung für die gegenwärtigen oder früheren Organmitglieder zu erstellen. Dabei werden sowohl die Form der Veröffentlichung als auch die Inhalte der Vergütungsberichterstattung neu geregelt. Während börsennotierte Gesellschaften bisher nach § 315a Abs. 2 HGB lediglich über die Grundzüge des Vergütungssystems im Hinblick auf die Gesamtbezüge der Organmitglieder im (Konzern-)Lagebericht zu berichten hatten, ist die Organvergütung künftig in einem separaten Bericht darzustellen. Der Vergütungsbericht ist auf der Internetseite der Gesellschaft zu veröffentlichen und zehn Jahre lang kostenfrei öffentlich zugänglich zu machen. Des Weiteren ist nach § 289f Abs. 2 Nr. 1a HGB bzw. § 315d HGB ein Verweis auf die Internetseite der Gesellschaft, auf welcher der Vergütungsbericht öffentlich zugänglich gemacht wurde, in die (Konzern-)Erklärung zur Unternehmensführung aufzunehmen. Der Abschlussprüfer prüft dessen Vollständigkeit und erstellt einen Vermerk über seine Prüfung, der dem Vergütungsbericht beizulegen ist. Die Hauptversammlung beschließt jedes Jahr unverbindlich über die Billigung des Berichts.

Geschäfte mit nahestehenden Personen

Gesellschaften müssen ihr internes Verfahren zum Sammeln und Bewerten von Geschäften mit nahestehenden Personen ausweiten. Insbesondere müssen sie hierbei evaluieren, ob ein Geschäft »im ordentlichen Geschäftsgang und zu marktüblichen Bedingungen« getätigt wurde und folglich kein sog. »Geschäft mit nahestehenden Personen darstellt«. Werden durch Geschäfte mit nahestehenden Personen bestimmte Schwellenwerte überschritten, muss der Aufsichtsrat hierzu seine vorherige Zustimmung erteilen. Er kann hierfür auch einen Ausschuss einsetzen, der anstelle des Aufsichtsrats entscheidet (siehe Abbildung 31).

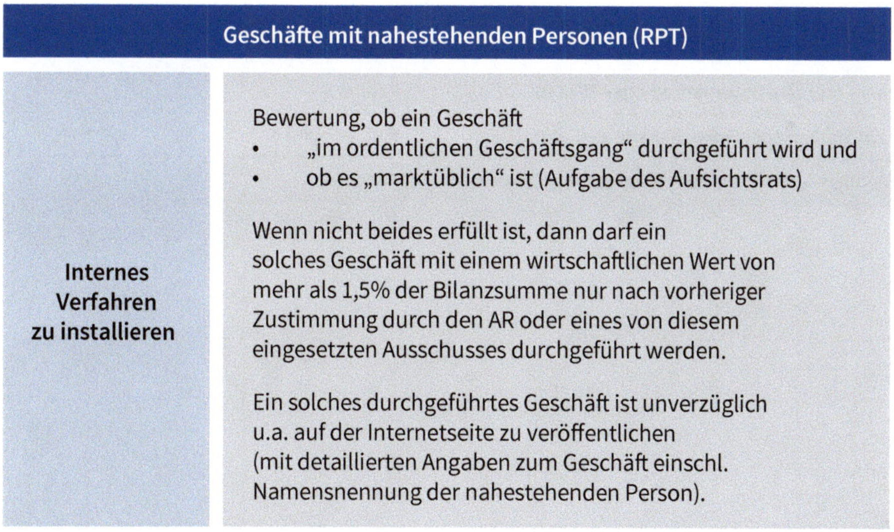

Abb. 31: Geschäfte mit nahestehenden Personen (Related Party Transaction)

Die Hürde für die Zustimmung des Aufsichtsrats oder eines Aufsichtsratsausschusses zu Geschäften mit nahestehenden Personen beträgt nach § 111b AktG 1,5% des Anteils des infrage stehenden Geschäfts an der Summe von Anlage- und Umlaufvermögen.

Über die genannten Punkte hinaus kommt es auch zu sprachlichen Erleichterungen für die Konzernrechnungslegung.

Nach § 291 Abs. 1 HGB kann seit dem Geschäftsjahr 2021 alternativ zur bisher einzig vorgesehenen deutschen Sprache die Offenlegung des befreienden Konzernabschlusses und -lageberichts einschließlich des Bestätigungsvermerks oder des Vermerks über dessen Versagung für den entfallenden Konzernabschluss und -lagebericht eines übergeordneten Mutterunternehmens auch in englischer Sprache erfolgen, vorausgesetzt die anderen Befreiungsvoraussetzungen eines dort einbezogenen Mutterunternehmens sind ebenfalls erfüllt.

10.3 Überblick zu weiteren relevanten Vorschriften

In den beiden vorangestellten Abschnitten wurde auf das UMAG und ARUG II eingegangen. Bei anderen relevanten Vorschriften bietet es sich eher an, diese in den jeweiligen fachlichen Abschnitten aufzugreifen. Beispielsweise hat das FISG Auswirkungen auf den Prüfungsausschuss (Kapitel 2) und auf das Risikomanagementsystem (Kapitel 4).

Der nachfolgenden Übersicht sind daher die wesentlichen Vorschriften und Verweise innerhalb des Buches zu entnehmen:

CSRD	**Kapitel 5 und 9 (Nachhaltigkeit)**
Deutscher Corporate Governance Kodex 2023 (DCGK 2023)	Kapitel 3
Gesetz zur Stärkung der Finanzmarktintegrität (FISG)	Kapitel 2 und 4
Stabilisierungs- und Restrukturierungsgesetz (StaRUG)	Kapitel 4

11 D & O-Versicherung

> Bei D & O-Versicherungen handelt es sich grundsätzlich um eine Versicherung für fremde Rechnung.

Auf die Haftung und daraus resultierende Risiken wurde im vorigen Abschnitt eingegangen. Zusammenfassend und gleichzeitig als Einleitung in das Thema der D & O-Versicherung gilt es festzuhalten: Die Mitglieder von Aufsichtsräten haften grundsätzlich gesamtschuldnerisch mit ihrem gesamten Privatvermögen, wenn durch die Nichteinhaltung der gebotenen Sorgfaltspflicht dem Unternehmen ein Schaden entstanden ist. Besteht Unklarheit in der Frage, ob der Sorgfaltsmaßstab eingehalten worden ist, so trifft den Aufsichtsrat hierfür die Beweislast, d. h., das betroffene Aufsichtsratsmitglied muss nachweisen, dass es bei dem streitgegenständlichen Sachverhalt die erforderliche Sorgfalt hat walten lassen.

Ein genereller Haftungsausschluss ist für Aufsichtsratsmitglieder prinzipiell nicht möglich. Eine Ausnahme bilden beispielsweise kommunale Gesellschaften, bei denen ein fakultativer Aufsichtsrat besteht und die Haftung auf Vorsatz und grobe Fahrlässigkeit beschränkt werden kann.

Zieht man jetzt noch das Ungleichgewicht zwischen der Vergütung des Aufsichtsrats und der persönlichen unlimitierten Haftung der Aufsichtsratsmitglieder in Betracht, wird ein effektiver Absicherungsbedarf offenkundig.

Eine gängige Möglichkeit zur Absicherung für Aufsichtsratsmitglieder bietet die sog. D & O-Versicherung. Dabei handelt es sich um ein Versicherungsprodukt, welches ursprünglich für den US-amerikanischen Markt entwickelt wurde. D & O ist die Abkürzung für »Directors and Officers«, d. h. für die Unternehmensleitung angloamerikanischer Kapitalgesellschaften. Das Kürzel D & O hat sich mittlerweile jedoch international als Synonym für die Absicherung der Haftungsrisiken von Organmitgliedern, also Mitgliedern von Führungs- und Aufsichtsgremien, etabliert. Eine D & O-Police soll vor den finanziellen Folgen einer persönlichen Haftung von Organmitgliedern schützen, insbesondere auch Aufsichtsratsmitgliedern, für den Fall, dass sie wegen einer bei Ausübung ihrer jeweiligen Tätigkeit begangenen Pflichtverletzung für den daraus resultierenden Vermögensschaden von dem eigenen Unternehmen oder von Dritten persönlich in Anspruch genommen werden. Vereinfacht ausgedrückt handelt es sich bei diesem Produkt um eine Art »Berufshaftpflichtversicherung« für Organmitglieder.

Wichtig zu wissen ist, dass es sich bei der D & O-Versicherung grundsätzlich um eine Versicherung für fremde Rechnung handelt, was wiederum bedeutet, dass der Vertragspartner des Versicherers und damit auch der Prämienschuldner das jeweilige Unternehmen und nicht etwa das einzelne Aufsichtsratsmitglied ist. Im Schadenfall mit Innenhaftungsbezug führt dies zu der brisanten Konstellation, dass der Vertragspartner des Versicherers mit der Erhebung des Anspruchs – etwa gegen ein Aufsichtsratsmitglied als versicherte Person – plötzlich zum »Gegner« werden kann. In der folgenden Abbildung 32 sind einige zentrale Fragestellungen dargestellt, die im Zusammenhang mit D & O-Versicherungen stehen und die Komplexität des Themas aufzeigen.

Wesentliche Aspekte einer D&O-Versicherung	
Ist das Bedingungswerk transparent und verständlich? Gibt es keine versteckten Ausschlüsse?	Sind auch alle Mitglieder der Führungs- und Aufsichtsgremien von Tochterunternehmen automatisch mitversichert?
Ist die Deckungssumme ausreichend?	Werden vorläufige Abwehrkosten auch dann übernommen, wenn der konkrete Vorwurf Vorsatz bzw. einen wissentlichen Pflichtenverstoß beinhaltet?
Lassen sich die Bedingungen auf den individuellen Bedarf anpassen?	Bleibt der Versicherungsschutz auch bei einem Eigentümerwechsel des Unternehmens erhalten?
Werden die Abwehrkosten auch dann übernommen, wenn der Haftpflichtanspruch die Deckungssumme übersteigt?	Stimmen Verjährungs- und Nachmeldefristen überein?
Ist neben Fahrlässigkeit und grober Fahrlässigkeit auch der bedingte Vorsatz mitversichert?	Kann nach meinem ordentlichen Ausscheiden aus der Gesellschaft von meinem D&O-Anbieter eine individuelle D&O-Police ausschließlich zum individuellen Schutz erhalten werden?

Abb. 32: Wesentliche Aspekte einer D&O-Versicherung

Aufgrund der Konstruktion dieses Versicherungsproduktes kann es zu Interessenskonflikten kommen. Diskutiert und in der Praxis an Verbreitung zunehmend sind daher:

- separate D & O-Versicherungen für den Aufsichtsrat,
- persönliche D & O-Versicherungen für die jeweiligen Aufsichtsratsmitglieder.

Bei separaten D & O-Versicherungen für den Aufsichtsrat stellt sich die Frage, ob diese losgelöst von der Unternehmenspolice bei einem anderen Versicherer vorgenommen wird (Fall 1) oder ein zusätzlicher Schutz neben der bestehenden Unternehmenspolice beim gleichen Versicherer abgeschlossen wird (Fall 2). Im ersten Fall handelt es sich um den sog. Twin-Tower-Ansatz. Er steht für die Trennung der D & O-Unternehmenspolice und der D & O-Versicherung für die Aufsichtsräte auch im Bezug auf die versichernden Gesellschaften. Hier ist neben der Entwicklung der Prämien insbesondere auf die Klärung bzw. Übernahme der Altlasten hinzuweisen, da unter Umständen der Versicherungsschutz für die Aufsichtsräte nicht für davor liegende Sachverhalte greift, sondern erst ab Versicherungsbeginn. Dadurch könnte es zu Versicherungslücken bei bereits angelegten Problemen bzw. Streitigkeiten kommen, die lediglich noch nicht offenkundig sind.

> Kennen Sie tatsächlich Art und Inhalt Ihrer Police? Sind Sie optimal oder mindestens adäquat abgesichert?

Bei der Two-Tier Trigger Police (Fall 2) hingegen bleiben die Aufsichtsräte in der bestehenden D & O-Unternehmenspolice und erhalten einen zusätzlichen Schutz speziell für sie als Aufsichtsräte. Dadurch entfällt die »Altlasten-Thematik« und dem Aufsichtsrat steht eine eigene Deckungssumme zur Verfügung. Bei dieser Variante muss jedoch bedacht werden, dass es wie im Standardfall nur einen Versicherer gibt, der unter Umständen an der Seite beider streitenden Parteien steht und diese beide im Konflikt vertreten muss. Auf die Entwicklung von Prämien, Versicherungsdetails oder gar Anbietern soll an dieser Stelle bewusst zur Wahrung der Objektivität und Neutralität verzichtet werden.

Letztlich soll kurz die Möglichkeit erwähnt werden, eine persönliche D & O-Versicherung für einzelne Aufsichtsratsmitglieder abzuschließen.

In diesem Fall müsste die Versicherungssumme nicht mit anderen Organmitgliedern geteilt werden und unter Umständen ließen sich auf diesem Weg mehrere Mandate eines Aufsichtsrats in unterschiedlichen Unternehmen absichern. Inwiefern dieser individuelle Schutz vom Unternehmen (zumindest anteilig) finanziell getragen wird, ist im Einzelfall zu prüfen bzw. zu verhandeln.

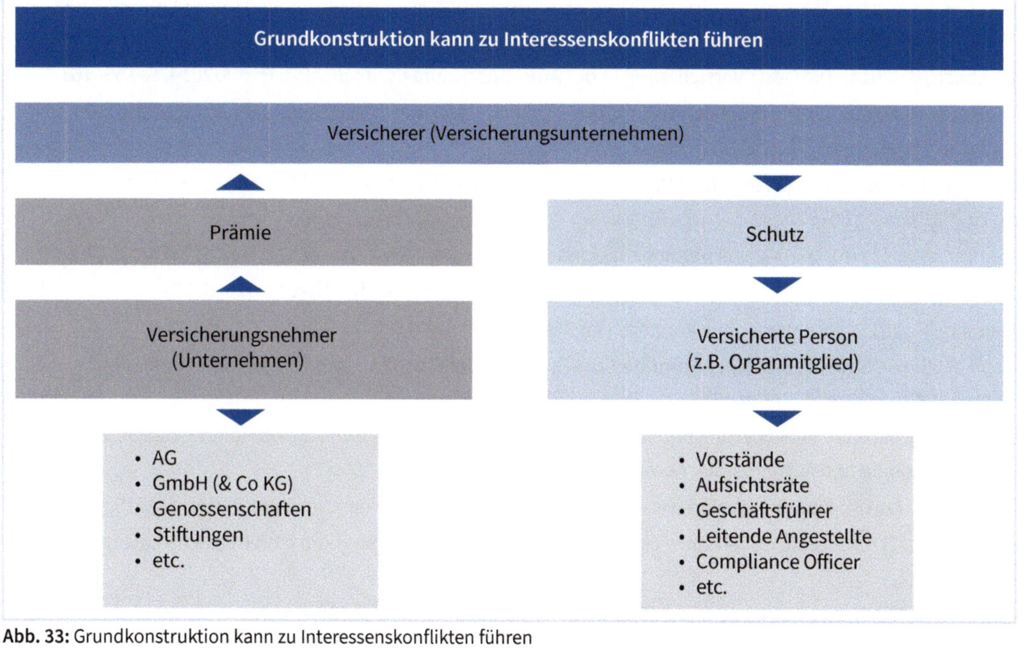

Abb. 33: Grundkonstruktion kann zu Interessenskonflikten führen

12 Quellen und weiterführende Literatur

Behringer, S. (2016): Compliance für Aufsichtsräte: Grundlagen – Verantwortlichkeiten – Haftung, Berlin 2016.

Betteray, W. v./Heerma, P. H. (2011): Haftung der Mitglieder des Aufsichtsrats in der Krise des Unternehmens, in: Peter H. Dehnen (Hrsg.), Der professionelle Aufsichtsrat – Basiswissen für die Praxis, Frankfurt a. M.2011, S. 51–60.

Beyer, M. (2016): Der operative Aufsichtsrat: Die Rolle des Aufsichtsrats in der Planung, in: BOARD 4/2016, S. 139–142.

Beyer, M./Gabius, K. (2015): Die Zukunft des Aufsichtsrats: Die Rolle des Gremiums im Rahmen von Planung und Strategie, in: BOARD 2015, Heft 5/2015, S. 197–201.

Cyrus, R. (2011): Fallstricke und Richtlinien im Umgang mit der persönlichen Haftung und deren Versicherung, in: Peter H. Dehnen (Hrsg.), Der professionelle Aufsichtsrat – Basiswissen für die Praxis, 2011, S. 39–50.

Dehnen, P. (2019): Der professionelle Aufsichtsrat: Prüfen Sie Ihr Wissen! Das relevante Spezial-Know-How für Ihre Überwachungstätigkeit: Spezialwissen für Ihre Überwachungspraxis, Frankfurt a. M. 2019.

Dubs, R. (2019) Verwaltungsrats-Sitzungen: Grundlegung und Sitzungstechnik, 3. Aufl., Zürich 2019.

Erker, M. (2014): Beiräte – Der institutionalisierte Einfluss Dritter. Konfliktvermeidung in Familienunternehmen, in: DStR, Heft 3/2014, 105 ff.

Fassbach, B. (2014): Die D & O-Versicherung in der Aufsichtsratspraxis, in: BOARD, Heft 4/2014, S. 156–161.

Gabius, K./Beyer, M. (2016): Wachsende Anforderungen an Bank-Aufsichtsräte: Neue Haftungsrisiken, in: Der Aufsichtsrat, Heft 3/2016, S. 157–158.

Hardt H. D./Ponschab R. (2014): Neue Rollenerwartungen an Aufsichtsräte und Beiräte, in: Der Aufsichtsrat, Heft 6/2014, S. 85–87.

Hendricks, M. (2015): D & O-Versicherung auf eigene Rechnung, in: Der Aufsichtsrat, Heft 4/2015, S. 50–51.

Henning, P. (2016): Dokumentation der Arbeit des Aufsichtsrats, in: BOARD, Heft 1/2016, S. 37–37.

Henning, P. (2015): Sitzungen ohne Vorstand, in: BOARD, Heft 5/2015, S. 211–212.

Heyd, R./Beyer, M. (Hrsg.) (2016): Corporate Governance in der Finanzwirtschaft – Aktuelle Herausforderungen und Haftungsrisiken, Berlin 2016.

Jula, R. (2021): D&O – Versicherung und Managerhaftung: Versicherungsschutz und Haftung der Geschäftsführer, Vorstände und Aufsichtsräte, Ahrensburg 2021.

Humrich, H. (2015): Kommunikation des Aufsichtsrats mit den Mitarbeitern, in: BOARD, Heft 5/2015, S. 184–187.

Koch, C. (2022): Corporate Governance case by case (Betriebs-Berater Studium – BWL case by case), Frankfurt a. M. 2022.

KPMG 2020: Der Navigator: ARUG II und DCGK.

Lotze, A. (2016): Zunehmende Bedeutung der Organhaftung auch für den Mittelstand, in: Der Aufsichtsrat, Heft 5/2016, S. 72–74.

Ludwig, D. (2021): Aufsichtsräte in kommunalen Unternehmen: Leitfaden für die Praxis, Reguvis.

März, B. (2015): Moderne Gremienkommunikation für Aufsichtsräte, in: Der Aufsichtsrat, Heft 2/2015, S. 24–25.

Mehle, V./Bärlein, M. (2015): Aufsichtsrat und Strafrecht, in: Der Aufsichtsrat, Heft 1/2015, S. 8–9.

Reichle, U. (2019): Jahresplan Aufsichtsrat, Stuttgart 2019.

Scheffler, E. (2020): Der Aufsichtsrat: Wirksame Überwachung der Unternehmensleitung, München 2020.

Schewe, G. (2018): Unternehmensverfassung: Corporate Governance im Spannungsfeld von Leitung, Kontrolle und Interessenvertretung, Wiesbaden 2018.

Rieckers, O. (2019): Der Regierungsentwurf des ARUG II, in BOARD 3/2019.

Schultheiß, P. (2015): Digitale Kommunikation im Aufsichtsrat der BBBank, in: BOARD, Heft 3/2015, S. 113–114.

Schust, G. H. (2015): Aufsichtsräte sollten heute Führung »neu denken« – drei Thesen, in: Der Aufsichtsrat, Heft 6/2014, S. 88–89.

Siepelt, S. (2016): Zur praktischen Umsetzung einer Informationsordnung durch den Aufsichtsrat, in: BOARD, Heft 3/2016, S. 118–122.

Sutter-Rüdisser, M. F. (2015): Sitzungsmanagement im Aufsichtsrat, in: BOARD, Heft 4/2015, S. 162–164.

Uffmann, K. (2015): Überwachung der Geschäftsführung durch einen schuldrechtlichen GmbH-Beirat?, in: Neue Zeitschrift für Gesellschaftsrecht (NZG), Heft 5/2015, S. 169–176.

Werner, R. (2010): Der Beirat als Instrument der Unternehmensüberwachung, in: ZEV, 2010, S. 619 ff.

Wessing, J. (2011): Grundlagen der strafrechtlichen Haftung des Aufsichtsrats, in: Peter H. Dehnen (Hrsg.), Der professionelle Aufsichtsrat – Basiswissen für die Praxis, 2011, S. 19–38.

Wiechmann, N. (2019): Die Anforderungen an Aufsichtsräte von Kreditinstituten und Versicherungsunternehmen im Spannungsfeld vom AktG, KWG und VAG; Berlin u. a. 2019.

Kapitel 2: Besondere Rollen

1 Überblick zum FISG

Am 20. Mai 2021 hat der Bundestag das Gesetz zur Stärkung der Finanzmarktintegrität (FISG) verabschiedet. Der Bundesrat gab am 28. Mai 2021 seine Zustimmung. Die finale Fassung ist – mit Ausnahme vereinzelter Regelungen, die erst zum 1. Januar 2022 in Kraft getreten sind – am 1. Juli 2021 in Kraft getreten. Nachfolgend soll ein Überblick über die aus Aufsichtsratssicht zentralen Aspekte des Gesetzes gegeben werden (Abbildung 34).

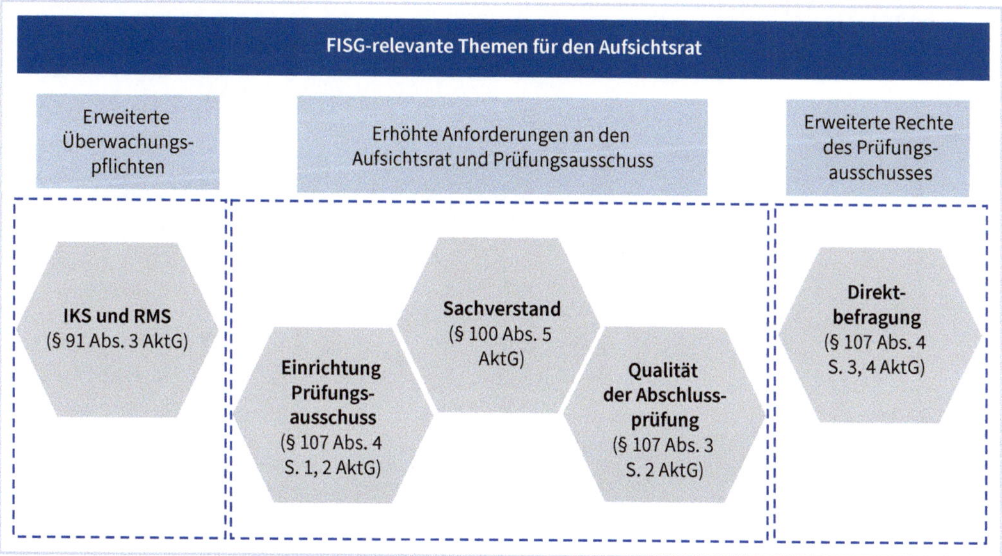

Abb. 34: FISG-relevante Themen für den Aufsichtsrat

Das erklärte Ziel des Gesetzgebers war und ist die Stärkung des Vertrauens in den deutschen Finanzmarkt. Dieses Ziel soll unter anderem mit der Einführung einer gesetzlichen Pflicht zur Errichtung eines angemessenen und wirksamen internen Kontrollsystems sowie eines entsprechenden Risikomanagementsystems für börsennotierte Aktiengesellschaften und der verpflichtenden Errichtung eines Prüfungsausschusses für Unternehmen von öffentlichem Interesse erreicht werden.

Die Ausführungen zum FISG sind daher gesetzlich relevant für Aufsichtsräte aus Unternehmen, die eines der Kriterien des § 316a HGB erfüllen:

§ 316a HGB (PIE):

- Kapitalmarktorientierung i. S. d. § 264d HGB,
- CRR-Kreditinstitute,
- Versicherungsunternehmen

PIE = Public Interest Entity / Unternehmen von öffentlichem Interesse

Da insbesondere der Prüfungsausschuss und der Financial Expert von den Regelungen betroffen sind, wurde der Überblick über das FISG an den Anfang dieses Kapitels gesetzt. Weitere Details zu den in der Abbildung angeführten Auswirkungen werden in den dazu passenden Abschnitten erläutert, also in diesem Kapitel beim Financial Expert und dem Prüfungsausschuss sowie in Kapitel 4 zum Internen Kontrollsystem und Risikomanagementsystem.

2 Prüfungsausschuss

Der Aufsichtsrat sollte als oberstes Organ der Unternehmensüberwachung mit vielschichtigen und unterschiedlichen Kompetenzen besetzt sein. Damit soll eine umfassende Begleitung des Vorstandes bei allen strategischen Fragestellungen ermöglicht werden. Um die Arbeit im Aufsichtsrat effizient zu gestalten, empfiehlt der Deutsche Corporate Governance Kodex die Bildung von fachlich qualifizierten Ausschüssen des Aufsichtsrats in Abhängigkeit von den spezifischen Gegebenheiten des Unternehmens und der Anzahl seiner Mitglieder.

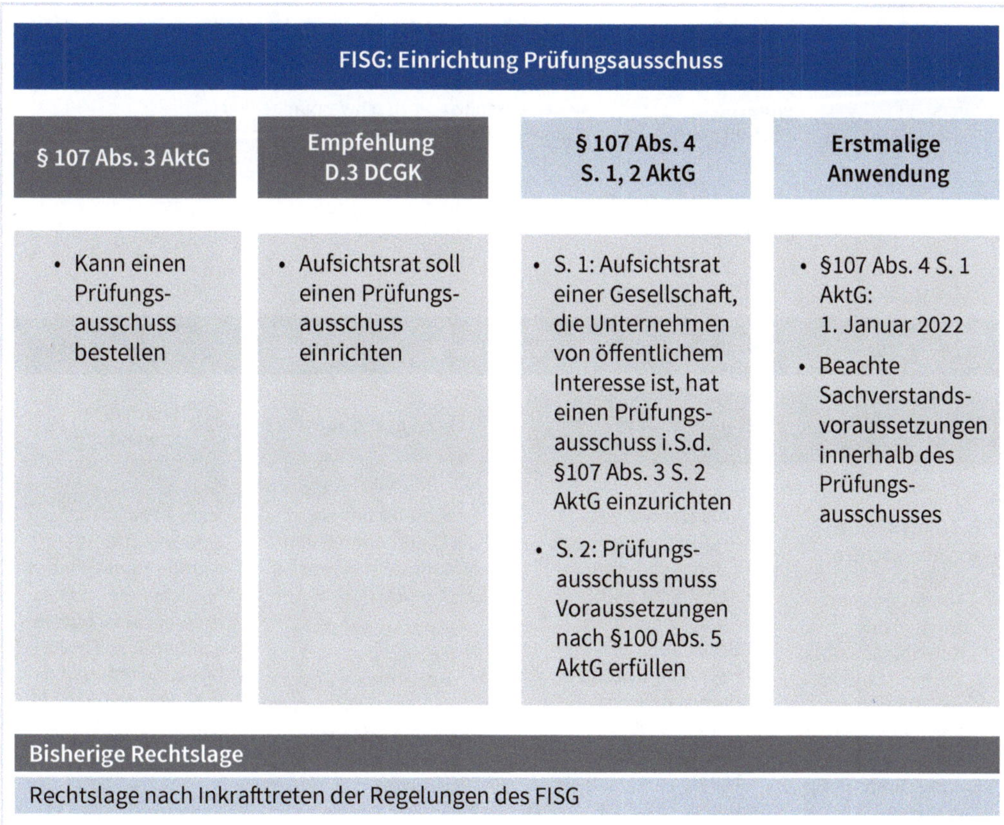

Abb. 35: FISG – Einrichtung Prüfungsausschuss

Grundsatz 14 DCGK 2022 des Deutschen Corporate Governance Kodex verlangt speziell die Einrichtung eines Prüfungsausschusses, der für die Überwachung der in der Abbildung 36 dargestellten Themen zuständig ist.

Nach Grundsatz 15 DCGK 2022 muss mindestens ein Mitglied des Prüfungsausschusses über Sachverstand auf dem Gebiet Rechnungslegung und mindestens ein weiteres Mitglied des Prüfungsausschusses über Sachverstand auf dem Gebiet Abschlussprüfung verfügen (siehe auch § 100 Abs. 5 AktG).

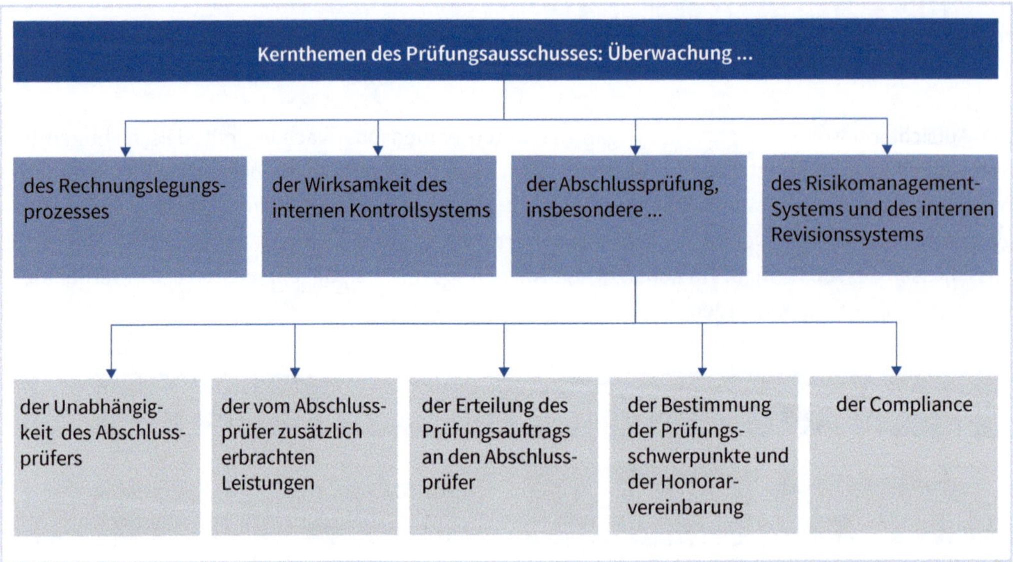

Abb. 36: Kernthemen des Prüfungsausschusses

FISG: Sachverstand

§100 Abs. 5 AktG	Empfehlung D.4 DCGK	§100 Abs. 5 AktG	Erstmalige Anwendung
Bei Unternehmen von öffentlichem Interesse: • Mindestens ein Mitglied des Aufsichtsrats über Sachverstand auf den Gebieten Rechnungslegung **oder** • Abschlussprüfung verfügen	Vorsitzender des Prüfungsausschusses soll über besondere Kenntnisse und Erfahrungen in Bezug auf Rechnungslegungs-grundsätze, interne Kontrollverfahren sowie Abschluss-prüfung verfügen und unabhängig sein	Bei Gesellschaften, die Unternehmen von öffentlichem Interesse sind, muss: 1. Mindestens ein Mitglied des Aufsichtsrats über Sachverstand auf dem Gebiet Rech-nungslegung verfügen 2. Mindestens ein weiteres Mitglied des Aufsichtsrats über Sachverstand auf dem Gebiet Abschlussprüfung verfügen	Muss so lange nicht angewandt werden, wie alle Mitglieder des Aufsichtsrats und des Prüfungsausschusses vor dem 1. Juli 2021 bestellt worden sind (§ 12 Abs. 6 EGAktG-E)

Bisherige Rechtslage

Rechtslage nach Inkrafttreten des FISGder Regelungen

Abb. 37: FISG - Sachverstand

Empfehlung D.3 DCGK 2022 postuliert, dass der Sachverstand auf dem Gebiet Rechnungslegung in besonderen Kenntnissen und Erfahrungen in der Anwendung von Rechnungslegungsgrundsätzen und interner Kontroll- und Risikomanagementsysteme und der Sachverstand auf dem Gebiet Abschlussprüfung in besonderen Kenntnissen und Erfahrungen in der Abschlussprüfung bestehen soll. Zur Rechnungslegung und Abschlussprüfung gehören auch die Nachhaltigkeitsberichterstattung und deren Prüfung.

Der Vorsitzende des Prüfungsausschusses soll zumindest auf einem der beiden Gebiete entsprechend sachverständig sein.

Die Erklärung zur Unternehmensführung soll die betreffenden Mitglieder des Prüfungsausschusses nennen und nähere Angaben zu ihrem Sachverstand auf den genannten Gebieten enthalten. Der Aufsichtsratsvorsitzende soll nicht den Vorsitz im Prüfungsausschuss innehaben (Empfehlung D.3 DCGK 2022).

§ 100 Abs. 5 AktG verlangt ferner, dass die Aufsichtsratsmitglieder bei Unternehmen von öffentlichem Interesse nach § 316a Satz 2 HGB in ihrer Gesamtheit mit dem Sektor, in dem die Gesellschaft tätig ist, vertraut sein müssen (Sektorvertrautheit).

Der Prüfungsausschussvorsitzende soll regelmäßig an den Aufsichtsrat über die Arbeit des Prüfungsausschusses berichten.

> Um die Arbeit im Aufsichtsrat effizient zu gestalten, empfiehlt der Deutsche Corporate Governance Kodex die Bildung von fachlich qualifizierten Ausschüssen des Aufsichtsrats.

Formell gesetzliche Vorschriften zum Prüfungsausschuss finden sich in § 107 Abs. 3 und 4 AktG. Die Aufgabenbeschreibungen sind inhaltsgleich mit denen des Deutschen Corporate Governance Kodex (Grundsatz 15 DCGK 2022). Allerdings wird festgehalten, dass Beschlüsse, wonach bestimmte Arten von Geschäften nur mit Zustimmung des Aufsichtsrats vorgenommen werden dürfen, einem Ausschuss nicht an Stelle des Aufsichtsrats zur Beschlussfassung überwiesen werden können (vgl. § 107 Abs. 3 Satz 7 AktG). Das bedeutet, dass z. B. die Aufgabe der Billigung des Jahresabschlusses und damit zu dessen Feststellung nach § 172 AktG wohl vom Prüfungsausschuss vorbereitet werden kann, jedoch dem Gesamtgremium des Aufsichtsrats vorbehalten bleibt. Um die Zusammenarbeit zwischen dem Aufsichtsrat und den Ausschüssen, hier speziell dem Prüfungsausschuss, effizient zu gestalten, ist der Informationsfluss so zu organisieren, dass weder Informationslücken oder -defizite entstehen, noch ein Informations-Overload die Entscheidungsfindung beeinträchtigt.

Dem Aufsichtsrat als Gesamtgremium ist regelmäßig über die Arbeit der Ausschüsse, also auch des Prüfungsausschusses, zu berichten (vgl. § 107 Abs. 3 Satz 8 AktG).

Nach § 107 Abs. 3 Satz 2 AktG kann jedes Unternehmen, das einen Aufsichtsrat hat, einen Prüfungsausschuss einrichten. Hat es keinen Prüfungsausschuss, dann gilt der gesamte Aufsichtsrat als Prüfungsausschuss mit entsprechend gesteigerten Verantwortlichkeits- und Haftungsanforderungen. Es besteht allerdings nach § 324 Abs. 1 HGB eine Pflicht zur Einrichtung eines Prüfungsausschusses für kapitalmarktorientierte Unternehmen ohne Aufsichts- oder Verwaltungsrat. Eine Kapitalgesellschaft ist nach § 264d HGB kapitalmarktorientiert, wenn sie einen organisierten Markt (§ 2 Abs. 5 WpHG) durch von ihr ausgegebene Wertpapiere (§ 2 Abs. 1 WpHG) in Anspruch nimmt oder die Zulassung solcher Wertpapiere zum Handel an einem organisierten Markt beantragt hat. Hiervon können auch GmbHs nach § 52 Abs. 1 Satz 1 GmbHG, Genossenschaften nach § 38 Abs. 1a GenG sowie Kreditinstitute und Versicherungen nach § 340k Abs. 5 HGB bzw. § 341k Abs. 4 HGB rechtsformunabhängig betroffen sein. Der isolierte Prüfungsausschuss ohne Anbindung an einen Aufsichtsrat stellt ein eigenständiges Gesellschaftsorgan für nicht börsennotierte, aber kapitalmarktorientierte Unternehmen im Sinne des § 264d HGB dar, die keinen Aufsichtsrat haben, der den Vorschriften des § 100 Abs. 5 AktG entspricht. Nicht börsennotierte, aber kapitalmarktorientierte Unternehmen im Sinne des § 264d HGB sind Gesellschaften, die zwar nicht mit Aktien, wohl aber mit Schuldverschreibungen einen organisierten Kapitalmarkt in Anspruch nehmen. Sie haben eine Pflicht zur Einrichtung eines Prüfungsausschusses (§ 324 Abs. 1 HGB), dessen Aufgaben sich durch Verweis auf § 107 Abs. 3 Satz 2 AktG ergeben. Wegen des fehlenden Verweises auf § 111 AktG kommt ihm aber keine umfassende Kontrolle der Geschäftsführung zu, vielmehr »nur« eine Überwachung des Rechnungslegungsprozesses sowie des internen Kontroll- und Risikomanagementsystems und dessen Wirksamkeit, der unternehmensbezogenen Compliance sowie der Gestaltung der Beziehung zum Abschlussprüfer einschließlich der Überwachung von dessen Unabhängigkeit.

> Der Aufsichtsrat bleibt aber in der vollen Verantwortlichkeit für diese Themen auch bei Delegation an den Prüfungsausschuss.

Nach Art. 39 der EU-Richtlinie 2014/56/EU vom 16.4.2014 haben alle Unternehmen von öffentlichem Interesse (Public Interest Entities (PIEs)) unabhängig von der Rechtsform, d.h. auch Kreditinstitute und Versicherungen, die nicht Kapitalgesellschaften sind (z.B. §§ 340k Abs. 5, 341k Abs. 4 HGB), grundsätzlich einen Prüfungsausschuss zu bilden. Die Mitglieder dieses Prüfungsausschusses müssen in ihrer Gesamtheit mit dem Sektor, in dem das Unternehmen tätig ist, vertraut sein (vgl. § 100 Abs. 5 AktG); die Mehrheit der Mitglieder, darunter der Vorsitzende, muss unabhängig sein (vgl. § 324 Abs. 2 Satz 2 HGB) und mindestens ein Mitglied muss über Sachverstand auf den Gebieten Rechnungslegung oder Abschlussprüfung verfügen. Der Vorsitzende des Prüfungsausschusses darf nicht mit der Geschäftsführung betraut sein (vgl. § 324 Abs. 2 Satz 3 HGB). Die Aufgabenverteilung zwischen dem Gesamtgremium des Aufsichtsrats und dem Prüfungsausschuss sowie die Sonderzuweisung von Aufgaben und Verantwortlichkeiten an den Financial Expert sind Gegenstand der Satzung bzw. der Geschäftsordnung des Aufsichtsrats und/oder des Prüfungsausschusses. Der Aufsichtsrat kann alle in § 107 Abs. 3 Satz 2 AktG genannten Aufgaben ganz oder teilweise auf den Prüfungsausschuss übertragen oder selbst wahrnehmen. Der Aufsichtsrat bleibt aber in der vollen Verantwortung für diese Themen – auch bei Delegation an den Prüfungsausschuss (vgl. § 107 Abs. 3 Satz 7 AktG).

Für den Fall, dass der Aufsichtsrat keinen Prüfungsausschuss eingerichtet hat (§ 107 Abs. 3 Satz 2 AktG) und somit dessen Aufgaben durch das Gesamtgremium des Aufsichtsrats wahrgenommen werden, wird allerdings vorausgesetzt, dass mindestens ein unabhängiges Mitglied des Aufsichtsrats mit Sachverstand in Rechnungslegung und ein anderes Aufsichtsratsmitglied mit Sachverstand in der Abschlussprüfung berufen ist (§ 100 Abs. 5 AktG).

Der Prüfungsausschuss kann über seine Überwachungsfunktion hinaus auch Empfehlungen oder Vorschläge zur Gewährleistung der Integrität des Rechnungslegungsprozesses unterbreiten (§ 107 Abs. 3 Satz 3 AktG). Jedes Mitglied des Prüfungsausschusses kann über den Ausschussvorsitzenden unmittelbar bei den Leitern derjenigen Zentralbereiche der Gesellschaft, die in den Zuständigkeitsbereich des Prüfungsausschusses fallen, Auskünfte einholen. Der Ausschussvorsitzende hat die eingeholte Auskunft allen Mitgliedern des Prüfungsausschusses mitzuteilen; der Vorstand ist über die Auskunftseinholung unverzüglich zu unterrichten (§ 107 Abs. 4 Sätze 4–6 AktG).

FISG: Direktbefragung	
§ 90 AktG	▪ Der Informationsfluss über den Vorstand darf durch den Aufsichtsrat nicht umgangen werden (Informationsmonopol) ▪ Dritter darf nur befragt werden, wenn Informationsersuchen an Vorstand gestellt wurde und zumindest ein Mitglied von diesem bei Befragung anwesend ist ▪ Direktbefragung von Leiter der Internen Revision, Mitarbeiter etc. nur in besonderen Ausnahmefällen: - Anhaltspunkte für Compliance-Verstoß des Vorstands oder eines Mitglieds - Dringender Verdacht einer groben Pflichtverletzung und keine Abhilfe durch die übrigen Vorstandsmitglieder möglich - Vorstand berichtet nicht zutreffend oder vollständig trotz Aufforderung - ...oder hält Informationen bewusst zurück - Im Rahmen von Ermittlungen können auch direkt Mitarbeiter befragt werden, wenn Einschaltung des Vorstandes die Anhörung vereiteln könnte
Grundsatz 15 DCGK	▪ Information des Aufsichtsrats ist Aufgabe des Vorstands ▪ Aufsichtsrat hat seinerseits sicherzustellen, dass er angemessen informiert wird
§107 Abs. 4 S. 3, 4 AktG	▪ Vorsitzender des Prüfungsausschusses kann unmittelbar bei Leitern derjenigen Zentralbereiche, die für Aufgaben zuständig sind, die den Prüfungsausschuss betreffen, Auskünfte einholen (insb. Leiter der Internen Revision und des Risikomanagements) ▪ Holt er solche Auskünfte ein, so ist der Vorstand hierüber unverzüglich zu unterrichten
Erstmalige Anwendung	▪ 1. Januar 2022

Bisherige Rechtslage
Rechtslage nach Inkrafttreten der Regelungen des FISG

Abb. 38: FISG – Direktbefragung

Nicht befreit von der Pflicht zur Einrichtung eines Prüfungsausschusses sind kapitalmarktorientierte Tochtergesellschaften, d.h. in diesem Fall müssen Mutter- und Tochterunternehmen jeweils einen Prüfungsausschuss haben. Im Konzern können sich aufwärts- und abwärtsstrangbezogene Auswirkungen jedoch keine horizontalen Ausstrahlungen ergeben. Das bedeutet, dass das Mutter- und alle Tochterunternehmen vom Anwendungsbereich der neuen Vorschriften zur Einrichtung eines Prüfungsausschusses erfasst sind, sofern ein Unternehmen im Konzern in Auf- bzw. Abwärtsrichtung die Anforderungen an ein Unternehmen von öffentlichem Interesse (PIE) erfüllt. Der PIE-Status eines Tochterunternehmens kann sich auf einzelne Konzernstränge sowie den Gesamtkonzern auswirken. Ausstrahlungswirkungen können sich auch auf Non-EU-Gesellschaften ergeben.

> Die konkrete Ausgestaltung des Aufgabenspektrums des Prüfungsausschusses in Abgrenzung zur Aufgabenzuordnung des Gesamtgremiums des Aufsichtsrats bleibt eine originäre Zuständigkeit des Aufsichtsrats.

Die Aufgaben des Prüfungsausschusses ergeben sich aus § 107 Abs. 3 Satz 2 AktG. Die konkrete Ausgestaltung des Aufgabenspektrums des Prüfungsausschusses in Abgrenzung zur Aufgabenzuordnung des Gesamtgremiums des Aufsichtsrats bleibt eine originäre Zuständigkeit des Aufsichtsrats. Der Prüfungsausschuss hat, wenn das Gesamtgremium des Aufsichtsrats ihm diese Aufgabe übertragen hat, im Zusammenhang mit der Tätigkeit des Abschlussprüfers folgende Einzelfunktionen zu erfüllen:

- Auswahl einer geeigneten Wirtschaftsprüfungsgesellschaft als Wahlvorschlag für die Hauptversammlung;
- Beurteilung der Qualität der Abschlussprüfung;
- Prüfung der Unabhängigkeit der als Abschlussprüfer in Aussicht genommenen Wirtschaftsprüfungsgesellschaft;
- nach der Wahl durch die Hauptversammlung: Erteilung des Prüfungsauftrags und Vereinbarung der Prüfungsschwerpunkte sowie gegebenenfalls Erweiterung des Prüfungsumfangs, Treffen der Honorarvereinbarung;
- Bereitstehen während der Prüfungsdurchführung als Ansprechpartner sowie als Adressat für Side-Letters, Management-Letters, überwachungsrelevante Hinweise, Feststellungen über Testat relevante Vorgänge bzw. Auffälligkeiten bei der Prüfungsdurchführung;
- Entgegennahme des Prüfungsberichts und Diskussion im Prüfungsausschuss;
- Diskussion des Prüfungsberichts mit dem Abschlussprüfer im Rahmen der Bilanzsitzung des Prüfungsausschusses bzw. Aufsichtsrats;
- Billigung und damit Feststellung des Jahresabschlusses zusammen mit dem Gesamtgremium des Aufsichtsrats.

FISG: Prüfungsausschuss und Beurteilung Abschlussprüfung	
§ 107 Abs. 3 AktG	▪ Aufgaben Prüfungsausschuss: Überwachung des Rechnungslegungsprozesses, Wirksamkeit IKS, RMS und internes Revisionssystem sowie Abschlussprüfung (insb. Auswahl und Unabhängigkeit des Abschlussprüfers sowie vom Abschlussprüfer zusätzlich erbrachte Leistungen)
Empfehlung D.3und D.11 DCGK	▪ Aufgaben Prüfungsausschuss: Prüfung der Rechnungslegung, Überwachung des Rechnungslegungsprozesses, Wirksamkeit IKS, RMS und internes Revisionssystem sowie Abschlussprüfung und Compliance ▪ Prüfungsausschuss soll regelmäßig eine Beurteilung der Qualität der Abschlussprüfung vornehmen
§107 Abs. 3 S. 2 AktG	▪ Prüfungsausschuss muss sich auch mit Qualität der Abschlussprüfung auseinandersetzen
Inkrafttreten/ Umsetzungsfrist	▪ 1. Juli 2021
Bisherige Rechtslage	
Rechtslage nach Inkrafttreten der Regelungen des FISG	

Abb. 39: FISG – Prüfungsausschuss und Beurteilung Abschlussprüfung

Durch das Abschlussprüferreformgesetz (AReG) ergeben sich für den Aufsichtsrat bzw. für den Prüfungsausschuss erweiterte Aufgabenstellungen vor allem bei Unternehmen von öffentlichem Interesse (Public Interest Entities, PIE). Darunter versteht man nach § 316a HGB:

- Kapitalmarktorientierte Unternehmen nach § 264d HGB,
- CRR-Kreditinstitute im Sinne des § 1 Abs. 3d Satz 1 KWG, mit Ausnahme der in § 2 Abs. 1 Nr. 1 und 2 KWG genannten Institute und
- Versicherungsunternehmen i. S. d. Art. 2 Abs. 1 der Richtlinie 91/674/EWG.

Für eine effiziente Arbeit des Prüfungsausschusses ist eine Konkretisierung der gesetzlichen Aufgabenfelder bezogen auf die spezifischen Gegebenheiten im jeweiligen Unternehmen bzw. Konzern angezeigt. Dies betrifft sowohl die aufbauorganisatorischen Kompetenzen und Verantwortlichkeiten wie auch die Bestimmung von Art, Zeitbedarf, Intensität und Umfang der Überwachungs- und Prüfungsaktivitäten.

Insbesondere die Tatsache, dass der Prüfungsausschuss Teil des Aufsichtsratsgremiums ist, erfordert eine klare Kompetenz- und Aufgabenabgrenzung zwischen dem Gesamtgremium des Aufsichtsrats und dem Prüfungsausschuss. Dabei sind die auf in Abbildung 40 dargestellten Aspekte zu beachten.

Sondervorschriften zu Einrichtung und Aufgaben des Prüfungsausschusses bestehen auch für Kreditinstitute, Finanzholding-Gesellschaften und gemischte Finanzholding-Gesellschaften nach § 25d Abs. 9 KWG. Für Finanzinstitute ist ein Prüfungsausschuss verpflichtend vorgeschrieben. Er hat grundsätzlich dieselben Funktionen wie der Prüfungsausschuss anderer Unternehmen auch (vgl. § 107 Abs. 3 AktG).

Allerdings weist die Zusammenarbeit zwischen dem Prüfungsausschuss nach § 25d Abs. 9 KWG und dem Abschlussprüfer einige Besonderheiten auf. Die Überwachungsaufgaben des Prüfungsausschusses von Kreditinstituten beziehen sich auf die Unabhängigkeit des Abschlussprüfers und auf die von ihm erbrachten (Nichtprüfungs-)Leistungen hinsichtlich Umfang, Häufigkeit und Berichterstattung.

> Der Vorsitzende des Prüfungsausschusses bei Kreditinstituten hat über Sachverstand sowohl auf dem Gebiet der Rechnungslegung als auch der Abschlussprüfung zu verfügen.

Weiterhin soll der Prüfungsausschuss dem Aufsichtsrat Auswahlvorschläge für die Bestellung des Abschlussprüfers unterbreiten. Dies schließt auch Vorschläge für eine Honorarvereinbarung bei Neuausschreibungen bzw. bei der Fortsetzung des Prüfungsauftrags ein. Auch kann der Prüfungsausschuss dem Gesamtgremium des Aufsichtsrats die Kündigung des Prüfungsauftrags für Folgejahre empfehlen. Schließlich hat der Prüfungsausschuss die zügige Behebung der vom Prüfer festgestellten Mängel durch die Geschäftsleitung mithilfe geeigneter Maßnahmen zu überwachen (§ 25d Abs. 9 Satz 2 KWG).

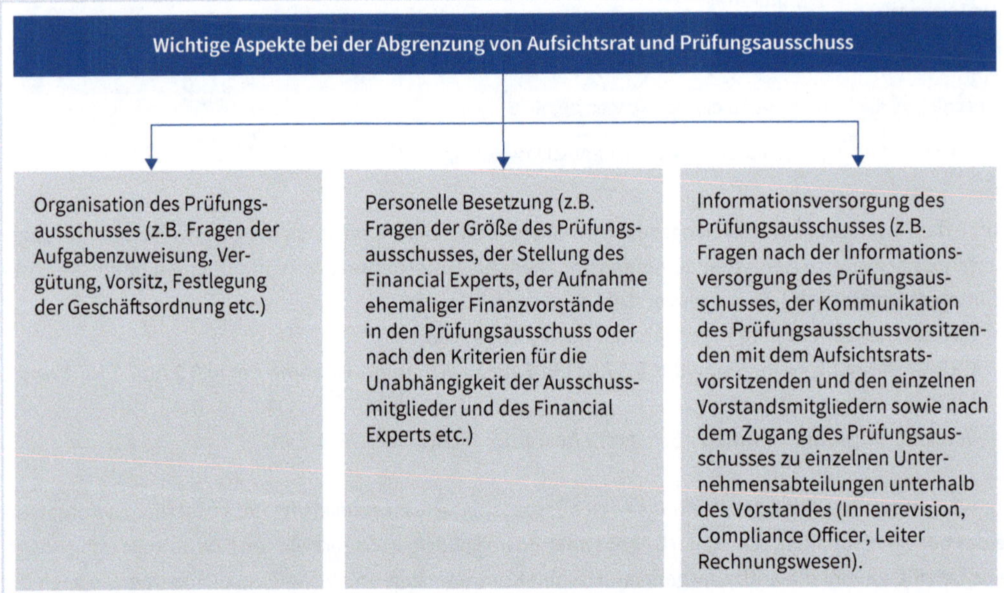

Abb. 40: Wichtige Aspekte bei der Abgrenzung von Aufsichtsrat und Prüfungsausschuss

Der Vorsitzende des Prüfungsausschusses bei Kreditinstituten hat über Sachverstand sowohl auf dem Gebiet der Rechnungslegung als auch der Abschlussprüfung zu verfügen. Es ist also eine gleichzeitige Kompetenz auf beiden Sachgebieten angezeigt. Im Gegensatz dazu wird von Financial Experts bei Nichtbanken nach § 100 Abs. 5 HGB Sachverstand auf auf dem Gebiet der Rechnungslegung und von einem anderen Aufsichtsratsmitglied Sachverstand auf dem Gebiet der Abschlussprüfung verlangt.

Als weitere Besonderheit bei Kreditinstituten kann nach § 25d Abs. 9 Sätze 4 und 5 KWG der Prüfungsausschussvorsitzende unmittelbar beim Leiter der Internen Revision und beim Leiter des Risikocontrollings Auskünfte einholen, sofern die Geschäftsleitung darüber informiert wurde.

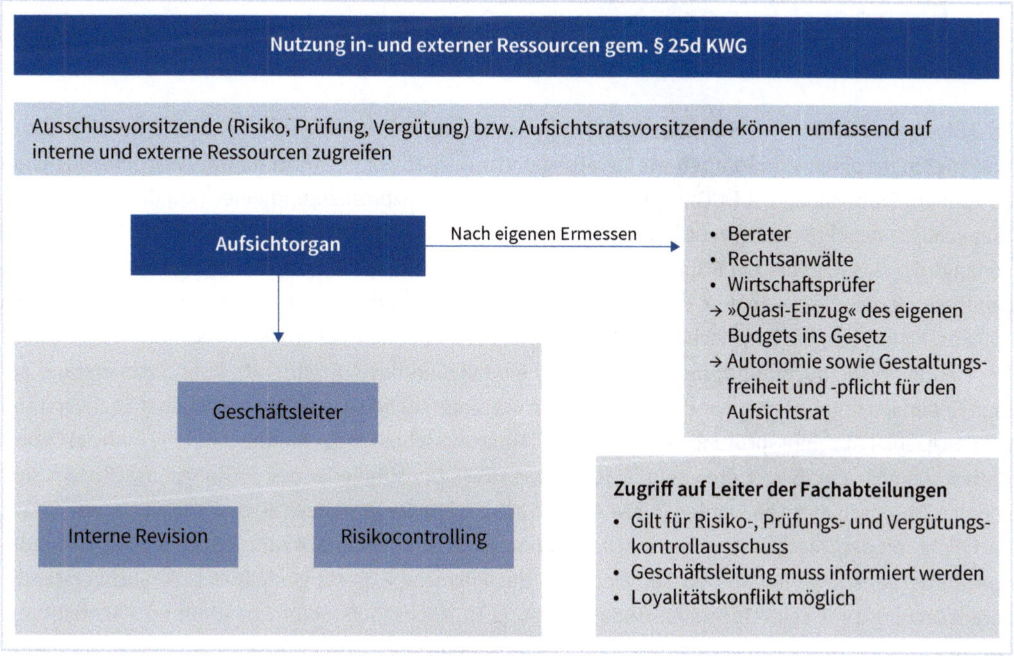

Abb. 41: Nutzung interner und externer Ressourcen gem. § 25d KWG

3 Financial Expert

Im Aufsichtsrat sollten vielfältige Kompetenzen vertreten sein, um die strategische Entwicklung des Unternehmens durch eine kompetente Beratung und antizipative Kontrolle und Überwachung begleiten zu können; Empfehlung C.1 DCGK 2022 spricht von Kompetenzprofilen und einer Qualifikationsmatrix. Dies schließt Aspekte der Diversität und der Nachhaltigkeit ein (Empfehlung C.1 DCGK 2022). Allerdings verlangt der Gesetzgeber bei Public Interest Entities (PIE), dass die Aufsichtsratsmitglieder in ihrer Gesamtheit mit dem Sektor, in dem die Gesellschaft tätig ist, vertraut sein müssen (§ 100 Abs. 5 AktG). Nach 100 Abs. 5 AktG gilt: Bei Gesellschaften, die Unternehmen von öffentlichem Interesse nach § 316a Satz 2 des Handelsgesetzbuchs sind, muss mindestens ein Mitglied des Aufsichtsrats über Sachverstand auf dem Gebiet Rechnungslegung und mindestens ein weiteres Mitglied des Aufsichtsrats über Sachverstand auf dem Gebiet Abschlussprüfung verfügen. Im Prüfungsausschuss muss mindestens ein Financial Expert nach § 100 Abs. 5 HGB vertreten sein (§ 107 Abs. 4 HGB). Die Mitglieder des Prüfungsausschusses sind von den Gesellschaftern zu wählen (§ 324 Abs. 2 Satz 1 HGB). Der Vorsitzende des Prüfungsausschusses darf nicht mit der Geschäftsführung im Unternehmen betraut sein (§ 324 Abs. 2 Satz 3 HGB). Besondere Anforderungen werden an den Sachverstand des Financial Experts gestellt. An die Sachverstandsvoraussetzung sind keine formalen Bedingungen (z. B. Hochschulstudium bestimmter Fachrichtung, Bilanzbuchhalter, Bankausbildung) geknüpft, sie muss lediglich angesichts der Komplexität der Aufgabenstellung und der damit verbundenen Verantwortung angemessen sein. Die Sektorkompetenz im Prüfungsausschuss (§ 100 Abs. 5 AktG) soll gewährleisten, dass die Ausschussmitglieder in ihrer Gesamtheit und die Mitglieder des Prüfungsausschusses im Besonderen die aus dem Geschäftsmodell des beaufsichtigten Unternehmens resultierenden Risiken (inhärente Risiken) erkennen und beurteilen können. Diese Zusatzqualifikation muss nicht von jedem einzelnen Ausschussmitglied, wohl aber vom Gesamtgremium des Prüfungsausschusses erfüllt werden. Das bedeutet, dass nicht zwingend jedes Ausschussmitglied im Vorfeld seiner Bestellung praktische Erfahrungen oder Kenntnisse in dem betreffenden Sektor gesammelt haben muss. Die Vertrautheit mit dem Geschäftsfeld kann auch durch intensive Weiterbildungen erworben oder durch eine Tätigkeit als Mitglied beratender Berufe mit einem tiefgehenden Einblick in den entsprechenden Sektor gewonnen worden sein.

Im Aufsichtsrat sollten vielfältige Kompetenzen vertreten sein, um die strategische Entwicklung des Unternehmens durch eine kompetente Beratung und antizipative Kontrolle und Überwachung begleiten zu können.

Als formale Anforderungen an die Unabhängigkeit des Financial Experts empfehlen C.6 bis C.12 DCGK 2022 Kriterien zur Unabhängigkeit von Aufsichtsratsmitgliedern, wenn sie unabhängig von der Gesellschaft und deren Vorstand sowie unabhängig von einem kontrollierenden Aktionär sein sollen. Dies wird konkretisiert in Empfehlung C.7, wenn das Aufsichtsratsmitglied selbst oder ein naher Familienangehöriger

- in den zwei Jahren vor der Ernennung Mitglied des Vorstands der Gesellschaft war,
- aktuell oder in dem Jahr bis zu seiner Ernennung direkt oder als Gesellschafter oder in verantwortlicher Funktion eines konzernfremden Unternehmens eine wesentliche geschäftliche Beziehung mit der Gesellschaft oder einem von dieser abhängigen Unternehmen unterhält oder unterhalten hat (z. B. als Kunde, Lieferant, Kreditgeber oder Berater),

- ein naher Familienangehöriger eines Vorstandsmitglieds ist oder
- dem Aufsichtsrat seit mehr als zwölf Jahren angehört.

Zu prüfen ist im Einzelnen auch, ob ein Aufsichtsratsmitglied unabhängig von einem kontrollierenden Aktionär der Gesellschaft ist. Dies ist zu bejahen, wenn er selbst oder ein naher Familienangehöriger weder kontrollierender Aktionär ist noch dem geschäftsführenden Organ des kontrollierenden Aktionärs angehört oder in einer persönlichen oder geschäftlichen Beziehung zum kontrollierenden Aktionär steht, die einen wesentlichen und nicht nur vorübergehenden Interessenkonflikt begründen kann.

Der Aufsichtsratsvorsitzende, der Vorsitzende des Prüfungsausschusses sowie der Vorsitzende des mit der Vorstandsvergütung befassten Ausschusses sollen unabhängig von der Gesellschaft und vom Vorstand sein. Der Vorsitzende des Prüfungsausschusses soll zudem auch unabhängig vom kontrollierenden Aktionär sein.

Dem Aufsichtsrat sollen nicht mehr als zwei ehemalige Vorstandsmitglieder angehören und Aufsichtsratsmitglieder sollen keine Organfunktion oder Beratungsaufgaben bei wesentlichen Wettbewerbern des Unternehmens ausüben und nicht in einer persönlichen Beziehung zu einem wesentlichen Wettbewerber stehen.

> Das Fehlen eines Finanzexperten stellt eine Pflichtverletzung des Aufsichtsrats dar.

Die Anforderung an die Unabhängigkeit geht über die bloße Trennung von Vorstand und Aufsichtsrat nach § 105 Abs. 1 AktG hinaus und bezieht sich nicht nur auf die aktuelle Zugehörigkeit zur Geschäftsführung, sondern auch auf andere Gesichtspunkte, insbesondere unmittelbare oder mittelbare geschäftliche, finanzielle oder persönliche Beziehungen zur Geschäftsführung etc.

Für den/die Finanzexperten stellen sich fünf Kernthemen einer erfolgreichen Unternehmensüberwachung:

- Durch geeignete Kontrollmechanismen wird dazu beigetragen, dass die Unternehmensvision, die darauf aufbauende Strategie und die operative Planung im Rahmen des jeweiligen Zielkorridors umgesetzt wird
- Durch geeignete Fragestellungen werden Abweichungen schon möglichst präventiv mindestens aber frühzeitig erkannt
- Schwachstellen im Unternehmen (z.B. bei Prozessen, Innovationsfähigkeit, Nachfolgeplanung, Organisationsstruktur) werden identifiziert, eine Ursachenanalyse angefordert, deren Ergebnisse bewertet sowie die rasche Umsetzung der vereinbarten Verbesserungsmaßnahmen kontrolliert
- Transparenz und Konsistenz im finanziellen und operativen Berichtswesen werden sichergestellt und regelmäßig überprüft
- Eine nachhaltige und mit den formulierten Geschäftsprinzipien übereinstimmende unternehmerische Tätigkeit der Geschäftsführung und aller Mitarbeiter – auch in Verbindung mit Kunden, Lieferanten und Geschäftspartnern – wird überwacht. Bei Abweichungen wird rasch reagiert

Abb. 42: Kernthemen der erfolgreichen Unternehmensüberwachung

Danach wird die Unabhängigkeit eines Aufsichtsratsmitglieds dann bejaht, wenn es in keiner geschäftlichen oder persönlichen Beziehung zu der Gesellschaft oder deren Vorstand steht, die einen Interessenkonflikt begründet. Insbesondere soll keine Personenidentität von Aufsichtsratsvorsitz und Vorsitz im Prüfungsausschuss gegeben sein. Auch sollte der Vorsitzende des Prüfungsausschusses nicht ehemaliges Mitglied der Geschäftsleitung sein. Die Unabhängigkeit bleibt eine wertende Entscheidung des Aufsichtsrats mit einem weiten Beurteilungsspielraum.

Nach dem Beschluss des OLG München vom 28.4.2010 (DB 2010, S. 1281) muss der Finanzexperte fachlich in der Lage sein, die vom Vorstand bereitgestellten Informationen kritisch zu hinterfragen. Hierzu ist es aber nicht erforderlich, dass er seine Kenntnisse in Rechnungslegung oder Abschlussprüfung durch eine schwerpunktmäßige Tätigkeit in einem dieser Bereiche erlangt haben muss. Erforderlich ist, dass der Finanzexperte Fragen auf Augenhöhe mit dem Abschlussprüfer und dem Finanzvorstand besprechen und Aussagen des Vorstands hinterfragen kann.

Das Fehlen eines Finanzexperten stellt eine Pflichtverletzung des Aufsichtsrats dar, die im Einzelfall zur Verweigerung der Entlastung oder zur Anfechtung des Entlastungsbeschlusses führen kann.

Damit die Aktionäre in der Lage sind zu überprüfen, ob der Aufsichtsrat seiner Pflicht aus §§ 100 Abs. 5, 107 Abs. 3 und 4 AktG nachgekommen ist, muss der vom Aufsichtsrat festgelegte Finanzexperte für die Aktionäre eindeutig bestimmbar sein und seine Qualifikation erläutert werden. Eine Offenlegung kommt im Rahmen der Angaben zur Zusammensetzung und Arbeitsweise der Ausschüsse des Aufsichtsrats nach § 289f Abs. 2 Nr. 3 HGB in Betracht (Orth u. a. (2013), S. 11).

Eine effiziente und effektive Unternehmensüberwachung setzt ein funktionsfähiges strategisches, operatives und finanzwirtschaftliches Berichtswesen voraus. Dies ermöglicht einen strukturierten und nach Überwachungskriterien gestalteten Soll-Ist-Vergleich, z. B. hinsichtlich Umsatz, Kosten, Marktanteilen. Überwachungsrelevante Aspekte im Sinne von Erfolgsfaktoren für die Überwachung der Unternehmenstätigkeit sind in der Abbildung 43 dargestellt.

Abb. 43: Überwachungsrelevante Aspekte i.S.v. Erfolgsfaktoren für die Überwachung der Unternehmenstätigkeit

Folgende grundlegende Erfolgsfaktoren einer umfassenden strategischen und operativen Unternehmensüberwachung durch das Aufsichtsorgan bzw. den Prüfungsausschuss lassen sich identifizieren:

- Vorhandensein von komparativen Kompetenzen im Aufsichtsrat in Abstimmung mit dem Geschäftsmodell und den aus ihm resultierenden Chancen und Risiken einschließlich den damit verbundenen Überwachungsprozessen;
- Konsens zwischen Geschäftsführungs- und Aufsichtsorgan über die strategische Positionierung und Entwicklung des Unternehmens bzw. Konzerns (Orth u. a. (2013), S. 77–85);
- Aufbau und Ausgestaltung des Berichtswesens sowohl in Bezug auf die Vergangenheit (Kontrollfunktion, Soll-Ist-Abweichungen) wie auch auf die Zukunft (Risikofrüherkennungssystem) sowie

Verfügbarkeit entscheidungs- und kontrollrelevanter Informationen bei den unterschiedlichen betrieblichen Entscheidungsträgern wie auch Aufsichtsorganen (Berichtswesen);
- Einbeziehung des Aufsichtsorgans in die strategische und operative Unternehmensplanung unter Einsatz und Erläuterung betriebswirtschaftlicher Instrumente zur Herstellung eines strategischen Fits zwischen den Chancen und Risiken der ökonomischen Umwelt und den Stärken und Schwächen der aktuellen und künftigen Unternehmenspotenziale;
- Durchgängiger und transparenter Zusammenhang zwischen der Geschäftsordnung und den strategischen Unternehmenszielen einerseits und deren Umsetzung in den operativen Geschäftsaktivitäten unter Begleitung durch die Revisionsabteilung und die internen und externen Aufsichtsorgane (Aufsichtsrat, Prüfungsausschuss, Abschlussprüfer); Einbeziehung des Aufsichtsgremiums in strategische Neuorientierungen im Unternehmen und deren Umsetzung in Geschäftsordnungen und Richtlinien sowie deren Begleitung durch Risikomanagement-, Compliance- und Kontrollsysteme;
- Übereinstimmung von strategischen und operativen Zielen und Instrumenten einschließlich deren Begleitung durch Risikomanagement-, Compliance- und Kontrollsysteme;
- Vorhandensein und Nutzung von Risikofrüherkennungssystemen sowohl auf operativer wie auch auf strategischer Ebene und Abschätzung der Auswirkungen im Hinblick auf Gefährdungen des Bestands und der weiteren Entwicklung des Unternehmens.

Ausgewählte Überwachungsfelder des Aufsichtsorgans können wie folgt identifiziert werden.

> Eine effiziente und effektive Unternehmensüberwachung setzt ein funktionsfähiges strategisches, operatives und finanzwirtschaftliches Berichtswesen voraus.

Strategieüberwachung: Die langfristige Ausrichtung der Unternehmensaktivitäten setzt einerseits an den bearbeiteten Märkten und Marktsegmenten (externe Parameter) an, andererseits an den internen Unternehmenspotenzialen in ihrem Ist-Zustand und ihrer geplanten Entwicklungsrichtung. Dabei knüpft die Überwachung an die strategischen Planungs- und Kontrollinstrumente der Betriebswirtschaftslehre an, wie
- der Lebenszyklusanalyse,
- der Portfolioanalyse,
- dem Erfahrungskurvenkonzept,
- der Markt- und Branchenstrukturanalyse etc.

Überwachungsschwerpunkte des Aufsichtsorgans lassen sich wie folgt identifizieren:	
Geschäfts-ordnung	Die Geschäftsordnung regelt Zuständigkeiten und Verantwortlichkeiten innerhalb des Unternehmens bzw. des Konzerns sowie ggf. in den dezentralen Einheiten. Diese formulierten Geschäftsprinzipien sind bindende Richtlinien und somit auch Grundlage einer Effizienzbeurteilung und (Qualitäts-)Einschätzung bezüglich der Einhaltung von Compliance-Regelungen.
Führungs-relevante Kernprozesse	Die führungsrelevanten Kernprozesse im Unternehmen wie das Berichtswesen (Struktur, Inhalt, Frequenz), das Finanzmanagement, das Personalwesen einschließlich dem Entlohnungssystem, der Bereich Forschung und Entwicklung einschließlich Innovationsmanagement, die Bereiche Marketing und Vertrieb, Einkauf, Fertigung und Materialwirtschaft, IT sowie die externe und interne Kommunikation einschließlich dem Social-Media-Bereich
Strategische Prozesse	Weitere strategische Prozesse, die die Rahmenbedingungen der Unternehmenstätigkeit bilden wie die Strategieentwicklung, Organisationsentwicklung, Revision, Nachhaltigkeit, Qualitätsmanagement und Produktsicherheit, Patentwesen und Innovationsschutz sowie Krisenmanagement
Unternehmens-richtlinien	Bindende Unternehmensrichtlinien, die die betriebliche Tätigkeit einschließlich der Funktionsfähigkeit betrieblicher Prozesse bestimmen wie Geschäftsordnungen, allgemeine Verhaltensmaßregeln (einschließlich Berichtswesen bei Fehlverhalten), dem Umgang mit Insider-Informationen sowie die Bereiche Datenschutz und Datensicherheit

Abb. 44: Überwachungsschwerpunkte des Aufsichtsorgans

Daraus resultieren die nachfolgend beispielhaft aufgezählten Überwachungsfelder der strategischen Unternehmenspolitik:

- Marktpotenzial in den bearbeiteten bzw. noch nicht bearbeiteten Märkten (Marktvolumen, Marktwachstumspotenzial),
- globale Marktcharakteristika: Branchenrentabilität, Innovationsklima, Schutzfähigkeit von Innovationen, Wettbewerbsintensität, Eintrittsbarrieren für neue Anbieter,
- landesspezifische und geographische Marktcharakteristika, regulatorische Rahmenbedingungen, Geldwertstabilität, demografische Entwicklung, Verfügbarkeit von Arbeitskräften, Logistikaspekte,
- neue Geschäftsfelder: Lebenszyklus, Schlüsselerfolgsfaktoren, Geschäftsplan, Managementteam mit Kernkompetenzen, Budgets,
- Marketing, Vertrieb,
- Human Resources einschließlich Nachfolgeplanung, Nachwuchsförderung,
- Interne Revision und Risikomanagement,
- Einfluss digitaler Medien auf Geschäftsprozesse sowie Unternehmens- und Produktreputation mit folgenden Fragestellungen:
  - Gibt es im Unternehmen eine Übereinstimmung wie und durch wen soziale Medien verantwortet werden?
  - Hat das Unternehmen ein Monitoring-Verfahren für Social Media etabliert?
  - Werden soziale Medien und Erkenntnisse aus dem Monitoring über alle Geschäftsbereiche, funktionale Organisationen und Märkte intensiv genutzt?

- Reagiert das Unternehmen im Hinblick auf Reaktionszeit und Reaktionsqualität zur vollen Zufriedenheit der Kunden?
- Sind die Erkenntnisse aus dem Social-Media-Monitoring ein integraler Bestandteil des Risikomanagementprozesses und werden die Kontrollgremien hinreichend informiert?

> Die Ausgestaltung der Informationstechnologie in aufbau- und ablauforganisatorischer Hinsicht ist für die Unternehmensüberwachung von grundlegender Bedeutung.

Überwachung der Informationstechnologie durch den Aufsichtsrat

Die Ausgestaltung der Informationstechnologie in aufbau- und ablauforganisatorischer Hinsicht ist für die Unternehmensüberwachung von grundlegender Bedeutung. Als Einzelthemen der Überwachung kommen folgende, auch in Abbildung 45 dargestellte Aspekte in Betracht:

- Zustand des IT-gestützten Rechnungslegungsprozesses und des IT-Kontrollsystems,
- inkrementelle Verbesserung des IT-gestützten Rechnungslegungsprozesses und IT-Kontrollsystems,
- Einführung neuer Rechnungslegungsstandards (z. B. IFRS) oder neuer Regularien,
- operative Umsetzung der IT-Strategie,
- Veränderungsprozess (Change Management) zur stetigen Harmonisierung von IT- und Geschäftszielen,
- Abstimmung von Unternehmens- mit IT-Strategie (IT/Business Alignment).

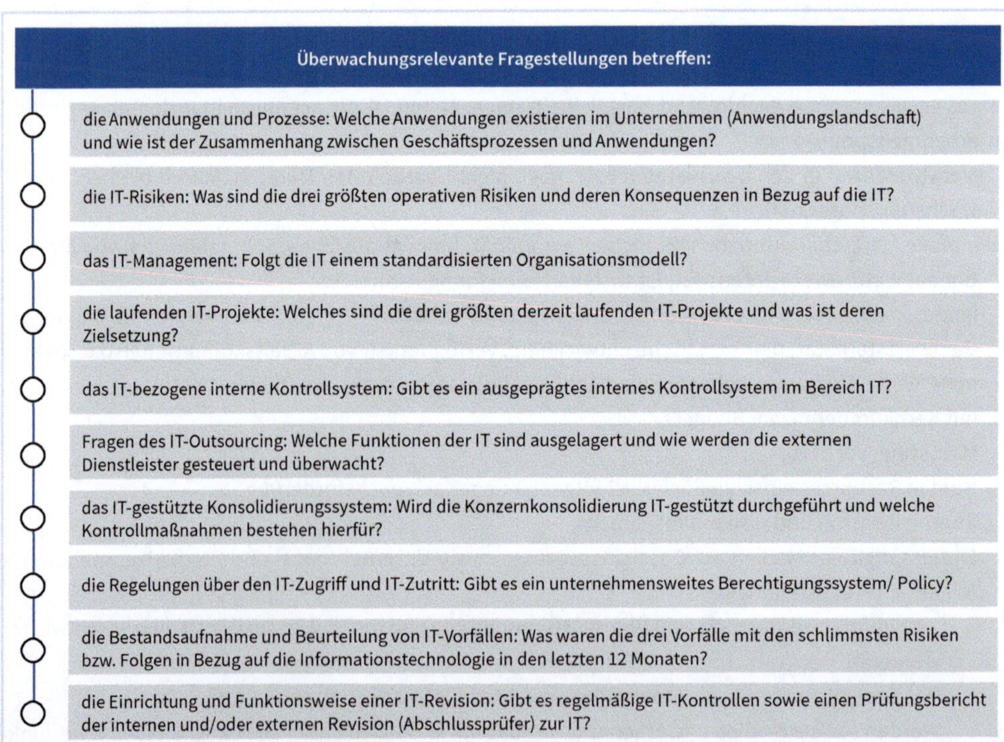

Abb. 45: Überwachungsrelevante Fragestellungen zur IT

Überwachung der Compliance-, Risikomanagement- und Kontrollsysteme durch den Prüfungsausschuss

> Während Compliance-Management-Systeme die Einhaltung rechtlicher Vorgaben überwachen sollen, geht es bei Risikomanagementsystemen um die Erfassung, Bewertung, Handhabung und Kontrolle von Risiken.

Bei der Überwachung der Wirksamkeit von Compliance-, Risikomanagement- und Kontrollsystemen stehen die Anforderungen der Angemessenheit des Aufbaus und der Funktionsfähigkeit in der Nutzung im Mittelpunkt.

Während Compliance-Management-Systeme die Einhaltung rechtlicher Vorgaben überwachen sollen, geht es bei Risikomanagementsystemen um die Erfassung, Bewertung, Handhabung und Kontrolle von Risiken einschließlich eines darauf bezogenen Berichtssystems. Dabei besteht ein enger Bezug zu dem in § 91 Abs. 2 AktG geforderten Überwachungssystem zur Früherkennung der den Fortbestand der Gesellschaft gefährdenden Entwicklungen (Risikofrüherkennungssystem). Kontrollsysteme sind nach IDW PS 261 Tz. 19 die vom Management eingeführten Grundsätze, Verfahren und Maßnahmen (Regelungen), die auf die organisatorische Umsetzung der Vorgaben des Managements gerichtet sind:

- zur Sicherung der Wirksamkeit und Wirtschaftlichkeit der Geschäftstätigkeit (einschließlich Schutz des Vermögens, Verhinderung und Aufdeckung von Vermögensschädigungen),
- zur Ordnungsmäßigkeit und Verlässlichkeit der internen und externen Rechnungslegung und Berichterstattung sowie
- zur Einhaltung der für das Unternehmen relevanten rechtlichen Vorschriften.

Das bekannteste Gestaltungs-Framework für ein internes Kontrollsystem ist das COSO-Konzept. Compliance-Management-Systeme werden nach Grundsatz 5 DCGK 2022 verlangt und umfassen die folgenden Einzelaspekte:

Zur Prüfung von Compliance-Management-Systemen wurde der IDW PS 980 entwickelt, welcher das Rahmenkonzept einer diesbezüglichen externen Prüfung bildet. Sie ist sowohl als Sonderprüfung (vom Vorstand oder Aufsichtsrat initiiert) wie auch als Erweiterung des gesetzlichen Prüfungsauftrags im Rahmen der Jahresabschlussprüfung denkbar.

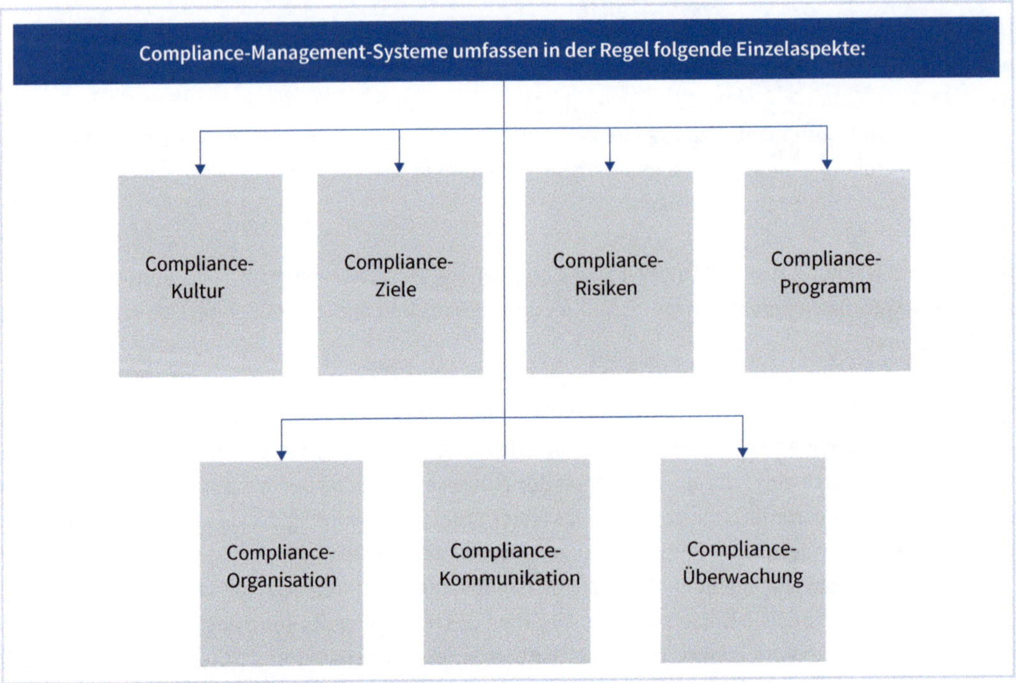

Abb. 46: Einzelaspekte von Compliance-Management-Systemen

Überwachungsmaßnahmen des Aufsichtsrats bzw. jedes Aufsichtsratsmitglieds in Bezug auf das Compliance-Management-System stehen einerseits vor dem Problem, dass der Vorstand in Compliance-Verstöße verwickelt sein kann, andererseits dass übermäßige Kontrollen eine Misstrauenskultur schaffen können und so die positiv verhaltenssteuernde Kraft von moralischen Werten, Normen, Verhaltensstandards konterkarieren.

Einzelempfehlungen an das Aufsichtsorgan in Bezug auf die Überwachung des Compliance-Management-Systems können folgende sein:

- Berichte des Vorstands einfordern und kritisch hinterfragen,
- die Arbeit der Internen Revision nutzen und überwachen sowie deren Berichte auswerten,
- Informationen des Abschlussprüfers nutzen, Prüfungsschwerpunkte festlegen, Sonderprüfungen beauftragen.

Das IDW hat einen Prüfungsstandard über Grundsätze ordnungsmäßiger Prüfung von Internen Revisionssystemen (IDW PS 983) veröffentlicht.

Darin wird die Interne Revision als dritte Verteidigungslinie zur Aufrechterhaltung von Wirtschaftlichkeit und Wirksamkeit, einer normkonformen internen und externen Berichterstattung sowie der Einhaltung rechtlicher Rahmenvorschriften entsprechend dem COSO-Rahmenkonzept verstanden (vgl. IDW PS 983 Tz. 10). Die drei Verteidigungslinien sind in Abbildung 47 dargestellt.

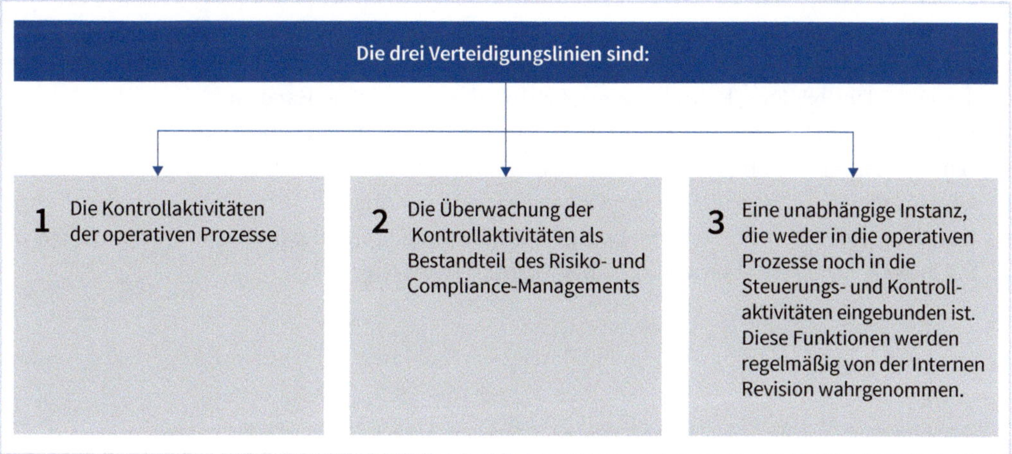

Abb. 47: Modell der drei Verteidigungslinien

> Die Interne Revision ist die dritte Verteidigungslinie zur Aufrechterhaltung von Wirtschaftlichkeit und Wirksamkeit, einer normkonformen Berichterstattung sowie der Einhaltung rechtlicher Rahmenvorschriften.

Prüfungsstandards zu vergleichbaren Prüfungsgegenständen sind IDW PS 980 Grundsätze ordnungsmäßiger Prüfung von Compliance-Management-Systemen, IDW PS 981 Grundsätze ordnungsmäßiger Prüfung von Risikomanagementsystemen, IDW PS 982 Grundsätze ordnungsmäßiger Prüfung des internen Kontrollsystems des internen und externen Berichtswesens.

Eine Angemessenheits- und Wirksamkeitsprüfung des Internen Revisionssystems umfasst folgende Kriterien:

- Die Regelungen des Internen Revisionssystems sind angemessen, wenn sie geeignet sind, mit hinreichender Sicherheit die Einrichtung einer Internen Revisionsfunktion sowie die unabhängige und objektive Erbringung von Prüfungs- und Beratungsleistungen durch die Interne Revision in Übereinstimmung mit den angewandten IRS-Grundsätzen zu gewährleisten (Vgl. IDW PS 983: Grundsätze ordnungsmäßiger Prüfung von Internen Revisionssystemen Tz. 27 mit Verweis auf Tz. A23).
- Die Wirksamkeit des Internen Revisionssystems ist dann gegeben, wenn die Regelungen in der Aufbau- und Ablauforganisation der Internen Revisionsfunktion von den hiervon Betroffenen nach Maßgabe ihrer Verantwortung in einem bestimmten Zeitraum wie vorgesehen eingehalten werden (vgl. IDW PS 983 Tz. 29 mit Verweis auf Tz. A24, zu den weiteren Einzelfragen der ordnungsmäßigen Prüfung von Internen Revisionssystemen vgl. IDW PS 983).

Zusammenarbeit zwischen Prüfungsausschuss und Abschlussprüfer:

- Einrichtung eines Prüfungsausschusses, Ziel: Effizienz- und Effektivitätssteigerung der Aufsichtsratsarbeit,

- Zusammensetzung des Prüfungsausschusses,
- Sachverstand: vom Vorstand zur Verfügung gestellte Unterlagen hinterfragen, Erkennen von möglichen Unplausibilitäten, kritisches Hinterfragen, zusätzlich aktives Handeln,
- Auswahl des Abschlussprüfers gemäß AReG-Regelungen gemäß §§ 318 bis 319b HGB,
- Teilnahme eines WPs an der Ausschreibung mit weniger als 15% Marktanteil,
- Auswahl des Abschlussprüfers anhand vorab festgelegter Kriterien,
- Erstellung eines Berichts zur ordnungsgemäßen Durchführung des Auswahlverfahrens, ggf. als Nachweis gegenüber der verantwortlichen Abschlussprüferaufsicht.

4 Weitere Ausschüsse

> Das Ziel der Bildung von Ausschüssen besteht darin, die Fachkompetenzen zu bündeln und das Gesamtgremium von Detailberatungen zu entlasten.

Grundlage für die Einrichtung von Ausschüssen des Aufsichtsrats ist einerseits Grundsatz 14 DCGK 2022, wonach der Aufsichtsrat abhängig von den spezifischen Gegebenheiten des Unternehmens und der Anzahl seiner Mitglieder fachlich qualifizierte Ausschüsse bilden soll (siehe auch Empfehlung D.2 DCGK 2022), andererseits § 107 Abs. 3 AktG, wonach der Aufsichtsrat aus seiner Mitte einen oder mehrere Ausschüsse bestellen kann, namentlich, um seine Verhandlungen und Beschlüsse vorzubereiten oder die Ausführung seiner Beschlüsse zu überwachen. Allerdings dürfen Beschlusssachen einem Ausschuss nicht anstelle des Gesamtgremiums des Aufsichtsrats zur Beschlussfassung überwiesen werden, wenn bestimmte Arten von Geschäften nur mit Zustimmung des Aufsichtsrats vorgenommen werden dürfen (vgl. § 107 Abs. 3 Satz 7 HGB). Da das Ziel der Bildung von Ausschüssen darin besteht, die Fachkompetenzen zu bündeln und das Gesamtgremium von Detailberatungen zu entlasten, haben sich in der Praxis diverse fachspezifische Ausschüsse etabliert.

Übliche in der Praxis etablierte Ausschüsse

- Präsidialausschuss
- Vermittlungsausschuss gemäß § 27 Abs. 3 MitbestG
- Personalausschuss
- Nominierungsausschuss
- Prüfungsausschuss
- Strategieausschuss
- Finanz- und Investitionsausschuss

Abb. 48: In der Praxis etablierte Ausschüsse

Da der funktionale Zuschnitt und die arbeitsteilige Funktionsabgrenzung unternehmensindividuell geregelt werden, können nur die Grundfunktionen der einzelnen Ausschussgremien beschrieben werden.

Dem **Präsidialausschuss** gehören regelmäßig an der Aufsichtsratsvorsitzende und sein Stellvertreter sowie weitere Aufsichtsratsmitglieder, üblicherweise je ein Anteilseigner- und ein Arbeitnehmervertreter. Seine Aufgaben bestehen

- in der Vorbereitung der Sitzungen des Aufsichtsrats und Erledigung laufender Angelegenheiten zwischen den Sitzungen des Aufsichtsrats,
- in der Vorbereitung von Entscheidungen des Aufsichtsrats über die Bestellung und Abberufung von Mitgliedern des Vorstands einschließlich der langfristigen Nachfolgeplanung im Vorstand unter Berücksichtigung der Empfehlungen des Nominierungsausschusses,
- in Abschluss, Änderung und Beendigung der Anstellungs- und Pensionsverträge unter Beachtung der alleinigen Entscheidungszuständigkeit des Aufsichtsratsplenums zu den Bezügen der Vorstandsmitglieder,
- in der Kenntnisnahme von und ggf. Stellungnahme zu Verträgen und/oder Änderungen von Verträgen mit Mitgliedern des Aufsichtsrats,
- in der Vornahme sonstiger Rechtsgeschäfte gegenüber aktiven und ehemaligen Vorstandsmitgliedern nach § 112 AktG,
- in der Zustimmung zur Übernahme von Mandaten, Ehrenämtern oder Sonderaufgaben außerhalb des Konzerns durch einzelne Mitglieder des Vorstands,
- in der Zustimmung zu Verträgen mit Aufsichtsratsmitgliedern nach § 114 AktG,
- in der Vorbereitung von Entscheidungen des Aufsichtsrats auf dem Gebiet der Corporate Governance und über eine Anpassung der jährlichen Entsprechenserklärung an geänderte tatsächliche Verhältnisse sowie Prüfung der Einhaltung der Entsprechenserklärung.

Der **Nominierungsausschuss,** dessen Einrichtung in Empfehlung D4 DCGK 2022 dargelegt ist, bereitet die Wahlen von Anteilseignervertretern zum Aufsichtsrat vor. Er schlägt dem Aufsichtsrat für dessen Wahlvorschlag an die Hauptversammlung geeignete Kandidaten für die Wahl der Anteilseignervertreter zum Aufsichtsrat vor. Der Nominierungsausschuss besteht regelmäßig aus dem Aufsichtsratsvorsitzenden und einem oder mehreren Anteilseignervertretern.

Dem **Vermittlungsausschuss** gemäß § 27 Abs. 3 MitbestG gehören regelmäßig an der Aufsichtsratsvorsitzende und sein Stellvertreter sowie weitere Aufsichtsratsmitglieder, üblicherweise je ein Anteilseigner- und ein Arbeitnehmervertreter. Der Vermittlungsausschuss unterbreitet dem Aufsichtsrat Vorschläge für die Bestellung von Vorstandsmitgliedern, wenn im ersten Wahlgang die erforderliche Mehrheit von zwei Dritteln der Stimmen der Aufsichtsratsmitglieder nicht erreicht wird (vgl. hierzu § 31 Abs. 3 Satz 1 MitbestG).

> Für Kreditinstitute im Speziellen existieren in § 25d KWG Vorschriften zur Einrichtung von spezifischen Ausschüssen.

Auch der **Personalausschuss** ist paritätisch besetzt und besteht aus dem Vorsitzenden des Aufsichtsrats und drei weiteren Aufsichtsratsmitgliedern. Der Personalausschuss bereitet die Personalentscheidungen des Aufsichtsratsplenums vor, das über die Bestellung und den Widerruf der Bestellung von Vorstandsmitgliedern entscheidet. Dabei achtet er bei den Vorschlägen für die Berufung von Mitgliedern des Vorstands auf deren fachliche Eignung, internationale Erfahrung und Führungsqualität, die langfristige Nachfolgeplanung sowie auf Vielfalt – insbesondere die angemessene Berücksichtigung von Frauen. Der Ausschuss ist auch mit der strategischen Nachfolgeplanung befasst und unterbreitet dem Gesamtaufsichtsrat bzw. dem Präsidialausschuss Vorschläge im Falle anstehender Neubesetzungen. Der Personalausschuss bereitet auch regelmäßig die Beschlussfassung des Gesamtgremiums über das System und die Festsetzung der Höhe der Vorstandsvergütungen vor (vgl. Tz. 4.2 DCGK).

Zum **Prüfungsausschuss** finden sich Ausführungen unter dem gleichnamigen Gliederungspunkt dieses Kapitels; Rechtsquellen sind § 324 HGB sowie §§ 100 bzw. 107 AktG.

Der **Strategieausschuss** befasst sich mit der strategischen Weiterentwicklung des Unternehmens und bereitet Zustimmungsbeschlüsse des Aufsichtsrats zu wesentlichen strategischen Maßnahmen, insbesondere Akquisitionen und Desinvestitionen vor. Sollte es keinen gesonderten Strategieausschuss geben, werden diese Funktionen regelmäßig vom Präsidialausschuss mit übernommen. Auch finden sich enge Bezüge zum Finanz- und Investitionsausschuss.

Weitere Ausschüsse können der Innovationsausschuss oder der Sonderausschuss für bestimmte Spezialfragen sein, z. B. Sanierungsausschuss.

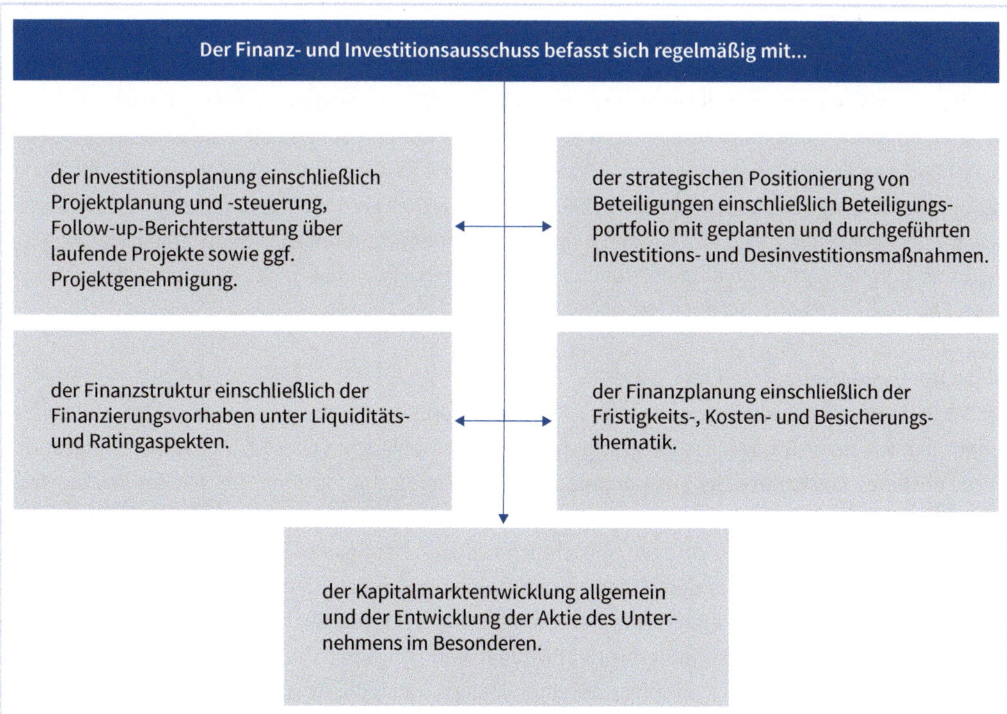

Abb. 49: Der Finanz- und Investitionsausschuss

Aufsichtsratsausschüsse bei Kreditinstituten

Für **Kreditinstitute** im Speziellen existieren in § 25d KWG Vorschriften zur Einrichtung von spezifischen Ausschüssen und zur Übertragung von Kompetenzen und Verantwortlichkeiten vom Gesamtgremium des Aufsichtsorgans auf den jeweiligen Ausschuss.

Zunächst wird in § 25d Abs. 7 KWG die Bildung von Ausschüssen aus der Mitte des Verwaltungs- oder Aufsichtsorgans eines Instituts, einer Finanzholding-Gesellschaft oder einer gemischten Finanzholding-Gesellschaft abhängig gemacht von der Größe, der internen Organisation sowie Art, Umfang, Komplexität und Risikogehalt der Geschäfte. Die Aufgabe der Ausschüsse besteht in der Beratung und Unterstützung des Gesamtgremiums des Aufsichtsrats (§ 25d Abs. 7 Satz 1 KWG). Eine eigene Kompetenz zur Beschlussfassung über Aufsichtsthemen wird den Ausschüssen nicht zugesprochen. Pflichtgemäß einzurichtende Aufsichtsratsausschüsse bei Kreditinstituten sind

- der Risikoausschuss,
- der Prüfungsausschuss,
- der Nominierungsausschuss und
- der Vergütungskontrollausschuss.

> Die BaFin kann unter bestimmten Bedingungen die Bildung eines oder mehrerer Ausschüsse verlangen.

Sollte es die ordnungsgemäße Wahrnehmung der Kontrollfunktion des Aufsichtsrats (unter Berücksichtigung der Größe, der internen Organisation sowie der Art, des Umfangs, der Komplexität und des Risikogehalts der Geschäfte) erfordern, kann die BaFin die Bildung eines oder mehrerer Ausschüsse verlangen. Jeder Ausschuss soll ein Ausschussmitglied zum Vorsitzenden ernennen. Dieser organisiert die Ausschussarbeit und hält zwischen den Sitzungen den Kontakt zum Aufsichtsratsvorsitzenden und zu den anderen Ausschussvorsitzenden. § 25d Abs. 7 Satz 4 KWG empfiehlt (Soll-Vorschrift) zur Sicherstellung der Zusammenarbeit und des fachlichen Austausches zwischen den einzelnen Ausschüssen, dass mindestens ein Mitglied eines jeden Ausschusses einem weiteren Ausschuss angehören soll. Die Ausschussmitglieder müssen die zur Erfüllung der jeweiligen Ausschussaufgaben erforderlichen Kenntnisse, Fähigkeiten und Erfahrungen haben.

Der Prüfungsausschuss (§ 25d Abs. 9 KWG)

Der für Finanzinstitute verpflichtend vorgeschriebene Prüfungsausschuss hat grundsätzlich dieselben Funktionen wie der Prüfungsausschuss anderer Unternehmen auch (vgl. § 107 Abs. 3 AktG). Besonderheiten bestehen hinsichtlich der Zusammenarbeit mit dem Abschlussprüfer. Hier hat der Prüfungsausschuss Überwachungsaufgaben in Bezug auf die Unabhängigkeit des Abschlussprüfers und der von ihm erbrachten (Nichtprüfungs-)Leistungen hinsichtlich Umfang, Häufigkeit und Berichterstattung. Weiterhin soll der Prüfungsausschuss dem Aufsichtsrat Auswahlvorschläge für die Bestellung des Abschlussprüfers unterbreiten (einschließlich Honorarvereinbarung bei Neuausschreibungen bzw. Fortsetzung des Prüfungsauftrags und ggf. Kündigung des Prüfungsauftrags). Schließlich hat der Prüfungsausschuss die zügige Behebung der vom Prüfer festgestellten Mängel durch die Geschäftsleitung mittels geeigneter Maßnahmen zu überwachen (§ 25d Abs. 9 Satz 2 KWG). Der Prüfungsausschussvorsitzende hat über Sachverstand sowohl auf dem Gebiet der Rechnungslegung als auch der Abschlussprüfung zu verfügen.

Außerdem kann er unmittelbar beim Leiter der Internen Revision und beim Leiter des Risikocontrollings Auskünfte einholen, sofern die Geschäftsleitung darüber informiert wurde (§ 25d Abs. 9 Sätze 4 und 5 KWG).

> Mindestens ein Ausschussmitglied muss über ausreichend Sachverstand und Berufserfahrung im Bereich Risikomanagement und Risikocontrolling verfügen.

Sollte es nach den an die Überwachungsfunktion des Aufsichtsrats gestellten Anforderungen sinnvoll sein, kann ein gemeinsamer Risiko- und Prüfungsausschuss bestellt werden; in diesem Fall ist eine Anzeige bei der BaFin erforderlich (§ 25d Abs. 10 KWG).

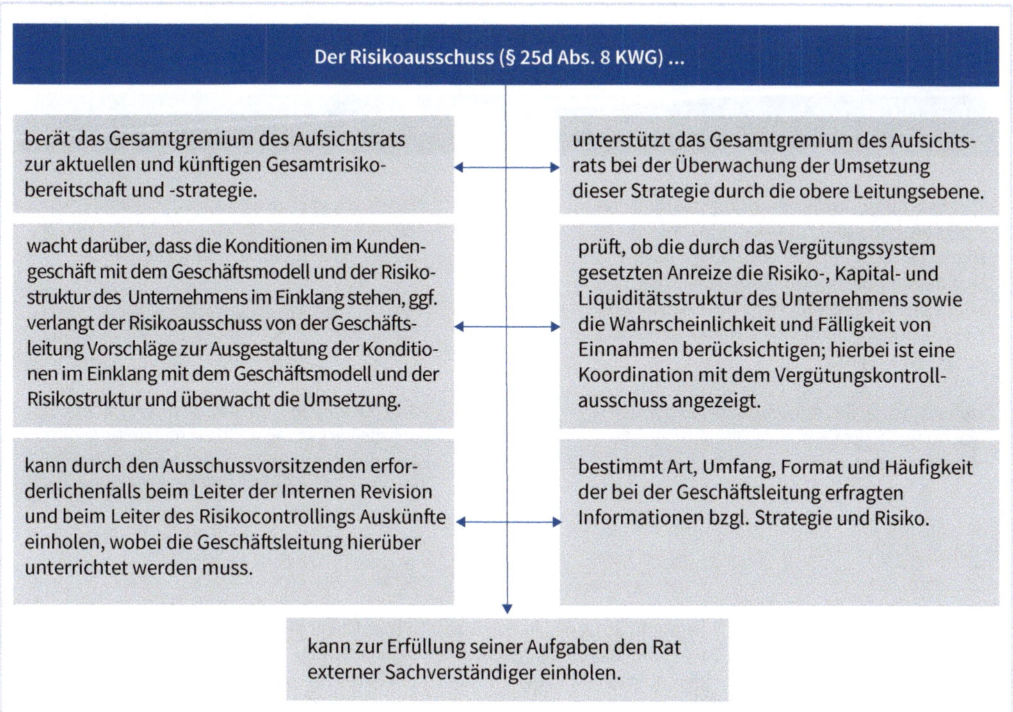

Abb. 50: Der Risikoausschuss (§ 25d Abs. 8 KWG)

Der Nominierungsausschuss (§ 25d Abs. 11 KWG)

Die Aufgaben des Nominierungsausschusses bei Kreditinstituten bestehen in der Unterstützung des Gesamtaufsichtsrats bei

- der Ermittlung von Bewerbern für die Besetzung von Geschäftsleitungspositionen sowie der Vorbereitung von Wahlvorschlägen für die Besetzung von Aufsichtsratspositionen. Inhaltliche Vorgaben betreffen die Diversity im Sinne einer Ausgewogenheit und Unterschiedlichkeit der Kenntnisse, Fähigkeiten und Erfahrungen aller Mitglieder des betreffenden Geschäftsführungs- oder Aufsichtsorgans, der Entwurf einer Stellenbeschreibung gehört ebenso zu seinen Aufgaben wie die Angabe des mit der Funktion verbundenen Zeitaufwands,

- der Erarbeitung einer Zielsetzung zur Förderung der Vertretung des unterrepräsentierten Geschlechts im Aufsichtsrat einschließlich einer Strategie zur Erreichung dieser Zielsetzung,
- bei der regelmäßig, mindestens einmal jährlich durchzuführenden Effizienzprüfung (Bewertung der Struktur, Größe, Zusammensetzung und Leistung der Geschäftsleitung und des Aufsichtsrats) einschließlich entsprechenden Empfehlungen; dabei darf die Entscheidungsfindung innerhalb der Geschäftsleitung nicht durch einzelne Personen oder Gruppen beeinflusst werden, die dem Unternehmen schadet,
- bei der regelmäßig, mindestens einmal jährlich durchzuführenden Evaluierung (Bewertung der Kenntnisse, Fähigkeiten und Erfahrung) sowohl der einzelnen Geschäftsleiter und Aufsichtsratsmitglieder, als auch des jeweiligen Organs als Ganzem,
- bei der Überprüfung der Grundsätze der Geschäftsleitung für die Auswahl und Bestellung der Personen der oberen Leitungsebene und bei diesbezüglichen Empfehlungen an die Geschäftsleitung.

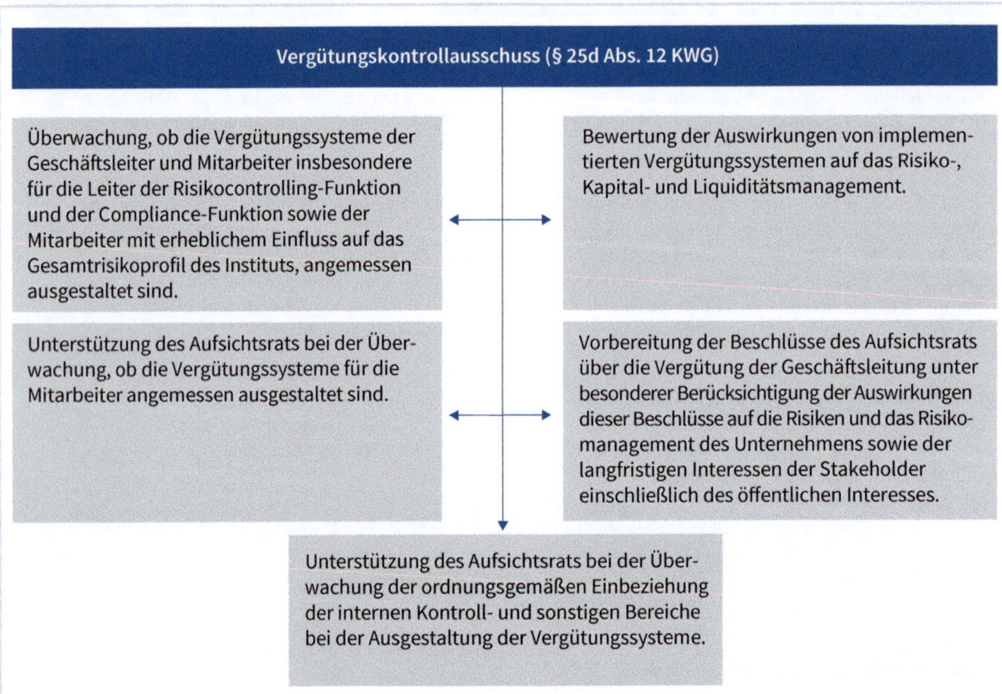

Abb. 51: Der Vergütungskontrollausschuss (§ 25d Abs. 12 KWG)

Mindestens ein Ausschussmitglied muss über ausreichend Sachverstand und Berufserfahrung im Bereich Risikomanagement und Risikocontrolling verfügen, insbesondere bezüglich der Mechanismen zur Ausrichtung der Vergütungssysteme an der Gesamtrisikobereitschaft und -strategie und an der Eigenmittelausstattung des Unternehmens. Bei mitbestimmten Aufsichtsräten muss mindestens ein Arbeitnehmervertreter dem Vergütungskontrollausschuss angehören. Eine enge Zusammenarbeit zwischen dem Vergütungskontrollausschuss und dem Risikoausschuss wird erwartet. Eine interne Beratung durch den Risikoausschuss sowie eine externe Beratung durch Personen, die von der Geschäftsleitung unabhängig sind, wird empfohlen. Dem Vorsitzenden des Vergütungskontrollausschusses wird vom Gesetzgeber das Recht eingeräumt, unmittelbar vom Leiter der Internen Revision und bei den Leitern der für die Ausgestaltung der Vergütungssysteme zuständigen Organisationseinheiten Auskünfte einzuholen, sofern die Geschäftsleitung hierüber informiert ist.

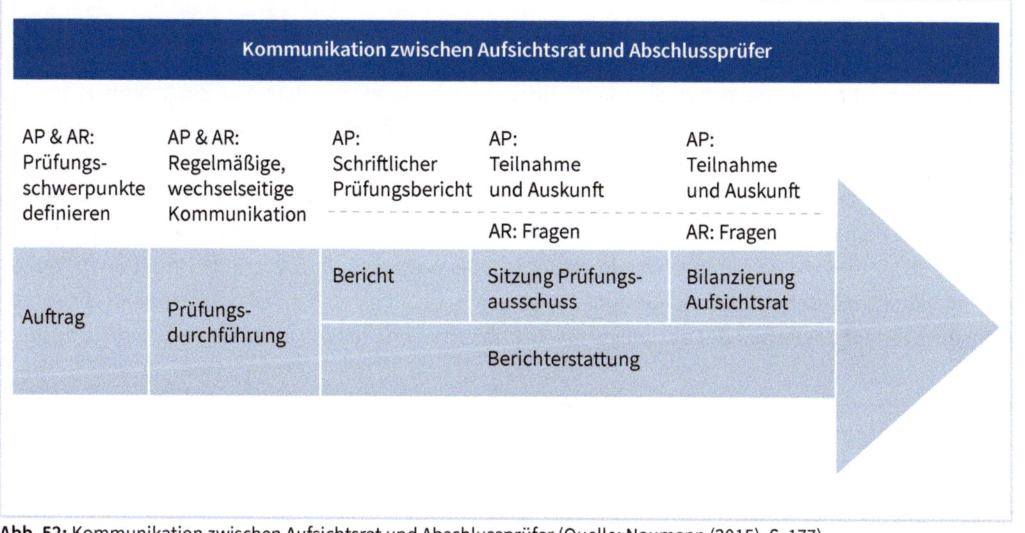

Abb. 52: Kommunikation zwischen Aufsichtsrat und Abschlussprüfer (Quelle: Naumann (2015), S. 177)

5 Beirat

Der **Beirat** ist ein von der Gesellschafterversammlung eingeführtes, gesetzlich nicht vorgeschriebenes Organ, dem Funktionen, Aufgaben und Kompetenzen zugewiesen werden, die denen eines Aufsichtsrats ähnlich sind. Beiräte kommen bei den Rechtsformen vor, welche keinen gesetzlich vorgeschriebenen Aufsichtsrat haben, bei denen allerdings die Gesellschafterversammlung an einer professionellen und institutionalisierten Aufsichtsführung interessiert ist. Kreditgeber honorieren die Etablierung und gute Funktionsweise eines Beirats mit günstigeren Fremdkapitalkonditionen. Auch Eigenkapitalinvestoren bezahlen für Anteile an mittelständischen Unternehmen mit Beirat eine Prämie. Die zugewiesenen Funktionen, Kompetenzen und Verantwortlichkeiten können individuell festgelegt werden und beziehen sich im Mittelstand vornehmlich auf Beratungs-, Überwachungs- und Ausgleichsfunktionen. Wegen des individuellen Zuschnitts der Beiratsfunktionen in Abgrenzung von den Aufgaben anderer Unternehmensorgane sagt der Begriff Beirat zunächst wenig über dessen Stellung und Aufgabenzuweisung aus.

Folgende Einzelfunktionen werden Beiräten im Mittelstand üblicherweise zugewiesen:

- Kontrolle/Überwachung der Geschäftsführer, wie es einem Aufsichtsrat klassischen Zuschnitts entspricht,
- Sicherung der Kontinuität: Familie, Gesellschafter: hier geht es um die Nachfolgeplanung und die Erhaltung der relativen Stellung der Unternehmerfamilie in der Gesellschafterversammlung und bei der Ausübung von Gesellschaftsrechten auch nach Durchführung von Kapitalerhöhungsmaßnahmen,
- Beratung der Geschäftsführung wie oben dargestellt einerseits durch Einholung von Managementsupport, andererseits durch Akquise von Expertenwissen in technischer, betriebswirtschaftlicher und juristischer Hinsicht,
- Sicherung der Kontinuität in der Geschäftsführung in Form von Nachfolgeplanung, strategischer Besetzung von Geschäftsführungspositionen, abgestimmten Zyklen von Amtsperioden sowie umfassender Besetzung aller fachlich relevanten Themenfelder,
- Beratung der Unternehmerfamilie, einerseits zur Erhaltung ihrer relativen Stellung gegenüber Minderheitsgesellschaftern, andererseits in ihrer Funktion als Gesellschafter gegenüber der Geschäftsleitung und externen Stakeholdergruppen,
- Leitungs- und Entscheidungskompetenzen, qualitative Aufwertung strategischer Entscheidungsprozesse durch Optimierung des Ablaufs und der Einzelstadien von Willensbildungs- und Auswahlprozessen, andererseits durch Einsatz von organisatorischen Hilfsmitteln des Projektmanagements zur Erhöhung der Akzeptanz und Wirksamkeit strategischer Planungsinstrumente,
- Repräsentation im Sinne von Entfaltung von Außenwirkung, Reputation und Akzeptanz im gesellschaftlichen und professionellen Umfeld des Unternehmens,
- Sonderaufgaben, wie Kontaktsuche bei M&A-Transaktionen, Auswahl von Sonderprüfern und Beratung bei Sanierungs- und Sonderfinanzierungsmaßnahmen,
- Kontrolle/Überwachung der Familie und der Gesellschafter als Mittlerfunktion des Beirates zum Interessenausgleich.

Grundsätzlich kann der Beirat ...	
Beratung der Geschäftsführung	die Geschäftsführung beraten: Hier geht es um die Einholung von Managementsupport in den Fällen, in denen die Geschäftsführung das spezifische Know-how »von außen« benötigt, wie z.B. der Strategieplanung, M&A-Transaktionen, Vorbereitung von Verhandlungen mit potenziellen Übernehmern und Übernahmekandidaten etc.
Beisteuerung von Wissen und Kompetenzen	Expertenwissen beisteuern: Hier geht es um fach- und branchenspezifisches Wissen, z.B. in der marktmäßigen Positionierung, der steuerlichen Optimierung von Auslandsaktivitäten, der Formulierung von Anforderungsprofilen von Risikomanagementsystemen.
Kontrolle und Überwachung	die Geschäftsführung überwachen und kontrollieren: Dabei kommen die allgemeinen Grundsätze der Unternehmensüberwachung zum Einsatz, wie sie für Aufsichtsräte analog gelten.
Vermittlung und Schlichtung	zwischen Gesellschafter(gruppen) oder zwischen Anteilseignern und Arbeitnehmern schlichten und vermitteln: Hier geht es um einen Interessenausgleich zwischen den Interessengruppen kollektiv-arbeitsrechtlicher Normen zur vorbereitenden Abstimmung von Betriebsvereinbarungen, Sanierungskonzepten und Interessenausgleichsmaßnahmen.

Abb. 53: Funktionen des Beirats

> Der Beirat ist ein von der Gesellschafterversammlung eingeführtes, gesetzlich nicht vorgeschriebenes Organ.

Beiratsmitglieder können Gesellschafter oder auch Nicht-Gesellschafter sein. Der Vorteil, wenn Beiratsmitglieder Gesellschafter sind, besteht darin, dass sie die spezifischen Interessen der Shareholder vertreten. Außerdem empfiehlt sich diese Konstruktion bei einer großen Vielzahl von Gesellschaftern, welche durch eine ausgewählte Gruppe von Gesellschaftern im Beirat vertreten sind. Dies trifft einerseits auf Familiengesellschaften zu, andererseits auf Gesellschaften, bei denen die Familie bisher im Management vertreten war und sich jetzt auf die Unternehmensüberwachung im Beirat zurückzieht. Eine Mittlerfunktion für widerstreitende Interessen kann dem Beirat in diesem Fall nicht zugesprochen werden.

> Die Funktionen, Aufgaben und Kompetenzen von Beiräten hängen von der Governance-Struktur des Unternehmens ab.

Besteht der Beirat (überwiegend) aus Nichtgesellschaftern, so können dort Stakeholder-Konflikte kanalisiert und ausgetragen werden. Dem Beirat kommt in diesem Fall eine Konfliktschlichtungsfunktion im Rahmen eines multipolaren Spannungsfeldes zu. Außerdem können Expertenwissen und Fachkompetenz »von außen« eingesetzt werden mit dem Ziel der Qualitätsverbesserung strategischer Unternehmensführung und -überwachung.

Der Auswahl von Beiratsmitgliedern kommt eine hohe strategische Bedeutung zu. Traditionell sind folgende Personen und Personengruppen in Beiräten vertreten: Führungskräfte, Unternehmer, Betriebswirte, Anwälte, Juristen, Unternehmensberater, Bankvertreter, Technische Experten, Ingenieure, Professoren, Wissenschaftler, Gesellschaftsvertreter, Wirtschaftsprüfer, Steuerberater, Arbeitgeber-/ Arbeitnehmervertreter.

Wichtige Anforderungen an die Eigenschaftsmerkmale von Beiratsmitgliedern sind:

- unternehmerische Fähigkeiten und Erfahrungen,
- Verantwortungsbewusstsein,
- strategische Kompetenz,
- BWL Kenntnisse, Controlling/Finanzen/Rechnungswesen,
- Wahrnehmungsvermögen, politisches Gespür,
- analytisches Denken,
- Vertrauen,
- Kritik- und Konfliktfähigkeit,
- Unabhängigkeit,
- Zielstrebigkeit und Durchsetzungskraft
- Motivation,
- soziale Kompetenz,
- konsequente Planung und
- Selbstbeherrschung.

Beispiele für Governance-Strukturen	
Eigentümer-Unternehmen	Hier wird vom Beirat vornehmlich externer Rat zur Absicherung und Unterstützung der vom Eigentümer selbst verantworteten Unternehmenspolitik erwartet.
Familien-unternehmen	Hier geht es im Beirat vornehmlich um die Interessenwahrung einzelner Familienmitglieder bzw. Familienstämme, die von der Teilnahme an der Unternehmensführung ausgeschlossen sind.
Fremdgeführter Mittelstand	Hier geht es im Beirat darum, die Interessen der Gesellschafter gegenüber dem fremdorganschaftlichen Management zu vertreten sowie eine professionelle Unternehmensüberwachung zu installieren.
Mischfinanziertes Unternehmen	Hier geht es im Beirat darum, die Interessen der beiden Kapitalgebergruppen Eigen- und Fremdkapitalgeber sowie Mehrheits- und Minderheitsgesellschafter zu koordinieren.
Publikums-gesellschaft	Hier besteht die Aufgabe des Beirates darin, die Interessenvertretung von Gesellschaftern mit Klein- und Kleinstbeteiligungen zu koordinieren.

Abb. 54: Beispiele für Governance-Strukturen

Die Funktionen, Aufgaben und Kompetenzen von Beiräten hängen von der Governance Struktur des Unternehmens ab. Dabei sind gerade im Mittelstand vielfältige Ausprägungen möglich.

Bei der Einrichtung eines Beirats sind die gesetzlich vorgeschriebenen Zuständigkeiten anderer Unternehmensorgane zu beachten. So dürfen dem Beirat keine Geschäftsführungsaufgaben übertragen werden, Beiratsmitglieder dürfen nicht die Gesellschaft vertreten oder Rechtsgeschäfte für die Gesellschaft abschließen. Im Rahmen des dispositiven Rechts sind die Zuständigkeiten des Beirats mit denen anderer Organe abzustimmen. Unterliegt die Gesellschaft der Mitbestimmung, so sind die entsprechenden gesetzlichen Vorschriften zur Einrichtung, Besetzung, Kompetenzzuweisung und Auflösung des Beirats zu beachten.

Da der Beirat gesetzlich nicht vorgeschrieben ist und seine Kompetenzen und Verantwortlichkeiten nicht gesetzlich normiert sind, bedarf es einer entsprechenden gesellschaftsvertraglichen Regelung. Alle Kompetenzen und Verantwortlichkeiten, die nach der Satzung dem Beirat zugewiesen werden, werden den anderen Organen abgenommen. Diese Justierung innerhalb des Systems der Unternehmensorgane bedarf der sorgfältigen Abwägung, Kosten-Nutzen-Analyse und Interessenabwägung. Kompetenzen wachsen dem Beirat nicht kraft Amtes zu, sondern müssen auf ihn übertragen worden sein. Da der Beirat das Unternehmensgefüge verändert, obliegt die Einführung (und ggf. auch wieder die Abschaffung) der Gesellschafterversammlung. Gleiches gilt für die Größe und Zusammensetzung sowie die Funktionszuweisung des Beirats, welche wiederum die erwarteten Kompetenzprofile der Beiratsmitglieder, die Tagesordnungen und die Sitzungshäufigkeit bestimmt.

> Kompetenzen wachsen dem Beirat nicht kraft Amtes zu, sondern müssen auf ihn übertragen worden sein.

Auch Beiratsmitglieder übernehmen eine Funktion auf Zeit. Daher sollten Amtsperioden und Altersgrenzen festgelegt werden. Auch die Abberufung bei Pflichtverletzungen sollte geregelt sein. Die Rechtsgrundlage für die Bestellung zum Beirat ist ein Anstellungsvertrag, der seinerseits auf dem Gesellschaftsvertrag basiert. In dem Anstellungsvertrag sollten die Rechte und Pflichten einschließlich der Informationsrechte, sowie die Beratungs-, Überwachungs- und Ausgleichs- bzw. Streitschlichtungspflichten und schließlich die Vergütung geregelt sein. Für Beiräte kann eine Vermögensschaden-Haftpflichtversicherung (D & O-Versicherung) abgeschlossen werden, um Ansprüche gegen die Person des Beiratsmitglieds abzuwehren bzw. von diesem fernzuhalten. Ein angemessener Selbstbehalt vermeidet eine Vollkasko-Mentalität und ein zu risikofreudiges Verhalten der Beiratsmitglieder.

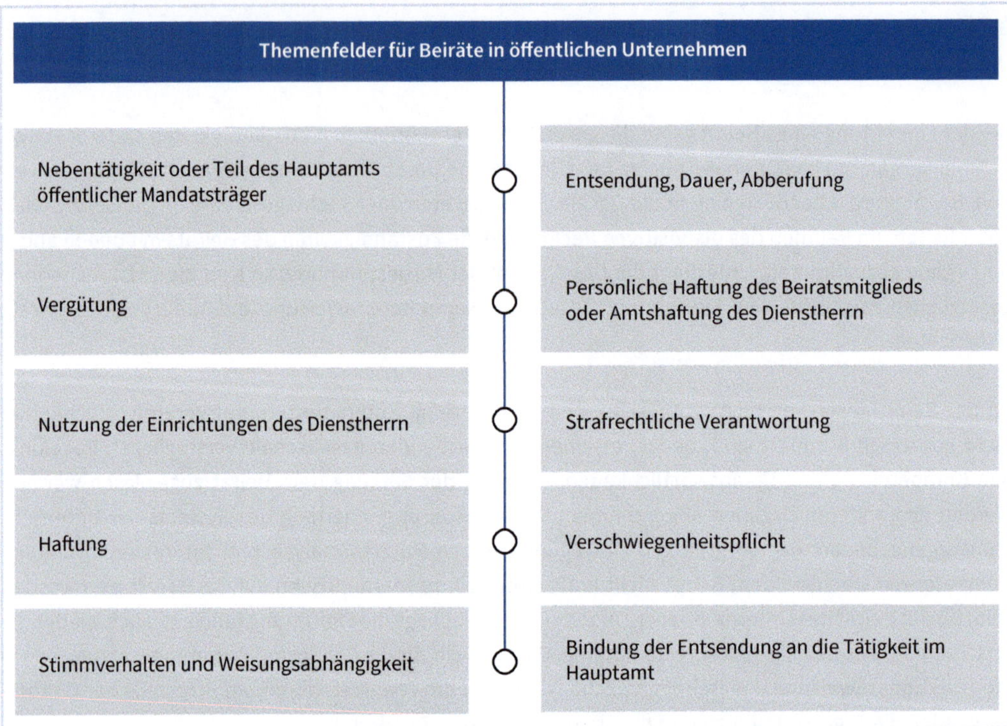

Abb. 55: Themenfelder für Beiräte in öffentlichen Unternehmen

6 Quellen, weiterführende Literatur

Beyer M./Heyd, R. (2021): Compliance für Aufsichtsräte – Rechtliche und fachliche Anforderungen an die Finanzexpertise, Stuttgart 2021.

Beyer M./Herold C. (2021): Zusammenarbeit mit dem Abschlussprüfer und dessen Beurteilung – Wesentliche Neuerungen aus dem DCGK 2020 und dem Regierungsentwurf zum FISG, in: BOARD 01/2021, S. 28–31.

Buhleier, C./Probst, A. (2020): Der Prüfungsausschuss des Aufsichtsrates: Praxisleitfaden für Finanzexperten und Aufsichtsräte, 4. Aufl., Stuttgart 2022.

Orth, C./Ruter, R. X./Schichold, B. (2013): Der unabhängige Finanzexperte im Aufsichtsrat, Stuttgart 2013.

Naumann, K.-P. (2015): Das Berichtswesen an den Aufsichtsrat – Zur Kommunikation zwischen Aufsichtsrat und Abschlussprüfer, in: BOARD 5/2015, S. 175-178.

Kapitel 3: Corporate-Governance-Erklärung

1 Einführung

Nach § 289f Abs. 1 HGB besteht für alle börsennotierten Aktiengesellschaften sowie Aktiengesellschaften, die ausschließlich andere Wertpapiere als Aktien zum Handel an einem organisierten Markt ausgegeben haben und deren Wertpapiere auf eigene Veranlassung über ein multilaterales Handelssystem im Sinne des § 2 Abs. 3 Satz 1 Ziff. 8 WpHG (z. B. im Freiverkehr) gehandelt werden, eine Pflicht zur Abgabe einer Erklärung zur Unternehmensführung. Diese kann entweder in einem gesonderten Abschnitt im Lagebericht abgegeben oder auf der Internetseite des Unternehmens dauerhaft öffentlich zugänglich gemacht werden. In diesem Fall ist in den Lagebericht ein Verweis auf die Veröffentlichung im Internet aufzunehmen. Zur Erklärung verpflichtet ist die Gesellschaft, d. h. das zur Vertretung der Gesellschaft befugte Organ, also der Vorstand, obwohl die Entsprechenserklärung nach § 161 AktG durch Vorstand und Aufsichtsrat abzugeben ist.

Die Erklärung unterliegt gem. § 317 Abs. 2 Satz 6 HGB inhaltlich nicht der Abschlussprüfung. Der Abschlussprüfer hat in diesem Zusammenhang nur zu prüfen, *ob* die Erklärung (rechtzeitig) abgegeben worden ist. Somit ergibt sich eine Zweiteilung des Lageberichts in einen geprüften und einen ungeprüften Teil. Im Bestätigungsvermerk ist gemäß IDW PS 345 darauf hinzuweisen, dass die Erklärung nicht Prüfungsgegenstand war. Der Grund, warum die von Vorstand und Aufsichtsrat gemeinsam abzugebende Erklärung zur Unternehmensführung inhaltlich nicht Gegenstand der Abschlussprüfung ist, liegt darin, dass der Aufsichtsrat oberstes Überwachungs- und Kontrollorgan des Unternehmens ist und den Abschlussprüfer zur selbstständigen Unterstützung dieser Überwachungsfunktion beauftragt, somit eine substanzielle Prüfung der Inhalte der (auch) vom Aufsichtsrat abgegebenen Erklärung zur Unternehmensführung durch den Abschlussprüfer problematisch wäre. Allerdings definiert der DCGK 2022 in Empfehlung D.9, dass der Aufsichtsrat mit dem Abschlussprüfer vereinbaren soll, dass dieser ihn informiert bzw. im Prüfungsbericht vermerkt, wenn er bei Durchführung der Abschlussprüfung Tatsachen feststellt, die eine Unrichtigkeit der von Vorstand und Aufsichtsrat abgegebenen Erklärung zum Kodex ergeben.

> Die Corporate-Governance-Erklärung unterliegt gemäß § 317 Abs. 2 Satz 6 HGB inhaltlich nicht der Abschlussprüfung.

Die Erklärung zur Unternehmensführung steht im Zusammenhang mit der Anhangangabepflicht nach § 285 Nr. 16 bzw. § 314 Abs. 1 Nr. 8 HGB, wonach anzugeben ist, wo die Entsprechenserklärung öffentlich zugänglich gemacht worden ist. Danach ist nicht nur anzugeben, dass die Entsprechenserklärung nach § 161 AktG überhaupt abgegeben und öffentlich zugänglich gemacht worden ist, vielmehr wird zusätzlich die Angabe gefordert, wo, d. h. regelmäßig unter welcher Internet-Adresse die Entsprechenserklärung öffentlich und dauerhaft, d. h. mindestens fünf Jahre (vgl. Empfehlung F.5 DCGK 2022) zugänglich gemacht ist. In der Entsprechenserklärung nach § 161 AktG erklären Vorstand und Aufsichtsrat der zur Abgabe der Erklärung verpflichteten Gesellschaft jährlich, dass den Empfehlungen des DCGK entsprochen wurde und wird oder welche Empfehlungen nicht angewendet wurden oder werden und warum nicht. Weitere Bestandteile der Erklärung zur Unternehmensführung finden sich in § 289f Abs. 2 Nr. 2–5, Abs. 3 und 4 HGB.

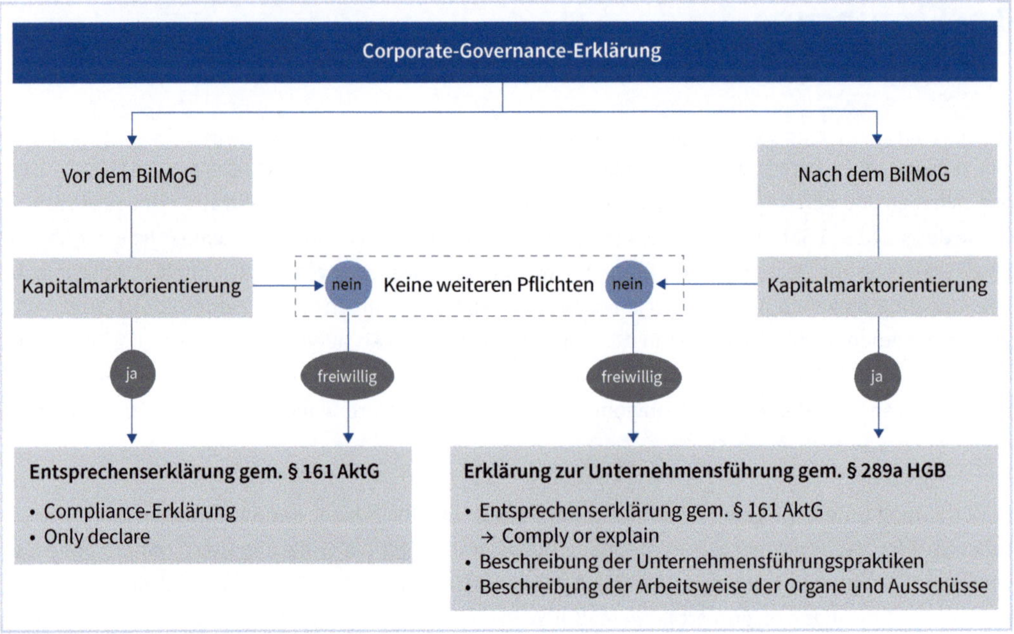

Abb. 56: Die Corporate-Governance-Erklärung

2 Details zur Erklärung

Unternehmensführungspraktiken sind berichtspflichtig, soweit sie über die Anforderungen des deutschen Rechts (Compliance) hinausgehen und für die Adressaten relevant sind. Hier ist an eine Berichterstattung über die Selbstverpflichtung zur Anwendung eines unternehmens-, konzern- oder branchenweit geltenden Unternehmensführungskodex zu denken, dessen Einhaltung bzw. punktuelle Nichteinhaltung in der Erklärung erwähnt werden soll. Wird auf bestimmte Kodizes (z. B. Antikorruptionsrichtlinie, Ehrenkodex, Unternehmensleitbild) Bezug genommen, so ist anzugeben, wo diese veröffentlicht sind. Keinesfalls muss über alle im Unternehmen vorhandenen organisatorischen Regelungen oder Vorschriften berichtet werden.

Da nach § 285 Nr. 10 HGB bereits die personelle Zusammensetzung von Vorstand und Aufsichtsrat kommuniziert werden muss, soll nach § 289f Abs. 2 Nr. 3 HGB noch über die personelle Zusammensetzung von Vorstands- und Aufsichtsratsausschüssen berichtet werden. Die Beschreibung der Arbeitsweise von Vorstand und Aufsichtsrat sowie deren Ausschüssen kann durch die Veröffentlichung der Geschäftsordnungen dieser Organe und Ausschüsse erfolgen. Hier geht es insbesondere um die Funktionsbeschreibung der einzelnen Ausschüsse des Aufsichtsrats sowie die Funktions- und Kompetenzabgrenzung zwischen dem Gesamtgremium des Vorstands bzw. Aufsichtsrates und den jeweiligen Ausschüssen.

> Unternehmensführungspraktiken sind berichtspflichtig, soweit sie über die Anforderungen des deutschen Rechts (Compliance) hinausgehen und für die Adressaten relevant sind.

Schließlich schreibt § 289f Abs. 2 Nr. 4 HGB für börsennotierte Aktiengesellschaften vor, dass die § 76 Abs. 4 und § 111 Abs. 5 AktG genannten Zielgrößen festzulegen sind, sowie deren Erreichen bzw. die Gründe für das Nichterreichen der Zielgrößen. Nach § 76 Abs. 4 AktG hat der Vorstand börsennotierter oder der Mitbestimmung unterliegender Gesellschaften für den Frauenanteil in den beiden Führungsebenen unterhalb des Vorstands Zielgrößen festzulegen. Liegt der Frauenanteil bei Festlegung der Zielgrößen unter 30%, so dürfen die Zielgrößen den jeweils erreichten Anteil nicht mehr unterschreiten. Gleichzeitig sind die Fristen zur Erreichung der Zielgrößen festzulegen. Diese Fristen dürfen nicht länger als fünf Jahre sein. Analoge Anforderungen finden sich in § 111 Abs. 5 AktG für die Festlegung von Zielgrößen für den Frauenanteil im Aufsichtsrat und im Vorstand. Über deren Höhe, Erreichung sowie Gründe für eine evtl. Nichterreichung ist im Rahmen der Erklärung zur Unternehmensführung zu berichten.

§ 289f Abs. 2 Nr. 5, Abs. 3 und 4 HGB enthalten analoge Vorschriften zur Angabe über die Einhaltung von Mindestanteilen bei der Besetzung des Aufsichtsrats mit Frauen und Männern für spezifische Rechtsformen und Geschäftszweige.

Corporate-Governance-Erklärung kompakt

- Pflicht zur Abgabe für alle kapitalmarktorientierten Unternehmen sowie Aktiengesellschaften, deren Wertpapiere im Freiverkehr gehandelt werden (ausgeweiteter Anwendungsbereich)
- Gem. Art. 66 II EGHB ist die Erklärung erstmals für Jahres- und Konzernabschlüsse für alle Geschäftsjahre abzugeben, die nach dem 31.12.2008 beginnen
- Corporate-Governance-Erklärung = Erklärung zur Unternehmensführung gem. § 289a HGB
- Erklärung zur Unternehmensführung wird durch den Vorstand abgegeben und verfasst
- Entsprechenserklärung gem. § 161 AktG, dass dem DCGK der Regierungskommission entsprochen wurde und wird bzw. in welchen Punkten hiervon abgewichen wurde und wird und warum
- Angaben zu Unternehmensführungspraktiken, die über gesetzliche Angaben hinausgehen (beachte Relevanz)
- Beschreibung der Arbeitsweise von Vorstand und Aufsichtsrat sowie der Zusammensetzung und Arbeitsweise der Ausschüsse
- Nach § 285 Nr. 16 bzw. § 314 I Nr. 8 HGB: Abgabe im Lagebericht oder auf der Internetseite (mit Verweis im Lagebericht)
- Die Erklärung unterliegt gem. § 317 II HGB nicht der Abschlussprüfung (beachte Auswirkungen auf den Lagebericht)

Abb. 57: Corporate-Governance-Erklärung kompakt

Nach § 289 Abs. 4 HGB haben kapitalmarktorientierte Kapitalgesellschaften gem. § 264d HGB sowie Konzerne, wenn ein in den Konzernabschluss einbezogenes Unternehmen kapitalmarktorientiert im Sinne des § 264d HGB ist (§ 315 Abs. 2 Nr. 5 HGB), im Lagebericht die wesentlichen Merkmale des internen Kontroll- und des Risikomanagementsystems im Hinblick auf den Rechnungslegungsprozess zu beschreiben. Die Gesetzesbegründung verweist darauf, dass

- mit der Vorschrift weder die Einrichtung noch die inhaltliche Ausgestaltung eines internen Kontroll- und Risikomanagementsystems verpflichtend vorgeschrieben wird, sondern lediglich die Beschreibung; besteht kein internes Kontroll- und Risikomanagementsystem, ist dies anzugeben (Fehlanzeige),
- die Ausgestaltung dem Management unter Berücksichtigung der unternehmensspezifischen Bedürfnisse im Hinblick auf die Unternehmensstrategie, den Geschäftsumfang und anderer wichtiger Wirtschaftlichkeits- und Effizienzgesichtspunkte obliegt,
- eine Einschätzung zur Effektivität des internen Risikomanagementsystems – abweichend vom Sarbanes-Oxley Act – nicht verlangt wird,
- die Beschränkung auf den Rechnungslegungsprozess mit berechtigten schutzwürdigen Interessen der Unternehmen zu begründen ist.

> Zu den originären Aufgaben des Prüfungsausschusses gehört es, das interne Risikomanagement- und Kontrollsystem zu überwachen.

Zu den originären Aufgaben des Prüfungsausschusses gehört es, das interne Risikomanagement- und Kontrollsystem zu überwachen. Um im Rahmen einer Regel- und Ad-hoc-Berichterstattungspflicht über Inhalt und Ausgestaltung des internen Kontroll- und Risikomanagementsystems an den Aufsichtsrat bzw. Prüfungsausschuss berichten zu können, muss sich der Vorstand selbst ein Bild von diesen Systemen machen und ihre Funktionsfähigkeit evaluieren. Daraus können sich für den Vorstand folgende Handlungsfelder im Sinne von notwendigen Maßnahmen ergeben:

- Bestandsaufnahme und Dokumentation der wesentlichen Ziele und organisatorischen Merkmale der relevanten Steuerungs- und Überwachungsinstrumente,
- Beurteilung der Angemessenheit der relevanten Instrumente, gegebenenfalls sind geeignete Maßnahmen zur Behebung festgestellter Design-Schwächen zu ergreifen,
- Beurteilung der Funktionsfähigkeit, Erbringung des Nachweises der tatsächlichen Funktionsfähigkeit der betrachteten Steuerungs- und Überwachungsinstrumente (interne Revision, Self Assessment, externe Evaluation durch Spezialisten etc.),
- Berichterstattung an den Aufsichtsrat: auf Grundlage der Regelberichterstattung muss sich der Aufsichtsrat ein eigenes Bild von der angemessenen Ausgestaltung und der tatsächlichen Funktionsfähigkeit der relevanten Steuerungs- und Überwachungsinstrumente machen können.

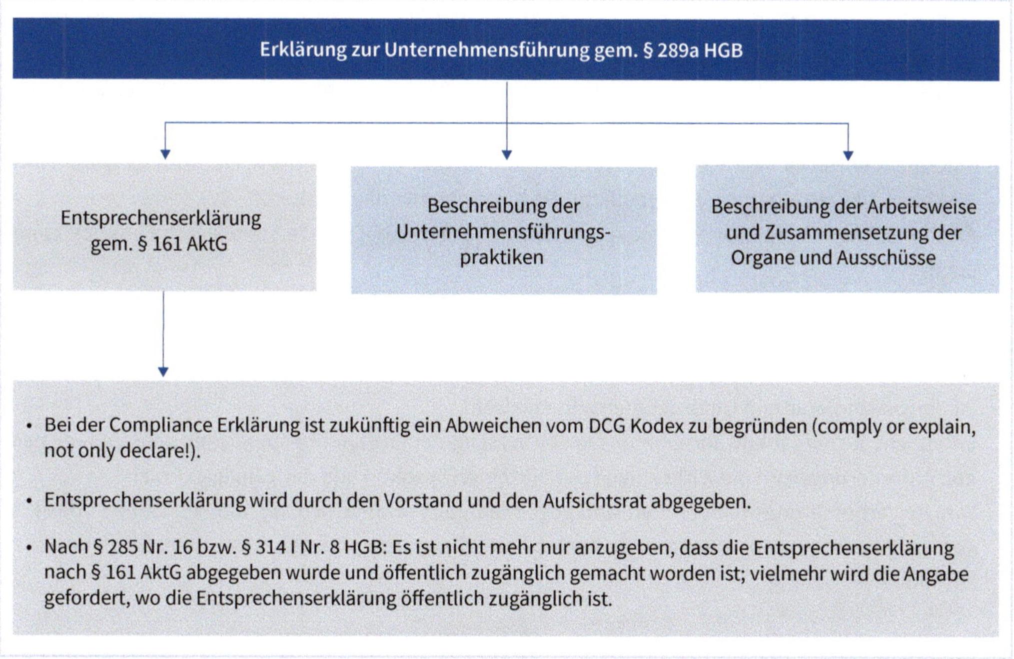

Abb. 58: Erklärung zur Unternehmensführung gem. § 289a HGB (1)

Als Mindestinhalte einer solchen Regelberichterstattung gelten: Überblick über die wesentlichen Steuerungs- und Überwachungsinstrumente (Risikomanagementsystem, internes Kontrollsystem, internes Revisionssystem), Ergebnisse aus den Beurteilungsmaßnahmen zur Angemessenheit und Funktionsfähigkeit dieser Instrumente, Identifizierung wesentlicher Schwächen sowie geplante bzw. durchgeführte Maßnahmen zu ihrer Behebung.

> Die Bewertung des Risikomanagement-, internen Kontroll- und Revisionssystems liefert Antworten auf Fragen, die für die Überwachungsaufgabe des Aufsichtsrats von Bedeutung sind.

Der Aufsichtsrat bzw. der Prüfungsausschuss hat sich mit der Überwachung des Rechnungslegungsprozesses, der Wirksamkeit des internen Kontrollsystems, des internen Risikomanagementsystems (nicht beschränkt auf bestimmte Unternehmensbereiche), des internen Revisionssystems und der Abschlussprüfung (insbesondere der Unabhängigkeit des Abschlussprüfers) zu befassen. Der Aufsichtsrat bzw. Prüfungsausschuss wird sich geeigneter Instrumente bedienen müssen, um die geforderte Aufsicht ausüben zu können. Hierfür kommen unterschiedliche Informationsanforderungen infrage, wie z.B. eine Regel- oder Ad-hoc-Berichterstattung durch den Vorstand, gegebenenfalls eine unmittelbare Berichterstattung der internen Revision gegenüber dem Aufsichtsrat bzw. Prüfungsausschuss oder eine vom Aufsichtsrat bzw. Prüfungsausschuss veranlasste externe Prüfung. Nach der Regierungsbegründung zum Gesetzentwurf umfasst das interne Kontrollsystem die Grundsätze, Verfahren und Maßnahmen zur Sicherung der Wirksamkeit und Wirtschaftlichkeit der Rechnungslegung, zur Sicherung der Ordnungsmäßigkeit der Rechnungslegung sowie zur Sicherung der Einhaltung der maßgeblichen rechtlichen Vorschriften. In diesem Zusammenhang nimmt der Gesetzgeber Bezug auf die Definition in IDW PS 261. Die Bewertung des Risikomanagement-, internen Kontroll- und Revisionssystems liefert Antworten auf folgende Fragen, die für die Überwachungsaufgabe des Aufsichtsrats von Bedeutung sind und in die Berichterstattung im Lagebericht einfließen:

- Welche Funktionsbereiche nehmen Aufgaben im Hinblick auf das Risikomanagementsystem, das interne Kontrollsystem sowie das interne Revisionssystem wahr?
- Sind die hier relevanten Systeme, Prozesse und Funktionen – einschließlich des Nachweises ihrer Wirksamkeit – bereits zum jetzigen Zeitpunkt hinreichend dokumentiert?
- Existieren klare Verantwortlichkeiten und Abgrenzungen zwischen den beteiligten Funktionsbereichen?
- Sind eine geeignete Kommunikation und der Informationsfluss zwischen den beteiligten Funktionsbereichen sichergestellt, sodass ein zielgerichtetes, an den Risiken ausgerichtetes Handeln ermöglicht wird?
- Ist die Risikotoleranz im Unternehmen angemessen?
- Entspricht die Aufgabenwahrnehmung in den verschiedenen Funktionsbereichen dem Umfang nach den Anforderungen an die Wirksamkeit der einzelnen Systeme und der gängigen Praxis?
- Welche Verbesserungsmaßnahmen sind gegebenenfalls erforderlich, um die Wirksamkeit des Risikomanagementsystems, des internen Kontroll- und Revisionssystems bei optimaler Effizienz sicherzustellen?

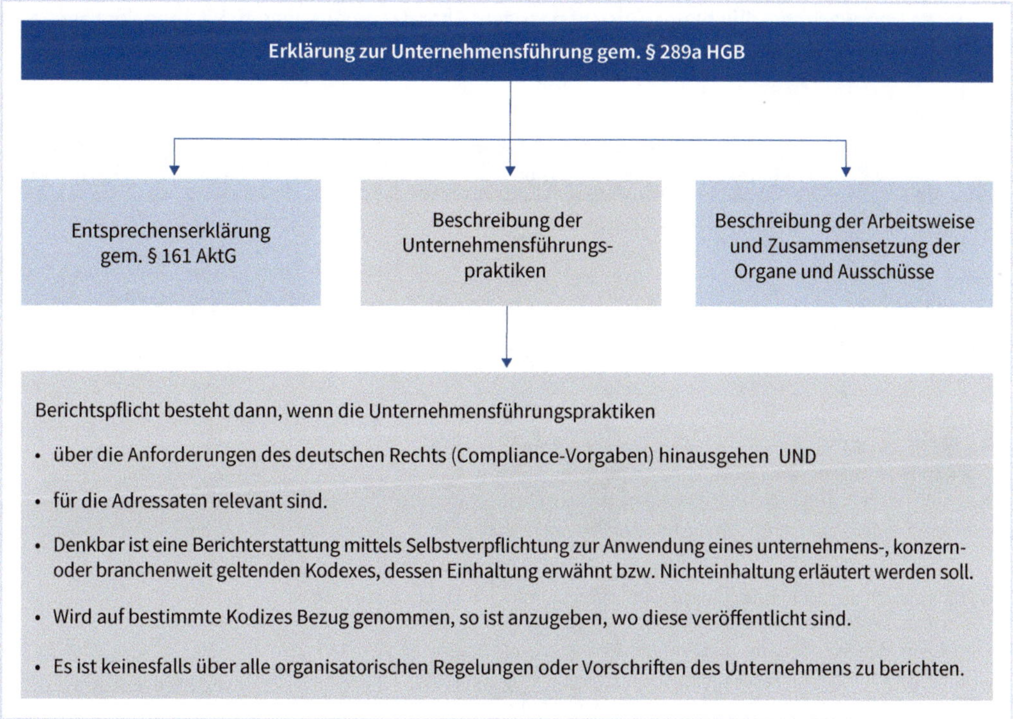

Abb. 59: Erklärung zur Unternehmensführung gem. § 289a HGB (2)

Eine beispielhafte Checkliste könnte wie folgt aussehen:

- Besteht ein durchgängiges Risikomanagement im Unternehmen vom Top-Management über die Finanzen, den Einkauf bis zum Vertrieb und von der Forschung und Entwicklung über die Produktion bis zum Lagerwesen?
- Erfolgt eine regelmäßige Anpassung des Risikomanagements an ablauf- und/oder aufbauorganisatorische Veränderungen im Unternehmen?
- Ist ein Verantwortlicher in der Geschäftsführung bzw. im Vorstand für das Risikomanagement benannt?
- Ist ein Verantwortlicher im Aufsichtsrat für das Risikomanagement benannt?
- Ist das Reporting zwischen den operativen Einheiten und den für das Risikomanagement zuständigen Personen hinreichend detailliert?
- Lassen sich Veränderungen im Risikomanagement nachvollziehen?
- Lassen sich aus der Berichterstattung frühzeitig Entwicklungen ableiten, die als Grundlage zur Bestimmung von Gegenmaßnahmen geeignet sind?
- Basieren die Aussagen im Lagebericht auf den Aussagen des internen Reportings?
- Wird das Risikomanagement und -reporting einem regelmäßigen Audit, z. B. durch die interne Revision oder externe Prüfer unterzogen?

> Die Überwachungspflicht des Aufsichtsrats geht über das hinaus, was im Rahmen der Lageberichtspflicht nach § 289 Abs. 4 HGB an die Öffentlichkeit kommuniziert werden muss.

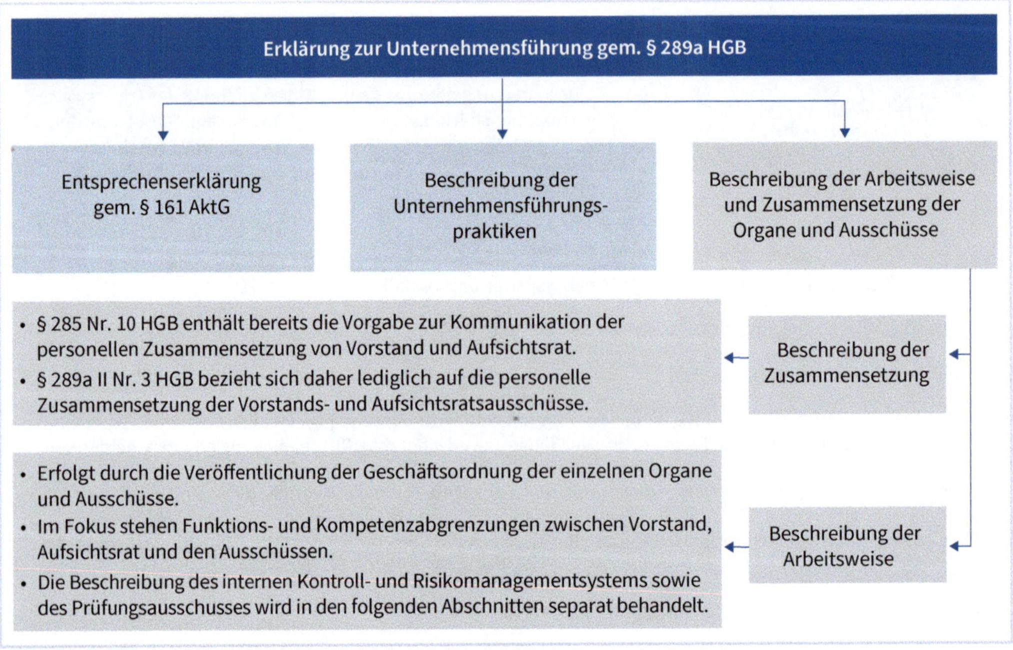

Abb. 60: Erklärung zur Unternehmensführung gem. § 289a HGB (3)

Das bedeutet, dass die aus der Überwachungspflicht des Aufsichtsrats (bezogen auf das gesamte und nicht nur auf das rechnungslegungsbezogene interne Kontroll- und Risikomanagementsystem) abgeleitete Informationspflicht des Vorstands gegenüber dem Aufsichtsrat bzw. Prüfungsausschuss über das hinausgeht, was im Rahmen der Lageberichtspflicht nach § 289 Abs. 4 HGB an die Öffentlichkeit kommuniziert werden muss. Nach § 289 Abs. 4 HGB haben kapitalmarktorientierte Kapitalgesellschaften gemäß § 264d HGB sowie Konzerne, wenn ein in den Konzernabschluss einbezogenes Unternehmen kapitalmarktorientiert im Sinne des § 264d HGB ist, im Lagebericht bzw. Konzernlagebericht (§ 315 Abs. 4 HGB) die wesentlichen Merkmale des internen Kontroll- und des Risikomanagementsystems im Hinblick auf den Rechnungslegungsprozess zu beschreiben. Die Beschreibung im Lagebericht ist Aufgabe des Vorstandes, der den Jahresabschluss und Lagebericht aufstellt. Die Beschreibung ist aber auch Gegenstand der Überwachung durch den Aufsichtsrat bzw. Prüfungsausschuss und Gegenstand der Prüfung durch den Abschlussprüfer. Damit ergeben sich vorgelagert zu der Lageberichtspflicht nach § 289 Abs. 4 HGB Informations-, Kommunikations- und Berichtspflichten der für das interne Kontroll- und Risikomanagementsystem verantwortlichen Stabs- und Linieninstanzen (Innenrevision, Rechnungswesen, Risikomanagementsystem, Compliance etc.) gegenüber dem Vorstand, des Vorstands gegenüber dem Abschlussprüfer, des Vorstands gegenüber dem Aufsichtsrat bzw. dem Prüfungsausschuss und des Abschlussprüfers gegenüber dem Aufsichtsrat bzw. Prüfungsausschuss. Die Lageberichterstattung nach

§ 289 Abs. 4 HGB kann mit dem Risikobericht nach § 289 Abs. 1 Satz 4 HGB zusammengefasst werden. Hierbei sind Verknüpfungen mit der Finanzrisikoberichterstattung nach § 289 Abs. 2 Nr. 1a und b HGB bzw. § 315 Abs. 2 Nr. 1a und b HGB zu sehen, ferner kann DRS 20 zur Strukturierung dieses Teils der Risikoberichterstattung dienen.

Die diesbezüglichen Lageberichtsangaben unterliegen der Prüfungspflicht; insoweit wird von der in der Abänderungsrichtlinie angeführten Möglichkeit, diese Angaben außerhalb des Lageberichts auf der Internetseite des Unternehmens zu veröffentlichen, kein Gebrauch gemacht.

3 Nichtfinanzielle Erklärung

Im Rahmen der CSR-Strategie der EU, durch welche die soziale Verantwortung der Unternehmen gestärkt und dadurch langfristig günstige Rahmenbedingungen für nachhaltiges Wachstum geschaffen werden sollten, wurde die CSR-Richtlinie (2014/95/EU) erlassen, deren wichtiges Element in der Offenlegung nichtfinanzieller Informationen bestand. Die Umsetzung der CSR-Richtlinie erfolgte in Deutschland mit dem CSR-Richtlinie-Umsetzungsgesetz, das am 19.4.2017 in Kraft getreten ist. In diesem Zusammenhang wurden die §§ 289b-289e sowie §§ 315b-315c HGB eingeführt, wonach bestimmte große (Mutter-) Unternehmen von öffentlichem Interesse ihren Lage- bzw. Konzernlagebericht um eine sogenannte nichtfinanzielle Erklärung erweitern müssen. Die nichtfinanzielle Erklärung ist Bestandteil des Lageberichts. Ihr zentrales Merkmal ist ihr Blick auf die Auswirkungen der Geschäftstätigkeit auf nichtfinanzielle Aspekte. Sie betrachtet sowohl den Geschäftsverlauf, die Lage und die voraussichtliche Entwicklung unter dem Einfluss des Unternehmensumfelds (sog. Outside-in-Perspektive) als auch die insbesondere der Nachhaltigkeitsberichterstattung eigene Betrachtung der Auswirkungen der Geschäftstätigkeit auf das Unternehmensumfeld (Inside-out-Perspektive). Die nichtfinanzielle Erklärung ist wie der Lagebericht vom Aufsichtsrat zu prüfen. Der Abschlussprüfer prüft im Zusammenhang mit der nichtfinanziellen Erklärung nur, ob sie erstellt und abgegeben wurde. Eine inhaltliche Prüfung durch den Abschlussprüfer ist nicht verpflichtend. Sie obliegt vielmehr dem Aufsichtsrat (§ 171 Abs. 1 AktG), der wiederum Dritte mit einer unabhängigen Prüfung beauftragen kann (§ 111 Abs. 2 Satz 4 AktG). Dabei kann die Prüfungsintensität (begrenzte oder hinreichende Sicherheit, limited or reasonable assurance) individuell zwischen dem Aufsichtsrat und dem Prüfer vereinbart werden. Es gelten die Grundsätze ordnungsmäßiger Lageberichterstattung nach DRS 20, wobei der Wesentlichkeitsgrundsatz für die nichtfinanzielle Erklärung eine spezifische Ausgestaltung in § 289c HGB erfährt.

Die Mindestinhalte der nichtfinanziellen Erklärung umfassen nach § 289c HGB die nachfolgenden Inhalte:

Durch die Taxonomie-Verordnung (2020/852) der EU werden die Berichtspflichten in der nichtfinanziellen Erklärung bzw. dem gesonderten nichtfinanziellen Bericht um bestimmte Kennzahlen zu ökologisch nachhaltigen Wirtschaftsaktivitäten erweitert. So sind nach Art. 8 der Taxonomie-Verordnung die Anteile ökologisch nachhaltiger Wirtschaftsaktivitäten an den

- Umsatzerlösen,
- Investitionsausgaben (Capex) und
- Betriebskosten (Opex)

anzugeben.

Die Angaben mit Bezug zu den klimabezogenen Umweltzielen sind erstmals 2022 für das Geschäftsjahr 2021 zu machen. Ab 2023 sind darüber hinaus auch Angaben zu weiteren Umweltzielen erforderlich.

Eine ökologisch nachhaltige Wirtschaftsaktivität muss nach Art. 3 Tax-VO einen wesentlichen Beitrag zur Erreichung von mindestens einem von sechs Umweltzielen leisten und darf dabei keines der übrigen fünf Umweltziele signifikant beeinträchtigen. Als Nebenbedingung müssen nachhaltige Wirtschaftsaktivitäten auch bestimmte Sozialstandards einhalten. Die sechs Umweltziele sind:

- Klimaschutz,
- Anpassung an den Klimawandel,
- Nachhaltige Nutzung und Schutz von Wasser- und Meeresressourcen,
- Übergang zu einer Kreislaufwirtschaft,
- Vermeidung und Verminderung der Umweltverschmutzung,
- Schutz und Wiederherstellung der Biodiversität und der Ökosysteme.

Die Mindestinhalte der nichtfinanziellen Erklärung umfassen nach § 289c HGB

- Eine Beschreibung des Geschäftsmodells und
- Angaben zu fünf nichtfinanziellen Aspekten, nämlich
  - Umweltbelange
  - Arbeitnehmerbelange
  - Sozialbelange
  - Achtung der Menschenrechte
  - Bekämpfung von Korruption und Bestechung

Abb. 61: Die Mindestinhalte der nichtfinanziellen Erklärung nach § 289 HGB

Inwieweit eine Wirtschaftsaktivität einen wesentlichen Beitrag zur Erreichung der Umweltziele leistet, wird anhand technischer Prüfkriterien zu beurteilen sein. Die Prüfkriterien sollen primär quantitativ bestimmbare Messgrößen sein und alle relevanten Aktivitäten in einem Sektor erfassen. Für die ersten beiden Umweltziele Klimaschutz und Anpassung an den Klimawandel wurde bereits ein delegierter Rechtsakt veröffentlicht. Die delegierten Rechtsakte für die anderen vier Umweltziele werden demnächst folgen.

Unternehmen können nach § 289d Satz 1 HGB bei der Erstellung der nichtfinanziellen Erklärung nationale, europäische oder internationale Rahmenwerke zur Nachhaltigkeits- und Unternehmensberichterstattung verwenden. § 289d Satz 2 HGB verlangt dabei die Angabe des genutzten Rahmenwerkes in der nichtfinanziellen Erklärung oder, falls kein Rahmenwerk zugrunde gelegt wurde, eine Begründung hierfür (Apply or Explain) (siehe hierzu Fink/Kajüter (2021), S. 331–364).

4 DCGK 2022

»Der Kodex richtet sich an börsennotierte Gesellschaften und Gesellschaften mit Kapitalmarktzugang im Sinne des § 161 Absatz 1 Satz 2 des Aktiengesetzes. Nicht kapitalmarktorientierten Gesellschaften mögen die Empfehlungen und Anregungen des Kodex zur Orientierung dienen.« (Vgl. Präambel des DCGK 2022)

Dies vorausgeschickt, anbei einige Informationen zum Kodex:

1. Der DCGK ist für viele Unternehmen der »faktische Ordnungsrahmen« für den Aufsichtsrat und Vorstand.
2. Auch wenn zahlreiche Unternehmen streng genommen nicht unter den Anwenderkreis fallen, orientieren sie sich oftmals freiwillig am Kodex.
3. Er enthält:
   a) Grundsätze: Wiedergabe wesentlicher rechtlicher Vorgaben
   b) Empfehlungen: Abweichungen mit Begründung möglich (»soll«)
   c) Anregungen: Abweichungen ohne Begründung möglich (»sollte«)
4. Die neue Fassung des DCGK (2022) wurde am 27. Juni gleichen Jahres im Bundesanzeiger veröffentlicht.

Im Fokus der jüngsten Kodexänderungen standen:

- neue Empfehlungen zum Zusammenspiel des Prüfungsausschusses mit dem Abschlussprüfer (siehe Kapitel 2),
- Berücksichtigung sozialer und ökologischer Nachhaltigkeit (siehe Kapitel 9),
- Steuerungs- und Kontrollsysteme (siehe Kapitel 4).

Nachhaltigkeit 2022 erstreckt sich als das »große/neue Thema« im DCGK über alle Facetten des unternehmerischen Betätigungsspektrums – von der Strategie- und Zielsetzung über das Planungswesen bis hin zu den operativen Steuerungs- und Kontrollsystemen. Konkret enthält der DCGK 2022 zur Nachhaltigkeit folgende Aussagen:

- Mit den Systemen (IKS, RMS) sind auch nachhaltigkeitsbezogene Ziele abzudecken.
- Im Lagebericht sollen die wesentlichen Merkmale des Internen Kontroll- und Risikomanagement-Systems umfassend beschrieben werden. Die gesetzlich erforderlichen Angaben beschränken sich nämlich bislang insbesondere auf rechnungslegungsbezogene Belange.
- Der Kodex stellt klar, dass die Überwachung und Beratung des Vorstands durch den Aufsichtsrat auch Nachhaltigkeitsfragen einbezieht. Dies betrifft auch den Prüfungsausschuss im Rahmen seiner Überwachung der Wirksamkeit der Steuerungs- und Kontrollsysteme.
- Das Kompetenzprofil des Aufsichtsrats soll Expertise zu den bedeutsamen **Nachhaltigkeitsfragen** umfassen.
- Der Stand der Umsetzung soll in Form einer **Qualifikationsmatrix** offengelegt werden.

Die neuen Inhalte des DCGK 2022 fließen – wie oben durch die Verweise verdeutlicht – in die jeweiligen Kapitel ein.

5 Quellen, weiterführende Literatur

Dörrwächter, J. (2022): Corporate Governance in Deutschland, Düsseldorf 2022.

Ernst C./Seidler H. (2009): Gesetz zur Modernisierung des Bilanzrechts nach Verabschiedung durch den Bundestag, in: Betriebs-Berater (BB) 2009, S. 766–771.

Fink C./Kajüter P. (2021): Lageberichterstattung, 2. Aufl., Stuttgart 2021.

Heyd R./Beyer M. (Hrsg.) (2016): Corporate Governance in der Finanzwirtschaft – Aktuelle Herausforderungen und Haftungsrisiken, Berlin 2016.

Heyd R./Beyer M. (Hrsg.) (2013): Rechnungslegungs- und Corporate Governance-Regelungen vor dem Hintergrund der Transaktionskostentheorie, in: Heyd/Beyer (Hrsg.), Die Transaktionskostentheorie in der Finanzwirtschaft – Analysen und Anwendungsmöglichkeiten in der Praxis, Berlin 2013.

Heyd R./Beyer M. (2011): Bedeutung des Corporate Governance Reportings nach neuem deutschen Recht, in: Heyd R., Beyer M. (Hrsg.), Die Prinzipal-Agenten-Theorie in der Finanzwirtschaft – Analysen und Anwendungsmöglichkeiten in der Praxis, Berlin 2011, S. 171–199.

Heyd R./Beyer M. (2010): Bedeutung des Corporate Governance Reportings nach § 289a HGB als Publizitätsinstrument – Wesentliche Neuerungen und deren Auswirkungen auf die bestehenden Informationsasymmetrien, in: Zeitschrift für Planung 2010, S. 373–392.

Koch, C. (2022): Corporate Governance case by case (Betriebs-Berater Studium – BWL case by case), Frankfurt a. M. 2022.

PwC 2022: Briefing zum Deutschen Corporate Governance Kodex 2022.

Withus, K.-H. (2009): Zur Umsetzung der HGB-Modernisierung durch das BilMoG: Wirksamkeitsüberwachung interner Kontroll- und Risikomanagementsysteme durch Aufsichtsorgane kapitalmarktorientierter Gesellschaften, in: Schruff/Melcher: Umsetzung der HGB-Modernisierung, Sonderbeilage 5/2009 zu Der Betrieb (DB) Heft 23/2009, S. 82–90.

Witt, P. (2001): Corporate Governance, in: Jost, P.-J. (Hrsg.), Die Prinzipal-Agenten-Theorie in der Betriebswirtschaftslehre, Stuttgart 2001, S. 85–115.

Zehnder, M. (2008): Lehren aus dem Prinzipal-Agenten-Ansatz – Reduktion der Informationslücke zwischen Verwaltungsrat und Geschäftsleitung, in: Der Schweizer Treuhänder 2008, S. 53–55.

Kapitel 4: Internes Kontrollsystem und Risikomanagement

1 Einführung

Den aktuellen Entwicklungen und erwarteten Veröffentlichungen geschuldet, basieren die folgenden Ausführungen im Wesentlichen auf den IDW-Prüfungsstandards:

- IDW PS 980 Grundsätze ordnungsmäßiger Prüfung von Compliance Management Systemen,
- IDW PS 981 Grundsätze ordnungsmäßiger Prüfung von Risikomanagementsystemen,
- IDW PS 982 Grundsätze ordnungsmäßiger Prüfung des internen Kontrollsystems des internen und externen Berichtswesens,
- IDW PS 983 Grundsätze ordnungsmäßiger Prüfung von Internen Revisionssystemen.

Bevor auf die beiden Themengebiete »internes Kontrollsystem« und »Risikomanagement« eingegangen wird, soll deren Beziehung zueinander und ihre Funktion in der Organisation kurz erläutert werden. Exemplarisch kann dafür das in Abbildung 47 dargestellte Modell »Three Lines of Defence« herangezogen werden. Gem. IDW PS 983, welcher sich mit der Prüfung von Revisionssystemen beschäftigt, beschreibt das Modell die möglichen Verteidigungslinien in einem Unternehmen innerhalb des Corporate-Governance-Systems (siehe Tz. 10). In der ersten Verteidigungslinie sind die Kontrollaktivitäten der operativen Prozesse enthalten. Die zweite Verteidigungslinie überwacht die Kontrollaktivitäten der ersten Verteidigungslinie und stellt einen wesentlichen Bestandteil des Risiko- und Compliance-Managements des Unternehmens dar. Die dritte Verteidigungslinie ist eine unabhängige Instanz, die weder in die operativen Prozesse des Unternehmens noch in die Steuerungs- und Kontrollaktivitäten der zweiten Verteidigungslinie eingebunden ist. Sie wird regelmäßig durch die Interne Revision wahrgenommen.

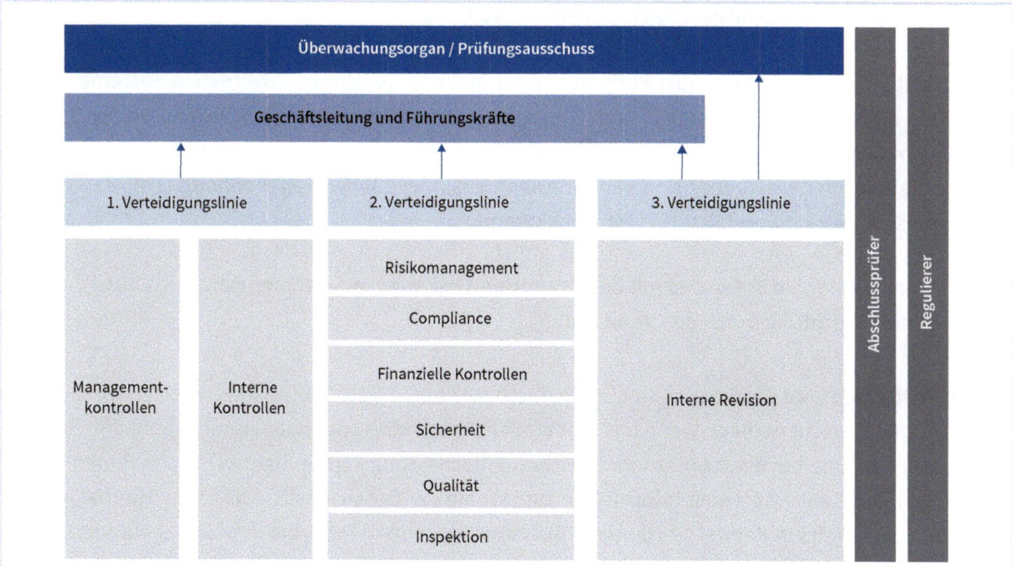

Abb. 62: Überwachungsorgan/Prüfungsausschuss (Quellen: ECIIA/FERMA (2010), Article 41, S. 9; und IIA Position Paper (2013), S. 2)

IDW PS 982 ist der Prüfung des Internen Kontrollsystems gewidmet. In Tz. 2 wird angeführt, dass § 107 Abs. 3 Satz 2 AktG vorsieht, dass der Aufsichtsrat aus seiner Mitte einen Prüfungsausschuss bestellen kann, der sich neben der Überwachung der Abschlussprüfung mit

- der Überwachung des Rechnungslegungsprozesses,
- der Wirksamkeit,
  - des Internen Kontrollsystems,
  - des Risikomanagementsystems und
  - des Internen Revisionssystems (einschließlich Compliance Management Systems)

befasst (vgl. IDW PS 982, Tz. 2).

> Dem Aufsichtsrat kommt im Modell »Three Lines of Defence« eine besondere Bedeutung zu.

In der Gesetzesbegründung zum BilMoG wird ergänzend ausgeführt, dass die in § 107 Abs. 3 Satz 2 AktG – der zunächst lediglich die innere Ordnung des Aufsichtsrats betrifft – genannten Bereiche als eine Konkretisierung der allgemeinen Überwachungsaufgabe des Aufsichtsrats aus § 111 Abs. 1 AktG anzusehen sind (vgl. Tz. A1). Zudem wird in der Gesetzesbegründung klargestellt, dass der Aufsichtsrat die genannten Aufgaben selbst wahrzunehmen hat, wenn er keinen Prüfungsausschuss einrichtet.

Die Verbindung zur Compliance ergibt sich wie folgt: Die Überwachungsaufgaben des Aufsichtsrats umfassen auch und insbesondere die Maßnahmen des Vorstands, die sich auf die Begrenzung der Risiken aus möglichen Verstößen gegen gesetzliche Vorschriften und interne Richtlinien (Compliance) beziehen. Dem trägt Grundsatz 16 DCGK 2022 Rechnung, der zu den Aufgaben des Prüfungsausschusses ausführt, dass sich der Prüfungsausschuss – falls kein anderer Ausschuss damit betraut ist – auch mit der Compliance des Unternehmens befassen soll (vgl. IDW PS 982 Tz. 3).

Aufsichtsrat und Prüfungsausschuss können sich nur mit den Corporate-Governance-Systemen befassen, sofern diese Systeme vorhanden sind. Einrichtung, Ausgestaltung und Überwachung der Systeme sind eine im Organisationsermessen des Vorstands stehende unternehmerische Entscheidung, durch die der Vorstand vor dem Hintergrund der unternehmensindividuellen Gegebenheiten seinen allgemeinen Organisations- und Sorgfaltspflichten nachkommt.

> Grundlage für die Befassung mit den Corporate-Governance-Systemen durch den Aufsichtsrat ist die Einrichtung durch den Vorstand.

Gem. IDW 982 Tz. 5 wird der Sorgfaltsmaßstab durch § 93 Abs. 1 Satz 2 AktG konkretisiert, wonach eine Pflichtverletzung nicht vorliegt, wenn das Vorstandsmitglied oder adäquat der Aufsichtsrat im Rahmen seiner Überwachung bei einer unternehmerischen Entscheidung vernünftigerweise annehmen durfte, auf der Grundlage angemessener Information zum Wohle der Gesellschaft zu handeln. Hierbei handelt es sich um die bereits in Kapitel 1 erläuterte Business Judgement Rule, die den Entscheidungsträgern einen Ermessensspielraum bei ihren unternehmerischen Entscheidungen belässt. Schließlich ist zu berücksichtigen, dass Entscheidungen in der Regel unter Unsicherheit getroffen werden und ein unternehmerisches Wagnis besteht.

Die durch den Aufsichtsrat bzw. den Prüfungsausschuss zu überwachenden Corporate-Governance-Systeme wie

- Internes Kontrollsystem (IKS),
- Risikomanagementsystem (RMS),
- Internes Revisionssystem (IRS) und
- Compliance-Management-System (CMS)

sind weder im Gesetz noch in der Literatur eindeutig definiert (vgl. IDW PS 982 Tz. 6). Zur Systematik des Zusammenspiels dieser Corporate-Governance-Systeme lehnt sich der IDW PS 982 daher an das COSO-Rahmenwerk zum unternehmensweiten Risikomanagement an (vgl. IDW PS 982 Tz. 30 ff.).

Auch wenn die Überwachungsfunktion höchstpersönlich von den Aufsichtsrats- bzw. Prüfungsausschussmitgliedern wahrzunehmen ist und nicht an Dritte delegiert werden kann, kann es für den Aufsichtsrat von Interesse sein, externe Expertise (Anwälte, Wirtschaftsprüfer etc.) bei der Ausgestaltung, Implementierung, Weiterentwicklung und Prüfung hinzuzuziehen und so seine Bewertungen und Maßnahmen auf eine breitere Basis stützen.

Aus der Abbildung 63 ist ersichtlich, dass es bei den Governance-Systemen weit über fachliche Steuerungen und Kontrollen hinausgeht. Das Interne Kontrollsystem zielt z.B. neben der Informationsfunktion auf die Beeinflussung des Verhaltens ab.

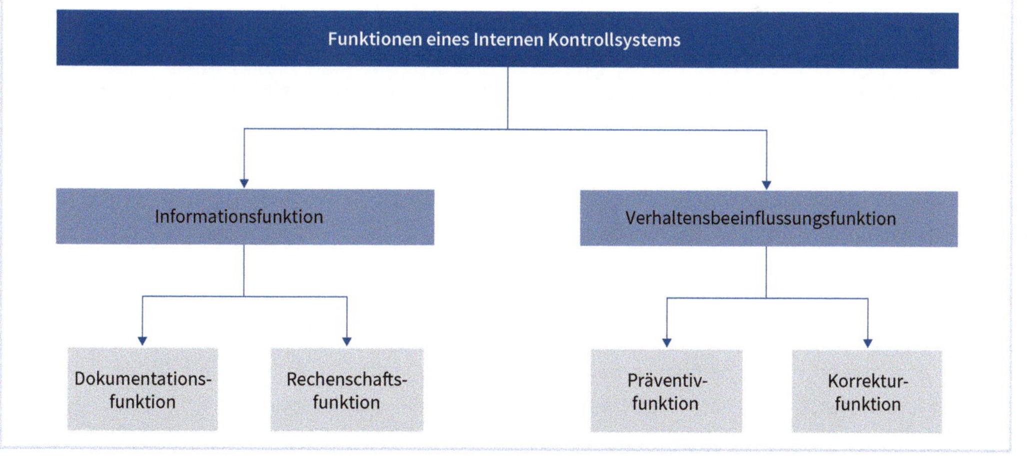

Abb. 63: Funktionen eines Internen Kontrollsystems

Das Modell der drei Verteidigungslinien kann nun um die Stellung des Aufsichtsrats ergänzt werden (vgl. Gleißner/Theisen (2016), S. 86).

Ausgangspunkt der Überlegung ist die Tatsache, dass sich die Entscheidungen des Vorstands in dem vom Aufsichtsrat definierten Rahmen bewegen. Weiterhin wirkt der Aufsichtsrat bei wichtigen Entscheidungen mit und kann über Zustimmungsvorbehalte ebenfalls Einfluss nehmen. Dadurch kann man den Aufsichtsrat als (Mit-)Verantwortlichen für unternehmerische Entscheidungen ansehen.

> Die Entscheidungen des Vorstands bewegen sich in dem vom Aufsichtsrat gesteckten Rahmen.

Als Konsequenz daraus ist er auch verantwortlich für den Umgang mit Risiken, die ein Unternehmen eingeht und für die Risikopolitik, in der Grenzen für Umfang und Art der akzeptierten Risiken eindeutig formuliert und kommuniziert sind. Wichtige Aussagen und Bestandteile der Risikopolitik sind z. B. welches zukünftige Rating erreicht werden soll und welche Stressszenarien eingerichtet und eingehalten werden sollen.

Im Rahmen seiner Sorgfaltspflicht muss der Aufsichtsrat außerdem prüfen und sicherstellen, dass eine umfassende und transparente Risikoanalyse Grundlage für wesentliche Entscheidungen ist. Wichtig ist dabei, dass die Arbeitsweise eines »traditionellen« Risikomanagements, das im Wesentlichen vorhandene Risiken überwacht und mittels Regelreporting Risikoberichte bereitstellt, oftmals nicht ausreichend ist.

Ergänzend sollte der Aufsichtsrat die ökonomische Leistungsfähigkeit des Risikomanagements regelmäßig prüfen und – wie es zum Beispiel bei Banken Standard ist – mithilfe einer qualitativen Risikobewertung eine Art Risikotragfähigkeitsberechnung in Erwägung ziehen.

Schließlich darf nicht vergessen werden, dass der Aufsichtsrat Entscheidungen größtenteils unter Unsicherheit trifft und damit das Risiko besteht, dass gewünschte bzw. erwartete Zustände nicht eintreten.

Ungeachtet dessen empfiehlt sich die Etablierung eines »Qualitätssicherungssystems für Entscheidungsvorlagen«, welches durch Mindestanforderungen gewährleistet, dass ausreichend Informationen für eine angemessene Entscheidungsgrundlage zur Verfügung stehen. Als Beispiele können zugrunde liegende Annahmen, Chancen und Gefahren (Risiken) sowie die Implikationen der Entscheidung für den Eigenkapitalbedarf und das Rating angeführt werden.

Durch diese umfangreichen Einfluss- und Interventionsmöglichkeiten auf die wesentlichen Entscheidungen im Unternehmen, auf die Risikopolitik etc. kann man den Aufsichtsrat als »The Last Line of Defense« bei der Absicherung des Unternehmens bezeichnen (vgl. Gleißner/Theisen (2016), S. 86).

Abb. 64: Qualitätsstufen der Dokumentation

2 Internes Kontrollsystem

Durch das BilMoG wurden Überwachungsaufgaben des Aufsichtsrats konkretisiert und erweitert. So besteht neben der Überwachung der Wirksamkeit nun auch die Pflicht zu prüfen, ob Ergänzungen oder Verbesserungen dieser Systeme erforderlich sind. Im Falle eines eingerichteten Prüfungsausschusses wird diesem üblicherweise diese Aufgabe zugewiesen.

Eine besondere Herausforderung stellt in der Praxis häufig die angesprochene Überwachung der Wirksamkeit der prozessintegrierten Kontrollen, d. h. derjenigen Kontrollen, die im operativen Geschäft implementiert sind, dar. Hier ist eine zuverlässige Beurteilung durch den Aufsichtsrat oftmals erschwert. Kontrollvorgaben sind im Regelwerk, Organisationshandbuch o. Ä. üblicherweise zwar niedergelegt und werden idealerweise auch angemessen durchgeführt und dokumentiert. Allerdings ist es häufig schwer möglich, die Kontrollen und Kontrollergebnisse mit vertretbarem Aufwand zusammenzuführen, etwa für ein entsprechendes Reporting oder ein Kontroll-Cockpit (vgl. App (2010), S. 143). In der Praxis gewinnt die Auffassung zunehmend an Bedeutung, dass ein entsprechendes Informationsmedium aufzubauen ist, damit der Prüfungsausschuss/Aufsichtsrat diesen Überwachungsaufgaben gerecht werden kann. Es ist für dieses Medium dann Folgendes zu bestimmen:

- der Empfängerkreis,
- der Berichtsrhythmus,
- der Inhalt,
- die Art der Dokumentation durch den Prüfungsausschuss zur Überwachung der Wirksamkeit.

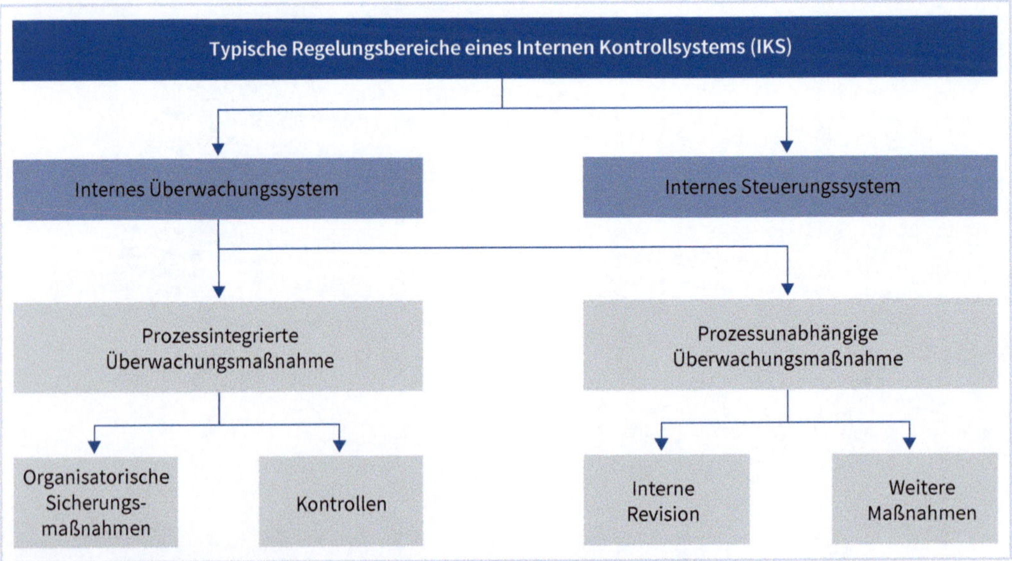

Abb. 65: Typische Regelungsbereiche eines Internen Kontrollsystems (IKS)

Illustriert am Beispiel des Rechnungslegungsprozesses könnte dies derart ausgestaltet sein (vgl. App (2010), S. 144): Im ersten Schritt wäre sicherzustellen, dass relevante rechnungslegungsbezogene Kontrollen konkret identifiziert und an zentraler Stelle transparent sind. Bereits dies ist bei zahlreichen Banken und anderen Unternehmen vielfach nicht angemessen umgesetzt. Entlang der für diesen Zweck ebenfalls zu bestimmenden wesentlichen rechnungslegungsbezogenen Prozesse sind notwendigerweise die wesentlichen Kontrollen bzw. Kontrollpunkte zu ermitteln.

> Durch das BilMoG wurden Überwachungsaufgaben des Aufsichtsrats konkretisiert und erweitert.

Im zweiten Schritt ist die Grundlage für eine belastbare Aussage über das Ausmaß der Effektivität der Kontrollen zu schaffen. Dies kann dadurch erreicht werden, dass die jeweiligen Kontrollverantwortlichen in bestimmten Abständen entsprechende Erklärungen und Nachweise abgeben.

In der praktischen Umsetzung werden zur systematischen Erfassung der Prozesse, der Kontrollen, der Beurteilungen der Kontrollen und des darauf basierenden Reportings in der Regel IT-gestützte Anwendungen in Form von individuell konzipierten Kontroll-Datenbanken oder entsprechende am Markt angebotener Standardsoftware eingesetzt. Die Informationen sind dadurch an zentraler Stelle zusammengeführt und im besten Fall revisionssicher und nachvollziehbar dokumentiert. Hier können die relevanten Prozesse, Kontrollen und der jeweilige Kontrollstatus im Idealfall permanent, zumindest aber zu definierten Zeitpunkten, transparent dargestellt, ausgewertet und berichtet werden.

> Es empfiehlt sich die Etablierung eines »Qualitätssicherungssystems für Entscheidungsvorlagen«, das durch Mindestanforderungen gewährleistet, dass angemessene Entscheidungen getroffen werden können.

Nach dem IDW PS 982 weist ein Internes Kontrollsystem i. S. dieses IDW Prüfungsstandards die nachfolgenden untereinander in Wechselwirkung stehenden Grundelemente auf. Bei der Konzeption des Internen Kontrollsystems sind eben diese Wechselwirkungen zu berücksichtigen. Die Ausgestaltung des Internen Kontrollsystems hängt insbesondere von den festgelegten Zielen des Internen Kontrollsystems sowie von dem Gegenstand der Unternehmensberichterstattung, der Art, dem Umfang und der Komplexität der Geschäftstätigkeit des Unternehmens ab.

Die folgenden Ausführungen zu den Grundelementen sind wesentliche Bestandteile des IDW EPS 982 Tz. 30:

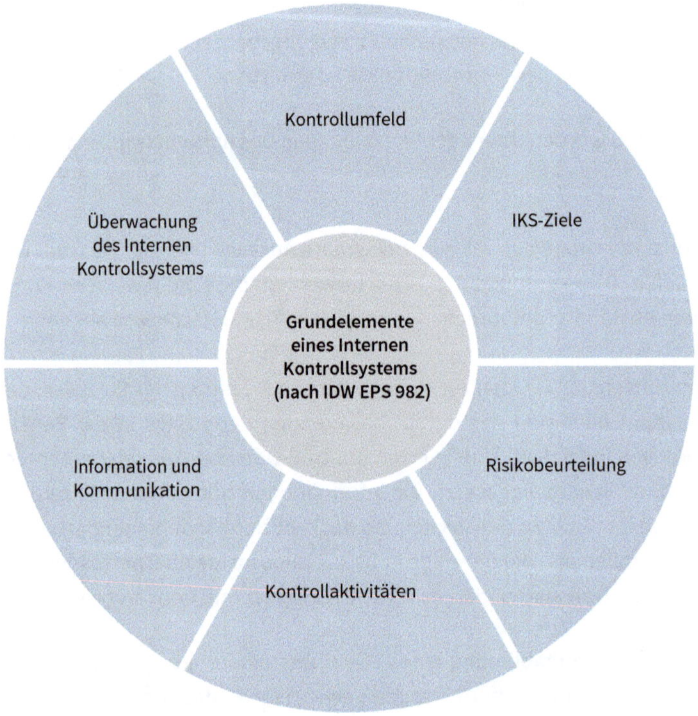

Abb. 66: Grundelemente eines Internen Kontrollsystems (nach IDW EPS 982)

Kontrollumfeld

Das Kontrollumfeld stellt den Rahmen dar, innerhalb dessen die Regelungen eingeführt und angewendet werden. Es ist geprägt durch die Grundeinstellungen, das Problembewusstsein und die Verhaltensweisen sowie durch die Rolle des Aufsichtsorgans (»tone at the top«) in Bezug auf das Interne Kontrollsystem. Durch die Aufbau- und Ablauforganisation sind die Verantwortlichkeiten im Unternehmen klar geregelt und abgegrenzt. Die wesentlichen Regelungen zur Aufbau- und Ablauforganisation sind dokumentiert und verbindlich vorgegeben.

IKS-Ziele

Die gesetzlichen Vertreter legen auf der Grundlage der allgemeinen Unternehmensziele fest, welche entscheidungsrelevanten Informationen für die Unternehmensführung bzw. Rechenschaftslegung zu welchen Zeitpunkten, in welcher Form, von welchen Personen (interne oder externe Adressaten) benötigt werden. Aus diesen Informationsbedürfnissen und den daraus abgeleiteten Anforderungen an die Unternehmensberichterstattung leiten sich die Ziele ab, die mit dem internen Kontrollsystem verfolgt werden.

Risikobeurteilung

Unternehmen sind einer Vielzahl von Risiken ausgesetzt, die den Ablauf der Prozesse zur Erstellung der Unternehmensberichterstattung sowie die Erreichung der IKS-Ziele gefährden können. Diese Risiken können sich z.B. aus fehlerhaften internen Prozessen, fehlerhaften Systemen, personell bedingten Fehlern sowie externen Ereignissen ergeben. Durch Risikobeurteilungen werden solche Risiken erkannt und bewertet. Sorgfältige Risikobeurteilungen sind die Grundlage für die Entscheidungen über den Umgang mit diesen Risiken.

Kontrollaktivitäten

Die Kontrollaktivitäten beinhalten Steuerungs- und Kontrollmaßnahmen, die den identifizierten und bewerteten Risiken begegnen und somit sicherstellen sollen, dass die IKS-Ziele erreicht werden. Steuerungs- und Kontrollmaßnahmen betreffen alle Unternehmensebenen und Prozessstufen.

Information und Kommunikation

Information und Kommunikation gewährleisten einen angemessenen Informationsfluss im Internen Kontrollsystem. Dazu zählt, dass die erforderlichen Informationen in geeigneter und zeitgerechter Form eingeholt, aufbereitet und an die zuständigen Stellen im Unternehmen weitergeleitet werden. Dies umfasst auch die für die Risikobeurteilungen notwendigen Informationen sowie die Information der Mitarbeiter über Aufgaben und Verantwortlichkeiten im Internen Kontrollsystem. Neben der mündlichen Kommunikation können bspw. Organisationshandbücher und Richtlinien für die interne und externe Unternehmensberichterstattung sowie Schulungen in Betracht kommen.

Überwachung des Internen Kontrollsystems

> Bei der Konzeption des Internen Kontrollsystems sind die Wechselwirkungen der Grundelemente zu berücksichtigen.

Unter Überwachung des Internen Kontrollsystems ist die objektive Beurteilung der Wirksamkeit des Internen Kontrollsystems durch Mitarbeiter des Unternehmens zu verstehen. Dabei ist zu beurteilen, ob das interne Kontrollsystem sowohl angemessen konzipiert ist als auch kontinuierlich funktioniert. Überwachungsmaßnahmen beinhalten prozessunabhängige Überwachungsmaßnahmen, die vor allem durch die Interne Revision durchgeführt werden, sowie prozessintegrierte Überwachungsmaßnahmen. Voraussetzung für die Überwachung ist eine angemessene Dokumentation des Internen Kontrollsystems. Die Ergebnisse der Überwachungsmaßnahmen (insb. festgestellte Mängel im Internen Kontrollsystem) werden in geeigneter Form berichtet und ausgewertet, damit die erforderlichen Maßnahmen zur Verbesserung des Systems und zur Beseitigung von Mängeln ergriffen werden können.

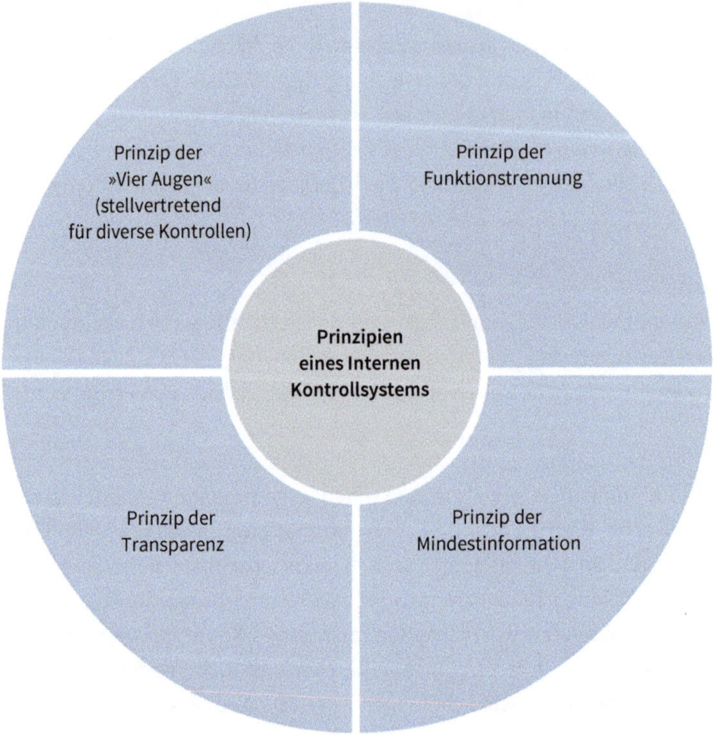

Abb. 67: Prinzipien eines Internen Kontrollsystems

Die Beschreibung des IKS hat gem. IDW PS 982 Tz. 32 folgende Grundelemente zu erfassen:

- Darstellung der bei der Ausgestaltung des internen Kontrollsystems angewandten IKS-Grundsätze. Die angewandten IKS-Grundsätze sind in der IKS-Beschreibung entweder durch Verweis auf allgemein zugängliche IKS-Grundsätze oder durch Aufzählung der einzelnen IKS-Grundsätze darzustellen.
- Explizite Nennung der Unternehmensberichterstattungen, auf die sich die IKS-Beschreibung bezieht (vgl. Tz. A22 des IDW PS 982).
- Beschreibung des Kontrollumfelds einschließlich
  - der Grundeinstellung der gesetzlichen Vertreter und der Rolle des Aufsichtsorgans in Bezug auf das interne Kontrollsystem,
  - der vorgegebenen Verhaltensgrundsätze im Unternehmen,
  - der Aufbau- und Ablauforganisation; dies umfasst den Prozess zur Erstellung der Unternehmensberichterstattung, die Rollen und Verantwortlichkeiten, auch innerhalb von Konzernstrukturen sowie Aussagen zur Nutzung interner und externer Dienstleistungsstrukturen. Die Prozessbeschreibung hat die Lokalisierung der Regelungen im Prozess zu ermöglichen. Handelt es sich um Unternehmensberichterstattungen mit Bezug zur Rechnungslegung sind auch die Grundzüge der Organisation des externen bzw. internen Rechnungswesens zu beschreiben (vgl. Tz. A23);
  - der für die Unternehmensberichterstattung relevanten IT-Systeme und deren Einordnung in den Prozessablauf (vgl. Tz. A24);

- Beschreibung der IKS-Ziele;
- Beschreibung des Prozesses der Risikobeurteilungen (vgl. Tz. A25);
- Beschreibung der Kontrollaktivitäten unter Verweis auf auch außerhalb der IKS- Beschreibung dokumentierte sog. Risiko-Kontroll-Matrizen, die folgende Bestandteile enthalten:
  - Das konkrete Risiko, alternativ das Kontrollziel (vgl. Tz. A26),
  - Kontrollbeschreibung (Kontrolldurchführender, Kontrollaktivität, Automatisierungsgrad (vgl. Tz. A27),
  - Kontrollanlass oder Kontrollfrequenz,
  - Kontrollnachweis,
  - Umgang mit aufgedeckten Fehlern, deren Korrekturen und die erneute Kontrolle;
- Beschreibung der Information und Kommunikation (vgl. Tz. A28);
- Beschreibung einer ggf. vorhandenen Einheit im Unternehmen, die mit unterstützenden organisatorischen Tätigkeiten der Einrichtung und Aufrechterhaltung des internen Kontrollsystems befasst ist;
- Beschreibung der Verantwortlichkeiten, Prozesse und Maßnahmen zur Überwachung und Verbesserung des internen Kontrollsystems. Dies umfasst die Beschreibung der prozessunabhängigen und der prozessintegrierten Überwachungsmaßnahmen sowie die Vorgehensweise im Unternehmen zur Beseitigung von identifizierten Mängeln des Internen Kontrollsystems. Zu den prozessunabhängigen Überwachungsmaßnahmen zählen insb. Aussagen zur Ausgestaltung der Internen Revision oder ähnlicher unternehmensinterner Funktionen, soweit sie mit dem internen Kontrollsystem befasst sind.

> Eine besondere Herausforderung stellt in der Praxis häufig die angesprochene Überwachung der Wirksamkeit der prozessintegrierten Kontrollen dar.

Abb. 68: Ziele von Internen Kontrollsystemen

3 Risikomanagementsystem

Mit der Einführung des Gesetzes zur Kontrolle und Transparenz im Unternehmensbereich (KonTraG) im Jahr 1998 wurden Aktiengesellschaften, Gesellschaften mit beschränkter Haftung (GmbHs) und Kommanditgesellschaften auf Aktien (KGaAs) sowie diesen gleichgestellte Gesellschaftsformen wie GmbH & Co. KGs verpflichtet, ein Risikofrüherkennungssystem einzuführen (§ 91 Abs. 2 AktG). Börsennotierte Aktiengesellschaften müssen das System auch durch einen Abschlussprüfer prüfen lassen (§ 317 Abs. 4 HGB). Mit der angeführten »Früherkennung« sind Risiken gemeint, die das Bestands- und Insolvenzrisiko für eine Gesellschaft wesentlich erhöhen oder auslösen können.

Nicht einbezogen sind dagegen rein operative Geschäftsrisiken unterhalb der Wesentlichkeitsschwelle der Bestandsgefährdung. Nach dem im Jahr 2009 in Kraft getretenen Bilanzrechtsmodernisierungsgesetz (BilMoG) sind alle kapitalmarktorientierten Gesellschaften verpflichtet, die wesentlichen Merkmale des internen Kontroll- und Risikomanagementsystems im Hinblick auf den Rechnungslegungsprozess im Lagebericht zu beschreiben (§ 289 Abs. 4 HGB). Diese Verpflichtung setzt voraus, dass ein Risikomanagementsystem eingerichtet wurde und dieses überwacht wird.

> Aufsichtsräte sollten im Rahmen ihrer Sorgfaltspflicht die Weiterentwicklung des Risikomanagements regelmäßig beurteilen und ggf. einfordern.

Spätestens seit der weltweiten Finanzkrise ist deutlich geworden, dass die Unsicherheit für Unternehmen erheblich zu genommen hat. Und auch zukünftig ist davon auszugehen, dass Markt- und Wettbewerbszyklen sowie die politischen Rahmenbedingungen deutlichen Schwankungen unterliegen können. Hier zeigt sich, wenn Unternehmen frühzeitig Transparenz über ihre wesentlichen Risikotreiber und deren Auswirkungen schaffen und ihre Unternehmensstrategie entsprechend ausrichten. Doch die Frage, wie viel Risiko ein Unternehmen in Abhängigkeit von der Ertragskraft überhaupt tragen kann oder will, eine klare und transparente Beschreibung des Risikos im Sinne von Geschäftsvolatilität sowie die Berücksichtigung der dahinter liegenden Treiber werden oftmals nicht systematisch im Vorstand diskutiert. Wenn Aufsichtsräte dies auch in »ihrem« Unternehmen wahrnehmen, sollten sie im Rahmen ihrer Sorgfaltspflicht die Weiterentwicklung des Risikomanagements einfordern und den Vorstand zu entsprechenden Maßnahmen auffordern. Dabei sind unter anderem die folgenden Fragen durch den Aufsichtsrat aufzugreifen und gemeinsam mit dem Vorstand zu diskutieren (vgl. Degen/Ruhwedel (2011), S. 138):

- Wie viel Risiko ist im Unternehmen gewünscht und welches Risikoniveau ist für das Unternehmen akzeptabel?
- Welches Risikoniveau entspricht seinen Zielvorstellungen?
- Besteht ein einheitliches Verständnis über das gewünschte Risikoniveau innerhalb des Vorstands sowie zwischen Vorstand und Aufsichtsrat?
- Welchen Einfluss hat das unternehmerische Risikoprofil auf strategische Entscheidungen sowie auf das Unternehmensportfolio?

Eine explizite und ausdrückliche Regelung, wie das Risikomanagementsystem auszugestalten ist, hat der Gesetzgeber bewusst nicht erlassen. Allerdings ergibt sich aus der allgemeinen Sorgfaltspflicht einer »ordentlichen Geschäftsführung« eine faktische Verpflichtung, angemessene Maßnahmen des Risikomanagements im Unternehmen zu implementieren. Art und Umfang der einzurichtenden Maßnahmen hängen von der individuellen Risikosituation des jeweiligen Unternehmens und der Komplexität des Geschäfts ab. Die genaue Ausgestaltung liegt im Organisationsermessen des Vorstands bzw. der Geschäftsführung.

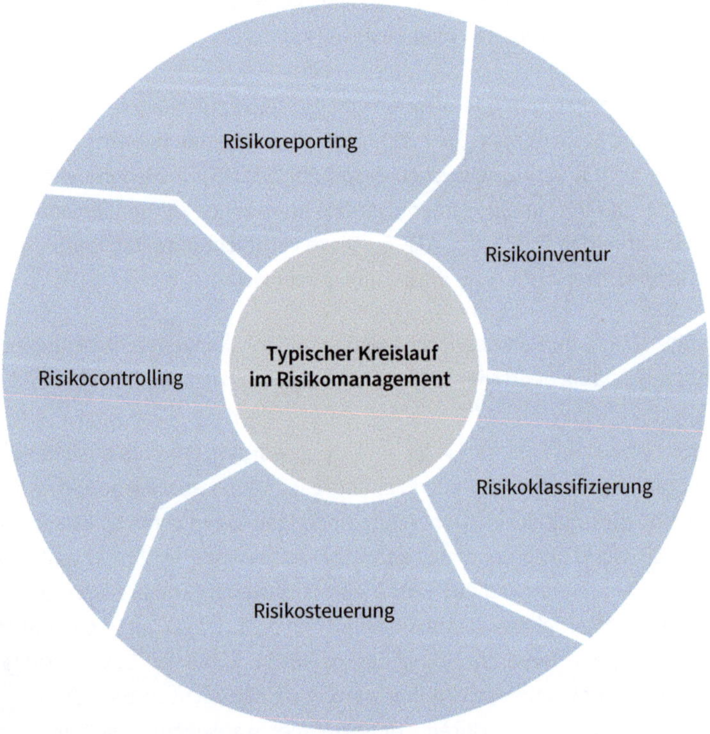

Abb. 69: Typischer Kreislauf im Risikomanagement

Dem Aufsichtsrat stehen diverse Stellhebel zur Verfügung, mit denen er die Einführung oder Weiterentwicklung eines geschäftsorientierten und angemessenen Risikomanagements im Unternehmen unterstützen kann.

Folgende beispielhaft genannte Aspekte sind zu diskutieren und zu bearbeiten (vgl. Degen/Ruhwedel (2011), S. 139):

- Ergänzung des Berichtswesens für den Aufsichtsrat um eine qualitative Dokumentation von Risiken und der dazugehörigen Risikotreiber pro Geschäft; hierfür müsste das Unternehmen die tatsächlichen und wesentlichen Volatilitätstreiber pro Geschäft einschließlich der Ursache-Wirkungs-Zusammenhänge im Detail analysieren und verstehen, was heute häufig noch nicht systematisch erfolgt;

- Etablierung eines Prozesses zur regelmäßigen Risikoerfassung und -beschreibung (qualitativ und/oder quantitativ);
- sowie Ergänzung des unternehmerischen Risikomanagementsystems um moderne, quantitative Risikomodelle durch den Vorstand; auch diese Informationen sind in die Aufsichtsratsvorlagen und -sitzungen einzubringen;
- Sicherstellung einer geeigneten Dokumentation von Risiken und der zugehörigen Prozesse.
- Berücksichtigung spezifischer, personenbezogener Risikoeinstellungen im Rahmen der Besetzung des Vorstands;
- Aufnahme entsprechender Anreizmechanismen in die Vergütung der Vorstandsmitglieder, die ein der Risikoeinstellung entsprechendes Verhalten honorieren.

> Dem Aufsichtsrat stehen diverse Stellhebel zur Verfügung, mit denen er die Einführung oder Weiterentwicklung eines geschäftsorientierten und angemessenen Risikomanagements im Unternehmen unterstützen kann.

Wie bei den Ausführungen zum internen Kontrollsystem gibt es auch bei dem Risikomanagementsystem formulierte Grundelemente im entsprechenden IDW-Standard – in diesem Fall der IDW PS 981 Tz. 31.

Abb. 70: Grundelemente eines Internen Risikomanagementsystems (nach IDW EPS 981)

Risikokultur

Die Risikokultur als Teil der Unternehmenskultur umfasst die grundsätzliche Einstellung und die Verhaltensweisen beim Umgang mit Risikosituationen. Sie beeinflusst maßgeblich das Risikobewusstsein im Unternehmen und bildet die Grundlage für ein wirksames RMS.

Ziele des RMS

Die unternehmenspolitischen Zielsetzungen und insb. die Unternehmensstrategie bilden die Ausgangsbasis für die Ableitung einer Risikostrategie und für ein systematisches Risikomanagement des Unternehmens.

> Die Ziele des RMS sind darauf ausgerichtet sicherzustellen, dass die Unternehmensziele entsprechend der Risikostrategie erreicht werden.

In der Risikostrategie wird festgelegt, in welchem Ausmaß, unter Berücksichtigung der Risikotragfähigkeit des Unternehmens, Risiken eingegangen werden sollen (Risikoappetit), ergänzt durch unternehmerische Vorgaben zum erwünschten Umgang mit Risiken in Form einer Risikopolitik. Die Ziele des RMS sind darauf ausgerichtet sicherzustellen, dass die Unternehmensziele entsprechend der Risikostrategie erreicht werden.

Organisation des RMS

Von entscheidender Bedeutung für das RMS sind eine transparente und eindeutige Aufbauorganisation sowie eine klar definierte Ablauforganisation. Verantwortungsbereiche und Rollen sind klar geregelt, abgegrenzt, kommuniziert und dokumentiert. Die Aufgabenträger erfüllen die erforderlichen persönlichen und fachlichen Voraussetzungen. Es stehen ausreichende Ressourcen für Risikomanagement-Maßnahmen zur Verfügung (insb. Personen, Technologie, Hilfsmittel). Die wesentlichen Regelungen zur Aufbau- und Ablauforganisation des Risikomanagements sind dokumentiert und verbindlich vorgegeben.

Risikoidentifikation

Die Risikoidentifikation umfasst die regelmäßige, systematische Analyse von internen und externen Entwicklungen und Ereignissen, die zu negativen oder positiven Abweichungen von den festgelegten Zielen des RMS führen können.

Risikobewertung

Risiken werden systematisch beurteilt, typischerweise im Hinblick auf Eintrittswahrscheinlichkeit und mögliche Auswirkungen. Bewertungsverfahren und -kriterien sind (auch für nicht quantifizierbare Risiken) eindeutig definiert. Dies umfasst die Verwendung einer Bewertungssystematik, die es erlaubt, die Bedeutung und den Wirkungsgrad von Risikosteuerungsmaßnahmen einzuschätzen. Die einzelnen Risikobewertungen werden systematisch aggregiert. Risikointerdependenzen werden analysiert und berücksichtigt.

Risikosteuerung

Auf der Grundlage der identifizierten und bewerteten Risiken trifft die Unternehmensleitung Entscheidungen über Maßnahmen zur Risikosteuerung (Risikovermeidung, Risikoreduktion, Risikoteilung bzw. -transfer sowie Risikoakzeptanz). Als Bezugsrahmen dienen die festgelegten Ziele des RMS.

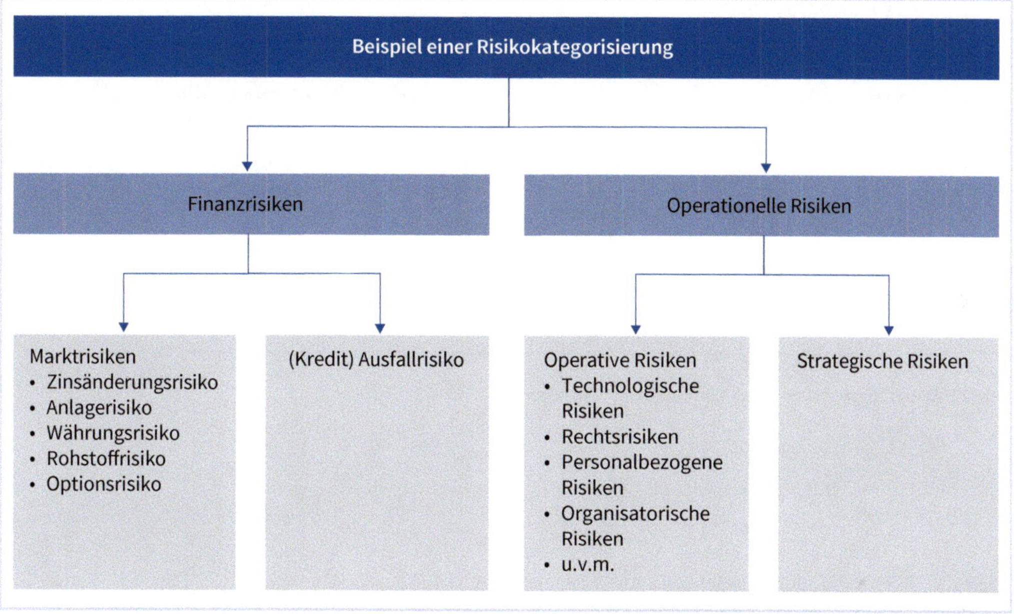

Abb. 71: Beispiel einer Risikokategorisierung

Risikokommunikation

Die Risikokommunikation gewährleistet einen angemessenen Informationsfluss im RMS. Dies umfasst einen standardisierten Prozess auf der Basis konkreter Zuständigkeiten, Periodizitäten, Schwellenwerte und Berichtsformate. Für eilbedürftige Risikomeldungen ist ein separater Berichtsprozess etabliert, der eine zeitnahe Übermittlung der relevanten Informationen sicherstellt. Für die Risikobeurteilung werden die entscheidungsrelevanten Informationen gesammelt, auf ihre Zuverlässigkeit überprüft und aktualisiert.

Überwachung und Verbesserung des RMS

Die Angemessenheit und Wirksamkeit des RMS werden durch prozessintegrierte und prozessunabhängige Kontrollen überwacht. Voraussetzung für die Überwachung ist eine angemessene Dokumentation des RMS. Die Ergebnisse der Überwachungsmaßnahmen (insbesondere festgestellte Mängel im RMS) werden in geeigneter Form berichtet und ausgewertet, damit die erforderlichen Maßnahmen zur Verbesserung des Systems und zur Beseitigung von Mängeln ergriffen werden können.

> Die Angemessenheit und Wirksamkeit des RMS werden durch prozessintegrierte und prozessunabhängige Kontrollen überwacht.

Abb. 72: Steuerungskreislauf eines Risikomanagementsystems

4 StaRUG und FISG

Durch das StaRUG: Unternehmensstabilisierungs- und -restrukturierungsgesetz und das FISG Finanzmarktintegritätsstärkungsgesetz werden die Anforderungen an das Risikomanagement deutscher AGs präzisiert und erweitert. Während bisher vom Vorstand lediglich gefordert wurde, geeignete Maßnahmen zu treffen, insbesondere ein Überwachungssystem einzurichten, damit den Fortbestand der Gesellschaft gefährdende Entwicklungen früh erkannt werden, (Risikofrüherkennungssystem § 91 Abs. 2 AktG), wird jetzt ein Risikomanagement und eine Risikosteuerung gefordert (§ 91 Abs. 3 AktG). Mit dem StaRUG, das am 1.1.2021 in Kraft getreten ist, wurde eine Verpflichtung der Geschäftsleitung von AGs und GmbHs festgelegt, bei Bedarf geeignete Maßnahmen zur Bestandssicherung durchzuführen. Dies stellt den Aufsichtsrat, insbesondere den Prüfungsausschuss vor erhebliche Herausforderungen.

FISG: Internes Kontrollsystem und Risikomanagementsystem	
§ 91 Abs. 2 AktG	▪ Überwachungssystem, damit bestandsgefährdende Entwicklungen früh erkannt werden. ▪ Nach h.M. im Gesellschaftsrecht kein umfassendes Risikomanagementsystem zur Pflichterfüllung erforderlich ▪ Spezialgesetzliche Regelungen können höhere Anforderungen vorsehen
Grundsatz 4 DCGK	▪ Für verantwortungsvollen Umgang mit Risiken bedarf es eines geeigneten und wirksamen internen Kontroll- und Risikomanagementsystems
§ 91 Abs. 3 AktG	▪ Vorstand einer börsennotierten Gesellschaft hat ein angemessenes und wirksames IKS und RMS einzurichten ▪ Gemeint ist Implementierung eines umfassenden IKS und RMS ▪ Ermessen besteht lediglich bezüglich des „Wie“ und nicht des „Ob“
Inkrafttreten/ Umsetzungsfrist	▪ 1. Juli 2021

Bisherige Rechtslage

Rechtslage nach Inkrafttreten der Regelungen des FISG

Abb. 73: FISG – Internationales Kontollsystem und Risikomanagementsystem

Empirische Studien haben ergeben, dass

- bestandsgefährdende Entwicklungen i. S. v. § 91 AktG infolge von Kombinationseffekten von Einzelrisiken mangels Risikoaggregation oft nicht erkannt werden, und dass
- Abschlussprüfer die Methoden des Risikomanagements oft nicht analysieren.

Mit dem am 1.7.2021 infolge des Wirecard-Skandals in Kraft getretenen FISG soll eine Stärkung der internen Kontroll- und Risikomanagementsysteme börsennotierter deutscher AGs gefordert und auch erreicht werden.

§ 1 StaRUG schreibt für die Krisenfrüherkennung und das Krisenmanagement bei haftungsbeschränkten Unternehmensträgern Folgendes vor:

(1) Die Mitglieder des zur Geschäftsführung berufenen Organs einer juristischen Person (Geschäftsleiter) wachen fortlaufend über Entwicklungen, welche den Fortbestand der juristischen Person gefährden können. Erkennen sie solche Entwicklungen, ergreifen sie geeignete Gegenmaßnahmen und erstatten den zur Überwachung der Geschäftsleitung berufenen Organen (Überwachungsorganen) unverzüglich Bericht.

Dies umfasst folgende Einzelelemente:

- die Einrichtung von Systemen zur Früherkennung bestandsgefährdenden Entwicklungen;
- das Aufzeigen durch Risikoanalysen, welcher Grad der Bestandsgefährdung sich aus den bestehenden Risiken und dem Risikodeckungspotenzial ergibt.
- Daraus folgt, dass bestandsgefährdende Entwicklungen sich meist aus Kombinationseffekten mehrerer Einzelrisiken ergeben und eine Risikoaggregation erforderlich machen.

Bestandsgefährdung stellt sich als Gefahr der Illiquidität (drohende Zahlungsunfähigkeit) dar und tritt in Erscheinung, wenn die Durchfinanzierung des Unternehmens nicht mit überwiegender Wahrscheinlichkeit in den nächsten 24 Monaten gewährleistet ist. Dazu ist eine integrierte Unternehmensplanung mit zugehöriger Liquiditätsprognose notwendig.

Dies erfordert geeignete Gegenmaßnahmen, wenn eine schwere, also bestandsgefährdende Krise droht, d. h. die Planung von Gegenmaßnahmen und eine unternehmerische Entscheidung zu Krisenbewältigungsmaßnahmen

Ferner besteht für den Vorstand und die ihm nachgelagerten Instanzen die Pflicht zur Information des Überwachungsgremiums, also den Aufsichtsrat. Diese Information sollte Folgendes beinhalten:

- eine Einschätzung der Gefährdungslage sowie
- eine Beschreibung der vorgesehenen geeigneten Gegenmaßnahmen und eine Beurteilung von deren Wirksamkeit

als unternehmerische Entscheidungen i. S. v. § 93 AktG.

Dazu ist eine Entscheidungsvorlage über bestehende Handlungsoptionen und die mit der Entscheidung verbundenen Veränderungen des Risikoumfangs erforderlich, insbesondere des Insolvenzrisikos. Diese Angaben stehen regelmäßig unter dem Vorbehalt der Zustimmung durch den Aufsichtsrat.

Bei der Konzipierung dieser Informationspakete und Maßnahmen ist zu definieren, ab welchem Grad der Gefährdung des Unternehmens die Gegenmaßnahmen zu initiieren sind und der Aufsichtsrat zu informieren ist. Ein diesbezüglicher Schwellenwert ist vom Aufsichtsrat festzulegen.

Der Anwendungsbereich des StaRUG umfasst alle haftungsbeschränkten Gesellschaften, auch Tochtergesellschaften in der Rechtsform vom GmbHs im Konzern. Die Geschäftsführer sind verantwortlich, durch eine Risikoanalyse und Risikoaggregation mögliche bestandsgefährdende Entwicklungen aufzuzeigen. Ziel ist eine bessere Verankerung des Risikomanagements in den Tochtergesellschaften sowie ein Eigeninteresse der Geschäftsleiter, sich mit den für ihre Gesellschaften relevanten Risiken zu befassen, da sonst Haftungsrisiken für sie drohen.

§§ 32, 43 und 57 StaRUG umschreiben die erweiterten Pflichten und Haftungslage der Organmitglieder. Im Krisenfall bedarf es der Wahrung der Interessen der Gesamtheit der Gläubiger. Darüber hinaus ergibt sich eine Erweiterung der Innenhaftung von Geschäftsleitern, die nun potenziell auch für einen durch ihr Fehlverhalten den Gläubigern entstandenen Schaden zu haften haben.

Das Finanzmarktintegritätsstärkungsgesetz (FISG) setzt einen Fokus auf die Abschlussprüfung, insbesondere auf die interne und externe Rotation des Abschlussprüfers. Darüber hinaus fordert § 100 Abs. 5 AktG zwei Finanzexperten im Aufsichtsrat bzw. Prüfungsausschuss bei PIEs. Schließlich besteht nach § 91 Abs. 3 AktG eine Verpflichtung zur Einrichtung eines im Hinblick auf den Umfang der Geschäftstätigkeit und die Risikolage des Unternehmens angemessenen und wirksamen internen Kontrollsystems und Risikomanagementsystems (§ 91 Abs. 3 AktG). In Erweiterung der Vorschriften über ein Risikofrüherkennungssystem (§ 91 Abs 2 AktG) wird durch das FISG in § 91 Abs. 3 AktG die Pflicht eines angemessenen und wirksamen internen Kontrollsystems und Risikomanagementsystems gefordert. Es genügt nicht mehr nur die Risiken früh zu erkennen, sondern sie auch in systematischer Weise zu managen.
§ 107 Abs. 4 Sätze 4–6 AktG lässt ausdrücklich eine direkte Kommunikation zwischen dem Aufsichtsrat (Prüfungsausschuss) einerseits und den für das Risikomanagement bzw. die interne Revision und das interne Kontrollsystem verantwortlichen Leitern andererseits zu. Ziel ist die Sicherstellung, dass der Aufsichtsrat ein eigenständiges – auch vom Vorstand möglichst wenig beeinflusstes – Bild von der Risikolage und der Qualität des Risikomanagementsystems erhält.

Nach § 91 Abs. 3 AktG kommt dem Risikomanagementsystem eine zentrale Positionierung zu,

- das alle Managementsysteme und Aktivitäten einbezieht, die sich mit Risiken befassen,
- das die Risikoinformationen von allen anderen Managementsystemen enthält und
- dessen Aufgabe in der Vorbereitung unternehmerischer Entscheidungen durch Risikoanalysen besteht,
- das in direkter Kommunikationsverbindung mit dem Aufsichtsrat steht und
- das in direkter Verantwortung dem Vorstand zuzuordnen ist.

Die Früherkennung von schweren Krisen bzw. bestandsgefährdenden Entwicklungen erfordert ein Risikofrüherkennungssystem, da Krisen das Resultat eingetretener Risiken sind.

Die Anforderungen an Risikofrüherkennungssysteme ergeben sich beispielsweise aus DIIR RS Nr. 2 oder IDW PS 340 n. F. (2020).

Notwendig ist dabei eine systematische Identifikation und sachgerechte Quantifizierung der Risiken insbesondere durch Risikoaggregation, da bestandsgefährdende Entwicklungen aus Kombinationseffekten von Einzelrisiken resultieren.

Das erfordert auch, den Aufsichtsrat über den aktuellen Grad der Bestandsgefährdung durch geeignete Kennzahlen zu informieren.

Bei Überschreiten einer kritischen Schwelle muss der Vorstand den Aufsichtsrat informieren, durch welche »geeigneten Gegenmaßnahmen« bis hin zu einem Restrukturierungsplan eine (drohende) Krise abgewendet werden kann.

Die dafür notwendigen Kennzahlen für die Messung des »Grads der Bestandsgefährdung«, müssen also ein Risikotragfähigkeitskonzept ableiten, das anzeigt, ob der Schwellenwert für die Initiierung »geeigneter Gegenmaßnahmen« (§ 1 StaRUG) zur Krisenprävention überschritten ist und der Aufsichtsrat informiert werden muss.

Mögliche Kennzahlen für die Messung des Grads der Bestandsgefährdung können sein (vgl. hierzu Gleißner/Romeike, S. 2–4):

- die Insolvenzwahrscheinlichkeit und
- die Wahrscheinlichkeit einer bestandsgefährdenden Entwicklung.

5 Quellen, weiterführende Literatur

App, J. (2010): Überwachung des Internen Kontrollsystems durch den Aufsichtsrat – Eine Analyse der Kreditwirtschaftspraxis, in: Der Aufsichtsrat, Heft 10/2010, S. 143–145.

Beyer M. (2017): Aufsichtsrats-Compliance – Die Herausforderung der umfassenden Pflichterfüllung, in: BOARD 04/2017, S. 174–177.

Bungartz, O. (2018): Risikomanagement für Aufsichtsräte: Anforderungen – Komponenten – Beurteilung, Berlin 2018.

Buhleier, C./Probst, A. (2020): Der Prüfungsausschuss des Aufsichtsrates: Praxisleitfaden für Finanzexperten und Aufsichtsräte, 4. Aufl., Stuttgart 2022.

Degen, B./Ruhwedel, P. (2011): Der Aufsichtsrat und das Risikomanagement, in: Der Aufsichsrat, Heft 10/2011, S. 138–139.

ECIIA/FERMA (2010): Guidance on the 8th EU Company Law Directive, Brüssel 2010, Article 41, S. 9.

Gleißner, W./Romeike, F.: StaRUG und FISG: Neue Aufgaben für den Aufsichtsrat, in: Der Aufsichtsrat 01/2022 S. 2–4.

Gleißner, W./Theisen, M. (2016): The Last Line of Defense: Der Aufsichtsrat, in: Der Aufsichtsrat, Heft 6/2016, S. 85–87.

IDW PS 980: Grundsätze ordnungsmäßiger Prüfung von Compliance Management Systemen.

IDW PS 981 Grundsätze ordnungsmäßiger Prüfung von Risikomanagementsystemen (Stand: 03.03.2016, »Risikomanagementsysteme«).

IDW PS 982 Grundsätze ordnungsmäßiger Prüfung des internen Kontrollsystems des internen und externen Berichtswesens.

IDW PS 983 Grundsätze ordnungsmäßiger Prüfung von Internen Revisionssystemen (IDW PS 983).

IIA Position Paper (2013): Three Lines of Defence in Effective Risk Management and Control, January 2013.

Kapitel 5: Prüfung

1 Einführung

Der Aufsichtsrat hat ein originäres Prüfungsrecht bzw. eine originäre Prüfungspflicht nach § 111 Abs. 2 AktG. Danach kann er die Bücher und Schriften der Gesellschaft sowie die Vermögensgegenstände, namentlich die Gesellschaftskasse und die Bestände an Wertpapieren und Waren, einsehen und prüfen. Er kann damit auch einzelne Mitglieder oder für bestimmte Aufgaben besondere Sachverständige beauftragen. Er erteilt nach § 111 Abs. 2 Satz 3 AktG dem Abschlussprüfer den Prüfungsauftrag für den Jahres- und den Konzernabschluss gemäß § 316 Abs. 1 und 2 HGB. Er kann darüber hinaus eine externe inhaltliche Überprüfung der nichtfinanziellen Erklärung oder des gesonderten nichtfinanziellen Berichts (§ 289b HGB), der nichtfinanziellen Konzernerklärung oder des gesonderten nichtfinanziellen Konzernberichts (§ 315b HGB) beauftragen.

Daraus folgt, dass dem Aufsichtsrat grundsätzlich eine Überwachung des Belegflusses (Bücher und Schriften), der Inventur (Vermögensgegenstände, die Gesellschaftskasse, Bestände an Wertpapieren und Waren) und des daraus entwickelten Jahres- und Konzernabschlusses obliegt. Allerdings kann er damit auch einzelne Aufsichtsratsmitglieder, den Prüfungsausschuss, Sachverständige oder den Abschlussprüfer beauftragen (§ 111 Abs. 2 Satz 2 AktG).

> Der Aufsichtsrat besitzt im Rahmen des dualen Corporate-Governance-Systems die primäre Prüfungskompetenz, von der alle weiteren Prüfungshandlungen abgeleitet sind.

Daraus folgt, dass der Aufsichtsrat im Rahmen des dualen Corporate-Governance-Systems die primäre Prüfungskompetenz besitzt, von der alle weiteren Prüfungshandlungen abgeleitet sind. Sofern ein Prüfungsauftrag an einen externen Sachverständigen, regelmäßig den Abschlussprüfer, erteilt wird, entsteht ein Auftragsverhältnis mit entsprechenden Prinzipal-Agenten-Fragestellungen. Diese fokussieren sich auf die Erteilung des Prüfungsauftrags durch den Aufsichtsrat bzw. Prüfungsausschuss an den Abschlussprüfer sowie den Informationsaustausch während Prüfung und Berichterstattung des Abschlussprüfers an den Aufsichtsrat bzw. Prüfungsausschuss nach Beendigung der Prüfung. Der Prüfungsausschuss befasst sich im Zusammenhang mit der Abschlussprüfung insbesondere auch mit der Auswahl und der Unabhängigkeit des Abschlussprüfers, der Qualität der Abschlussprüfung und der vom Abschlussprüfer zusätzlich erbrachten Leistungen. Der Prüfungsausschuss kann auch Empfehlungen oder Vorschläge zur Gewährleistung der Integrität des Rechnungslegungsprozesses unterbreiten (§ 107 Abs. 3 Sätze 2 und 3 AktG). Der Ablauf einer Abschlussprüfung vollzieht sich regelmäßig in folgenden Schritten:

- Der Prüfungsausschuss prüft die Unabhängigkeit und Eignung von Abschlussprüfern bzw. Prüfungsgesellschaften. Die Unabhängigkeit des Abschlussprüfers betreffende Vorschriften finden sich in §§ 319 und 319b HGB. Die Eignung betrifft die Möglichkeiten und Fähigkeiten des Abschlussprüfers bzw. der Prüfungsgesellschaft zur Durchführung der Abschlussprüfung, insbesondere hinsichtlich fachlicher Expertise, Komplexität, Größe und Umfang des Prüfungsauftrags.
- Der Vorschlag des Prüfungsausschusses zur Wahl des Abschlussprüfers wird durch den Aufsichtsrat geprüft und der Hauptversammlung zur Wahl präsentiert.

- Nach der Wahl des Abschlussprüfers durch die Hauptversammlung erteilt der Aufsichtsrat bzw. der Prüfungsausschuss den Prüfungsauftrag, trifft die Honorarvereinbarung und legt zusammen mit dem Prüfer die Prüfungsschwerpunkte fest bzw. vereinbart eine Erweiterung des Prüfungsauftrags.
- Der Aufsichtsrat bzw. der Prüfungsausschuss stehen während der Abschlussprüfung dem Abschlussprüfer als Sparringspartner zur Verfügung. Das bedeutet, dass der Aufsichtsrat regelmäßig mit dem Abschlussprüfer Vereinbarungen bezüglich der Rahmenbedingungen abschließt.
- Nach Beendigung der Abschlussprüfung hat der Abschlussprüfer
  - einen Prüfungsbericht (vgl. § 321 HGB) zu erstellen, der an den Vorstand und Aufsichtsrat geht,
  - einen Bestätigungsvermerk (vgl. § 322 HGB) bzw. einen Vermerk über die Versagung des Bestätigungsvermerks zu erteilen, der dem Jahresabschluss bzw. Konzernabschluss beigefügt wird und derselben Publizität unterliegt wie der Abschluss selbst,
  - an der »Bilanzsitzung« des Aufsichtsrats bzw. Prüfungsausschusses teilzunehmen (vgl. § 171 Abs. 1 Satz 2 AktG).

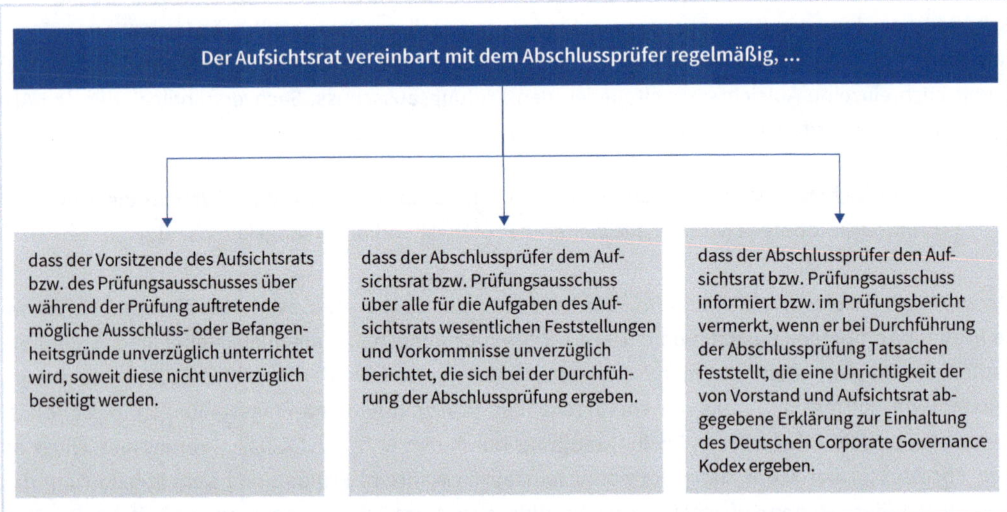

Abb. 74: Vereinbarungen zwischen Aufsichtsrat und Abschlussprüfer

Der Abschlussprüfer übt seine Tätigkeit selbstständig und in eigener Verantwortung aus auf der Basis der gesetzlichen Vorschriften über die Jahresabschlussprüfung, der anzuwendenden Prüfungsstandards sowie der Vereinbarung über die Abschlussprüfung mit dem Aufsichtsrat bzw. dem Prüfungsausschuss (in der Prüfungsschwerpunkte festgelegt bzw. der Prüfungsumfang erweitert wurde). Er unterstützt allerdings den Aufsichtsrat bei dessen eigener Prüfung der vom Vorstand aufgestellten Rechnungslegung und bei der weitergehenden Überwachung der Geschäftsführung (vgl. § 111 AktG). Der Gegenstand der Abschlussprüfung im Rahmen der Unterstützungsfunktion für den Aufsichtsrat geht über die Rechnungslegung hinaus. Prüfungsobjekte sind nicht nur Jahresabschluss und Lagebericht bzw. Konzernabschluss und Konzernlagebericht, sondern auch die Buchführung (vgl. § 317 Abs. 1 Satz 1 HGB) sowie bei börsennotierten Aktiengesellschaften das Risikofrüherkennungssystem (vgl. § 317 Abs. 4). Wesentliche Grundlage der Information, der Meinungsbildung und der Auswahl weiterer Überwachungsmaßnahmen des Aufsichtsrats ist der Prüfungsbericht. Er ist wie gegliedert wie in Abbildung 75 dargestellt.

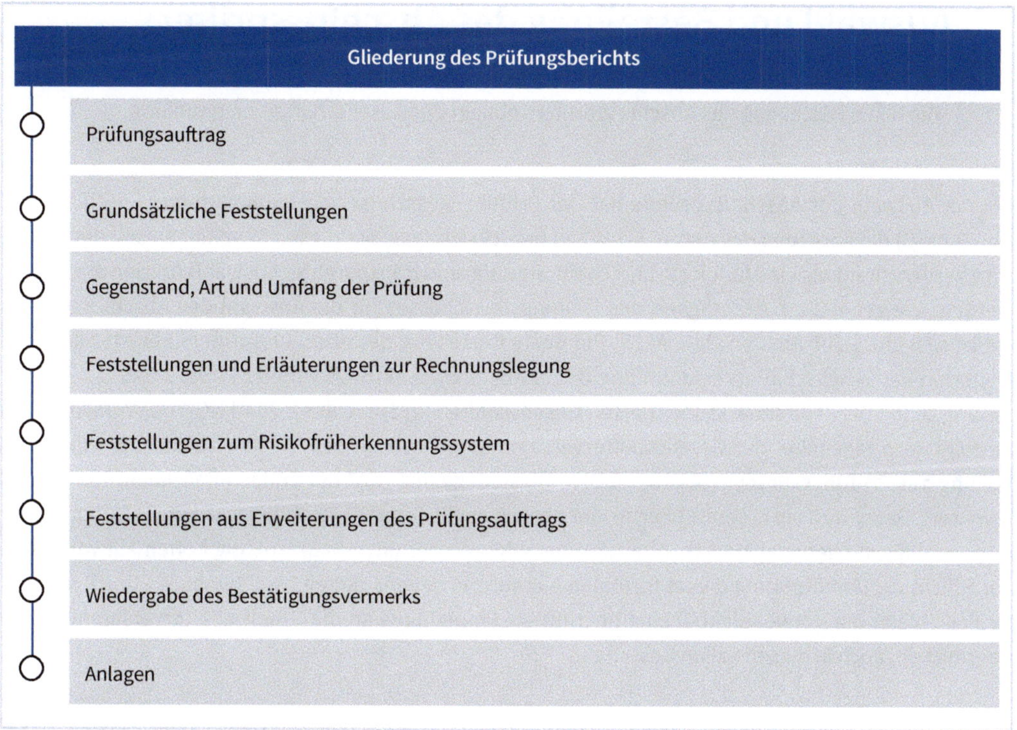

Abb. 75: Gliederung des Prüfungsberichts

Im Rahmen der »Vorweg«-Berichterstattung über die Lage des Unternehmens nimmt der Abschlussprüfer Stellung zur Lagebeurteilung der gesetzlichen Vertreter (§ 321 Abs. 1 Satz 2 HGB).

> Der Gegenstand der Abschlussprüfung im Rahmen der Unterstützungsfunktion für den Aufsichtsrat geht über die Rechnungslegung hinaus.

Dabei geht es um Darstellung und Beurteilung entwicklungsbeeinträchtigender und bestandsgefährdender Tatsachen sowie Unregelmäßigkeiten, Einhaltung der Rechnungslegungsgrundsätze und sonstiger gesetzlicher Vorschriften. Die Stellungnahme des Abschlussprüfers zur Lagebeurteilung der gesetzlichen Vertreter bezieht sich auf die im Verlauf der Prüfung gewonnene eigene Lagebeurteilung bei kritischer Würdigung der von den gesetzlichen Vertretern zugrunde gelegten Annahmen. Dabei werden bestehende Beurteilungsspielräume aufgezeigt und Hinweise auf etwaige alternative Einschätzungen des Abschlussprüfers gegeben.

2 Auswahl und Bestellung des Abschlussprüfers

> Die finale Bestellung des Abschlussprüfers obliegt der Gesellschafterversammlung.

Bei der Auswahl des Abschlussprüfers hat der Prüfungsausschuss von Public Interest Entities (§ 107 Abs. 3 AktG) die Vorgaben des Art. 16 EU-VO zu berücksichtigen. Mit diesen Regelungen soll der Gesellschafterversammlung eine fundierte Entscheidung aufgrund transparenter Auswahlkriterien ermöglicht werden. Die generelle Zuständigkeit des Prüfungsausschusses für die Auswahl des Abschlussprüfers ergibt sich aus § 107 Abs. 3 Satz 2 AktG. Die finale Bestellung des Abschlussprüfers obliegt allerdings weiterhin der Gesellschafterversammlung (§ 119 Abs. 1 Nr. 5 AktG). Nach § 124 Abs. 3 Satz 2 AktG war bislang schon bei kapitalmarktorientierten Gesellschaften im Sinne des § 264d HGB der Vorschlag des Aufsichtsrats gegenüber der Gesellschafterversammlung zur Wahl des Abschlussprüfers auf die Empfehlung des Prüfungsausschusses zu stützen. Diese Regelung wird durch das AReG konkretisiert und erweitert. Dabei wird ein mehrstufiger, in vier Phasen gegliederter Auswahlprozess vorgeschrieben, von dem nur PIEs mit geringer Marktkapitalisierung aufgrund des unverhältnismäßig hohen Aufwands von der Pflicht zur Durchführung dieses formalen Auswahlverfahrens befreit (Art. 16 Abs. 4 EU-VO) sind. Allerdings bleibt die Notwendigkeit, eine begründete Empfehlung an die Gesellschafterversammlung zu übermitteln, auch in diesen Fällen bestehen.

Öffentliche Ausschreibung: Die (Neu-)Ausschreibung eines Prüfungsmandats bei einer Public Interest Entity (PIE) ist vom Prüfungsausschuss vorzubereiten. Er kann auf die Prüfungsgesellschaften, die er für geeignet hält, zugehen und sie auffordern, sich an der Ausschreibung zu beteiligen. Er kann über die zur Teilnahme aufzufordernden Kandidaten frei entscheiden und direkte Verhandlungen mit den an der Ausschreibung interessierten Teilnehmern führen. Zu beachten hat er nur, dass kleine und mittlere Abschlussprüfer nicht von der Teilnahme an der Ausschreibung ausgeschlossen werden und dass die Cooling-off-Periode von vier Jahren nach Ablauf der maximalen Mandatsdauer eingehalten wird. Kleine und mittlere Prüfungsgesellschaften sind solche, die im vorangegangenen Kalenderjahr in dem jeweiligen Mitgliedstaat der EU weniger als 15% der Gesamthonorare bei Public Interest Entities bezogen haben. Bei einer Verlängerung des Prüfungsmandats nach Ablauf der maximalen Mandatsdauer von zehn Jahren muss ein öffentliches Ausschreibungsverfahren nach Art. 17 Abs. 4a EU-VO durchgeführt werden. Die Vorbereitungsmaßnahmen des Prüfungsausschusses bei der (Neu-)Ausschreibung des Prüfungsmandats beginnen mit der Erstellung von Ausschreibungsunterlagen, aus denen der potenzielle Bewerber für das Prüfungsmandat, die Geschäftstätigkeit des zu prüfenden Unternehmens und die Art der durchzuführenden Abschlussprüfung erkennen kann. Ferner sind die Auswahlkriterien zu definieren, welche eine transparente und diskriminierungsfreie Auswahl gewährleisten sollen.

> Die bisherige Liste der unzulässigen Nichtprüfungsleistungen wird durch Art. 5 Abs. 1 EU-VO deutlich erweitert.

Diskriminierungsfreie Auswahl: Die Ausschreibung muss für die potenziellen Teilnehmer die Auswahlkriterien erkennen lassen, die der Prüfungsausschuss der PIE definiert hat. Zu beachten sind dabei lediglich die Vorschriften zur externen Rotation. Hat der Kandidat für das Prüfungsmandat bereits im Vorjahr an der Gestaltung und Umsetzung interner Kontroll- und Risikomanagementverfahren zur Erstellung und/oder Kontrolle von Finanzinformationen oder Finanzinformationstechnologien mitgewirkt, so ist er nach den Cooling-off-Regelungen von der Prüfung auszuschließen (Art. 5 Abs. 1b EU-VO).

Begründete Auswahlempfehlung an den Aufsichtsrat: Auf Basis der Ergebnisse des vorangegangenen Auswahlverfahrens spricht der Prüfungsausschuss einer PIE eine Empfehlung für die Bestellung des Abschlussprüfers an den Aufsichtsrat aus. Die Empfehlung muss mindestens zwei begründete Vorschläge enthalten mit einer Präferenz für einen der Vorschläge. Die Begründung ist insbesondere erforderlich, wenn

- freiwillig keine Wiederbestellung erfolgt,
- eine Wiederbestellung aufgrund der externen Rotationspflicht nicht erfolgen kann bei Erreichen der Mandatshöchstgrenzen,
- eine Verlängerung des Mandats nach öffentlicher Ausschreibung auf bis zu 20 Jahre bzw. 24 Jahre bei einem Joint Audit erfolgt.

Der Prüfungsausschuss muss erklären, dass die Empfehlung frei von unangemessener Einflussnahme Dritter zustande gekommen ist und keinerlei Verträge oder Klauseln existieren, die die Auswahl des Abschlussprüfers einschränken (Art. 16 Abs. 2 Unterabschnitt 3 EU-VO). Zuwider stehende Einflussnahmen sind der zuständigen Behörde (APAS) zu melden (Art. 16 Abs. 6 Unterabschnitt 2 EU-VO).

Wahlvorschlag an die Hauptversammlung: Der Hauptversammlung des zu prüfenden Unternehmens gehen der Vorschlag, die Empfehlung und die Präferenz des Prüfungsausschusses zu. Folgt der Aufsichtsrat der Empfehlung des Prüfungsausschusses, leitet der Aufsichtsrat seinen Vorschlag mit dem einen vom Prüfungsausschuss präferierten Abschlussprüfer an die Hauptversammlung weiter. Präferiert der Aufsichtsrat einen anderen als den vom Prüfungsausschuss begründeter Weise bevorzugten Abschlussprüfer, so sind in dem (abweichenden) Vorschlag an die Hauptversammlung Gründe dafür zu nennen, warum der Aufsichtsrat der Empfehlung des Prüfungsausschusses nicht folgt. Allerdings darf kein Abschlussprüfer ausgewählt werden, der nicht an dem Auswahlverfahren teilgenommen hat. In Deutschland ist nicht vorgesehen, die Empfehlung für die Wahl des Abschlussprüfers einem Nominierungsausschuss zu übertragen.

3 Berichterstattung und Inhalte

§ 321 Abs. 1 Satz 3 HGB verlangt eine Berichterstattung über die bei Durchführung der Abschlussprüfung festgestellten Unrichtigkeiten und Verstöße gegen gesetzliche Vorschriften (Unregelmäßigkeiten in der Rechnungslegung), die den Bestand der Kapitalgesellschaft oder des Konzerns gefährden oder deren Entwicklung beeinträchtigen, sowie Tatsachen, die schwerwiegende Verstöße der gesetzlichen Vertreter oder von Arbeitnehmern gegen Gesetz, Gesellschaftsvertrag oder Satzung erkennen lassen (sonstige Gesetzesverstöße). IDW PS 210 enthält Vorschriften zur Aufdeckung von Unregelmäßigkeiten im Rahmen der Abschlussprüfung. Diese Fragestellungen sind getrennt zu halten von fraudorientierten Sonderprüfungen, die der Vorstand und/oder Aufsichtsrat unabhängig von der Jahresabschlussprüfung beauftragen kann und bei denen die forensisch ausgebildeten Prüfer mit kriminalistischen Methoden spezifisch auf die Aufdeckung von Fraud, regelmäßig Betrug und/oder Unterschlagung ausgerichtet agieren.

Festgestellte Beanstandungen wegen Unregelmäßigkeiten in der Rechnungslegung werden vom Abschlussprüfer im Rahmen des Prüfungsberichts erläutert, einschließlich der sich ggf. ergebenden Konsequenzen für den Bestätigungsvermerk. Eine Berichtspflicht besteht, soweit dies für die Überwachung der Geschäftsführung des geprüften Unternehmens von Bedeutung ist.

Eine Berichtspflicht über sonstige Gesetzesverstöße besteht nur bei schwerwiegenden Fällen und nur bei gelegentlich in der Prüfung festgestellten Tatsachen, die solche Verstöße erkennen lassen; eine aktive Suchverantwortung des Abschlussprüfers besteht jedoch, wenn Anhaltspunkte für Fraud-Sachverhalte erkennbar sind. Allerdings ist bereits bei einem substanziellen Hinweis auf einen schwerwiegenden Gesetzesverstoß zu berichten, auch ohne dass der Abschlussprüfer eine abschließende rechtliche Würdigung zu treffen hat. Sonstige Gesetzesverstöße i. S. v. § 321 Abs. 1 Satz 3 HGB sind Täuschungen und Vermögensschädigungen sowie Verstöße gegen gesetzliche Vorschriften, die sich nicht auf die zu prüfende Rechnungslegung beziehen.

> Zur Gesamtaussage des Jahresabschlusses ist darauf einzugehen, ob der Abschluss insgesamt unter Beachtung der GoB ein den tatsächlichen Verhältnissen entsprechendes Bild vermittelt.

Im Prüfungsbericht ist nach § 321 Abs. 2 Satz 1 HGB festzustellen, ob Buchführung und weitere geprüfte Unterlagen, der Jahresabschluss sowie der Lagebericht den gesetzlichen Vorschriften und den ergänzenden Bestimmungen des Gesellschaftsvertrags/der Satzung entsprechen. Dabei sind festgestellte Mängel und deren Auswirkungen auf die Rechnungslegung darzustellen. Ferner ist zu beurteilen, ob die aus den weiteren geprüften Unterlagen entnommenen Informationen zu einer ordnungsgemäßen Abbildung in der Rechnungslegung führen. So sind die Erkenntnisse über die Bonitätsbeurteilung von Kunden für die Einschätzung der Einbringlichkeit von Forderungen und die daraus abgeleiteten Einzel- und Pauschalwertberichtigungen heranzuziehen. Schließlich ist festzustellen, ob der Jahresabschluss den anzuwendenden Rechnungslegungsgrundsätzen entspricht und die Bilanz und die GuV ordnungsgemäß aus der Buchführung und den weiteren geprüften Unterlagen abgeleitet sind und ob Ansatz-, Ausweis- und Bewertungsvorschriften beachtet wurden.

Im Rahmen der Gesamtaussage des Jahresabschlusses ist darzustellen, ob der Abschluss insgesamt unter Beachtung der GoB ein den tatsächlichen Verhältnissen entsprechendes Bild der Vermögens-, Finanz- und Ertragslage der Gesellschaft vermittelt. Ferner ist einzugehen auf wesentliche Bewertungsgrundlagen sowie den Einfluss von Änderungen in den Bewertungsgrundlagen und von sachverhaltsgestaltenden Maßnahmen auf die Darstellung der Vermögens-, Finanz- und Ertragslage. Abschlussposten sind aufzugliedern und ausreichend zu erläutern, soweit diese Angaben nicht im Anhang enthalten sind. Ziel ist eine problemorientierte Berichterstattung zur Verdeutlichung, ob und inwieweit der Jahresabschluss insgesamt aufgrund der gewählten Bewertungsannahmen und -methoden sowie sachverhaltsgestaltenden Maßnahmen der Vorgabe des § 264 Abs. 2 Satz 1 HGB entspricht (§ 321 Abs. 2 HGB).

Zum Lagebericht ist festzustellen, ob er …

- mit dem Jahresabschluss und den bei der Prüfung gewonnenen Erkenntnissen des Abschlussprüfers in Einklang steht
- insgesamt ein zutreffendes Bild der Lage des Unternehmens vermittelt
- die wesentlichen Chancen und Risiken der künftigen Entwicklung zutreffend darstellt
- die Angaben nach § 289 Abs. 2 HGB sowie ggf. weiterer gesetzlicher Vorschriften vollständig und zutreffend enthält
- die wesentlichen rechnungslegungsbezogenen Merkmale des Internen Kontrollsystems und des Risikomanagementsystems beschreibt (nur bei kapitalmarktorientierten Kapitalgesellschaften) (Vgl. § 289 Abs. 4 HGB)
- die Erklärung zur Unternehmensführung enthält (bei in § 289a Abs. 1 HGB genannten AGs)

Abb. 76: Prüfung des Lageberichts

Den Adressaten des Prüfungsberichts soll eine eigene Beurteilung der Maßnahmen ermöglicht werden. Nicht gefordert wird demgegenüber eine wertende Darstellung der Vermögens-, Finanz- und Ertragslage durch den Abschlussprüfer.

Nach § 317 Abs. 4 HGB besteht eine Prüfungspflicht des allgemeinen Risikofrüherkennungssystems nur für börsennotierte AGs mit einer amtlichen Notierung; Emissionen im Freiverkehr sind hierbei nicht beinhaltet. Die Prüfungspflicht bezieht sich auch nur auf die Frage, ob der Vorstand seine Pflichten erfüllt hat und das System zur Risikofrüherkennung geeignet ist. Es handelt sich dabei um eine Systemprüfung, keine Geschäftsführungsprüfung. Wenn keine Dokumentation vorliegt, muss der Abschlussprüfer selbstständig eine im Einzelfall aufwendige Systemaufnahme durchführen. Schließlich muss er beurteilen, ob die Maßnahmen angemessen und geeignet sind (Aufbauprüfung), er hat ferner zu beurteilen, ob die Maßnahmen auch umgesetzt werden (Ablauf- oder Funktionsprüfung). Dabei wird keine Prüfung der Wirksamkeit, wohl aber der Implementierung der Maßnahmen verlangt. Das Risikofrüherkennungssystem bezieht sich auf den Konzern, seine Prüfung erfordert also auch Prüfungshandlungen bei den Tochtergesellschaften.

> Das Fehlen eines Risikofrüherkennungssystems hat auf das Prüfungsergebnis (Testat, Prüfungsurteil) keine unmittelbare Wirkung.

Das Fehlen eines Risikofrüherkennungssystems hat auf das Prüfungsergebnis (Testat, Prüfungsurteil) keine unmittelbare Wirkung. Allerdings kann der Abschlussprüfer u. U. keine hinreichende Sicherheit gewinnen, dass die Risiken der künftigen Entwicklung bekannt und damit im Lagebericht vollständig erfasst sind. Dies kann ein Prüfungshemmnis darstellen und zu einer Anmerkung im Prüfungsbericht nach § 321 Abs. 2 Satz 2 HGB führen.

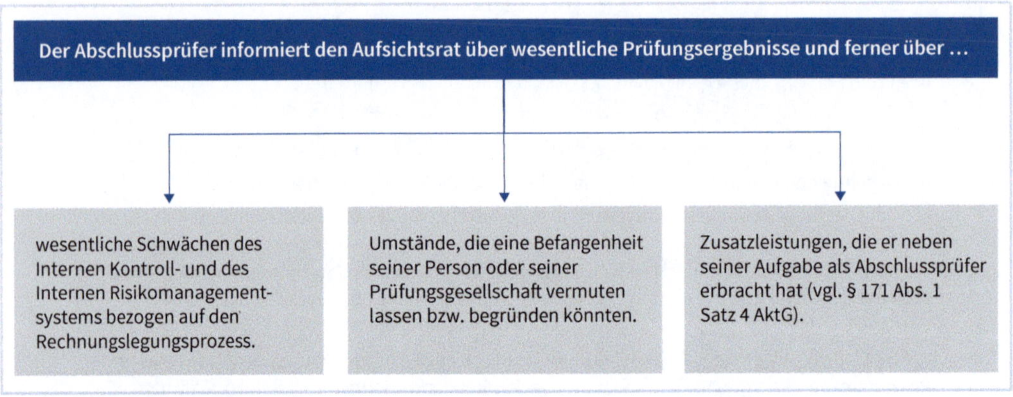

Abb. 77: Wesentliche Prüfungsergebnisse

Über die Ergebnisse der Prüfung des Risikofrüherkennungssystems im Rahmen der Jahresabschlussprüfung börsennotierter Aktiengesellschaften ist ausschließlich im Prüfungsbericht zu berichten (vgl. §§ 317 Abs. 4, 321 Abs. 4 HGB). Konsequenzen für den Bestätigungsvermerk ergeben sich nur, wenn festgestellte Mängel im Risikofrüherkennungssystem als Einwendungen oder Prüfungshemmnisse im Bereich der Rechnungslegung zu qualifizieren sind (z. B. Mängel der Lageberichterstattung).

Der Umfang der Berichterstattung bezieht sich auf eine Beurteilung, ob ein Risikofrüherkennungssystem eingerichtet ist, die getroffenen Maßnahmen zweckmäßig sind und während des gesamten zu prüfenden Zeitraums eingehalten wurden und ob das einzurichtende Überwachungssystem seine Aufgaben erfüllt. Es bedarf also einer Aufbau- und einer Funktionsprüfung. Der Abschlussprüfer hat darauf einzugehen, ob Maßnahmen zur Verbesserung des Risikofrüherkennungssystems erforderlich sind. Bei wesentlichen Verstößen sind zusätzliche Hinweise nach § 321 Abs. 1 Satz 3 HGB (Redepflicht) angezeigt.

Die Prüfung des Risikofrüherkennungssystems nach § 91 Abs. 2 AktG ist inhaltlich nicht zu trennen von einer Prüfung des internen Kontroll- und Risikomanagementsystems nach § 91 Abs. 3 AktG. Auch ohne explizite Erwähnung in den Prüfungsgegenständen der Jahresabschlussprüfung ist das internen Kontroll- und Risikomanagementsystem und die Berichterstattung darüber im Lagebericht (§ 289 Abs. 2 Nr. 1, Abs. 4 HGB) Gegenstand der Jahresabschlussprüfung und deren Darstellung im Prüfungsbericht (§ 321 Abs. 4 HGB), im Bestätigungsvermerk (§ 322 Abs. 6 HGB) und in der Bilanzsitzung des Aufsichtsrats (§ 171 Abs. 1 Satz 2 AktG).

> Die Berichterstattung im Aufsichtsrat bzw. Prüfungsausschuss muss über wesentliche Schwächen des Internen Kontroll- und des Internen Risikomanagementsystems bezogen auf den Rechnungslegungsprozess erfolgen.

Bei Unternehmen, auf die §§ 317 Abs. 4 und 321 Abs. 4 HGB keine Anwendung finden, also z. B. nicht börsennotierte Aktiengesellschaften, bezieht sich die Berichterstattung des Abschlussprüfers auf bei der Prüfung festgestellte wesentliche Verstöße gegen § 91 Abs. 2 AktG durch die gesetzlichen Vertreter und führt nach § 321 Abs. 1 Satz 3 HGB (Redepflicht) zu einer Erwähnung im Prüfungsbericht.

Dafür besteht allerdings keine originäre Prüfungspflicht bei Unternehmen in anderen Rechtsformen, jedoch hat § 91 Abs. 2 Satz 1 AktG eine Ausstrahlungswirkung auf Prüfungsberichte bei Nicht-AGs mit der Folge entsprechender Angaben nach § 321 Abs. 1 Satz 3 HGB (Redepflicht).

Der Abschlussprüfer ist zur Teilnahme an der Bilanzsitzung des Aufsichtsrats bzw. des Prüfungsausschusses verpflichtet. Er hat über die wesentlichen Ergebnisse seiner Prüfung des Jahresabschlusses und des Konzernabschlusses zu berichten.

Die Berichterstattung im Aufsichtsrat bzw. Prüfungsausschuss muss über wesentliche Schwächen des Internen Kontroll- und des Internen Risikomanagementsystems bezogen auf den Rechnungslegungsprozess erfolgen (§ 171 Abs. 1 Satz 2 AktG). Es betrifft also das Thema, für welches bei kapitalmarktorientierten Unternehmen eine Berichtspflicht im Lagebericht nach § 289 Abs. 4 HGB besteht.

Somit besteht sowohl ein Bezug der Prüfung des Internen Kontroll- und des Internen Risikomanagementsystems bezogen auf den Rechnungslegungsprozess zur Risikoberichterstattung nach § 289 Abs. 2 HGB, als auch zu DRS 20, wonach eine Darstellung des Risikomanagements im angemessenen Umfang notwendig ist. Sowohl dem Grunde als auch dem Umfang nach gewinnt die Berichterstattungspflicht des Abschlussprüfers über Schwächen des Internen Kontroll- und Risikomanagementsystems bezogen auf den Rechnungslegungsprozess gegenüber dem Aufsichtsrat bzw. Prüfungsausschuss an Bedeutung. Dies schließt auch die Berichterstattung über festgestellte Compliance-Verstöße ein. Für den Aufsichtsrat stellen sich daher folgende Fragen:

- Welches Risiko ergibt sich aus einer festgestellten Systemschwäche?
- Hat eine festgestellte Systemschwäche Auswirkungen auf die Wirksamkeit des gesamten Systems der Finanzberichterstattung?

Die Berichterstattung über die Prüfung nach § 317 Abs. 4 HGB hat in einem eigenen Abschnitt des Prüfungsberichts zu erfolgen und soll darauf eingehen,

- ob der Vorstand ein Überwachungssystem implementiert hat und
- ob das Überwachungssystem seine Aufgabe erfüllen kann.

Berichterstattung

- Pflicht bei kapitalmarktorientierten Unternehmen, über wesentliche Schwächen des internen Risiko- und Kontrollsystems in Bezug auf die Rechnungslegung zu berichten
- Berichtspflicht im Lagebericht nach § 289 IV HGB mit Bezug zur Risikoberichterstattung (§ 289 II 2 HGB) und zur angemessenen Darstellung des Risikomanagements (DRS 5.28)
- Berichterstattung gem. § 317 IV HGB findet in eigenem Abschnitt des Prüfberichts statt und geht auf folgende Aspekte ein:
  - Hat der Vorstand ein Überwachungssystem implementiert?
  - Kann dieses Überwachungssystem die Aufgabe angemessen erfüllen?
  - Sind Maßnahmen erforderlich, um das System zu verbessern?
- Die Berichterstattung schließt auch Compliance-Verstöße ein
- Der Prüfer geht im Bestätigungsvermerk gesondert auf Risiken ein, die den Fortbestand gefährden, sowie darauf, ob Chancen und Risiken für die künftige Entwicklung angemessen dargestellt sind

Abb. 78: Berichterstattung

Die Jahresabschlussprüfung bezieht sich inhaltlich allerdings weder auf die Erklärung zur Unternehmensführung (§ 289f HGB) noch auf die nichtfinanzielle Erklärung (§§ 289b-289e HGB) einschließlich der Nachhaltigkeitsberichterstattung (§ 289c Abs. 2 HGB). Hierfür besteht eine originäre Prüfungspflicht des Aufsichtsrats, jedoch kann dieser für diese Prüfungsaufgaben eine Sonderprüfung beauftragen. Im Rahmen der Jahresabschlussprüfung ist lediglich zu prüfen, ob die Erklärung zur Unternehmensführung und die nichtfinanzielle Erklärung (überhaupt) abgegeben wurde und ob dies rechtzeitig geschah.

Im Bestätigungsvermerk hat der Abschlussprüfer auf Risiken, die den Fortbestand des Unternehmens oder eines Konzernunternehmens gefährden, gesondert einzugehen (§ 322 Abs. 2 Satz 3 HGB). Ferner hat der Abschlussprüfer im Bestätigungsvermerk darauf einzugehen, ob die Chancen und Risiken der zukünftigen Entwicklung zutreffend dargestellt sind (§ 322 Abs. 6 Satz 2 HGB).

Dem Aufsichtsrat bzw. Prüfungsausschuss obliegt eine originäre Prüfungspflicht nach § 111 Abs. 1 und 2 AktG. Der Abschlussprüfer wird im Auftrag des Aufsichtsrats tätig und berichtet dem Überwachungsorgan (Aufsichtsrat bzw. Prüfungsausschuss) über das Ergebnis seiner Prüfung.

Hierbei kommen folgende Aspekte in Betracht:

- der Prüfungsbericht (§ 321 HGB),
- der Bestätigungsvermerk (§ 322 HGB) sowie
- die mündlichen Berichte des Abschlussprüfers in der Bilanzsitzung des Aufsichtsrats bzw. Prüfungsausschusses (§ 171 Abs. 1 AktG).

Um trotz Delegation der Prüfungsaufgabe an den Abschlussprüfer seinem Prüfungsauftrag gerecht zu werden, hat jedes Mitglied des Prüfungsausschusses und des Aufsichtsrats den Prüfungsbericht des Abschlussprüfers zu studieren. Der Prüfungsbericht geht vom Abschlussprüfer an den Aufsichtsrat, um diesem ein kritisches Lesen zu ermöglichen, bevor er in der Bilanzsitzung durch seine Billigung des Abschlusses bewirkt, dass dieser festgestellt ist (§ 172 Satz 1 AktG). Dazu hat sich jedes Mitglied des Aufsichtsrats und des Prüfungsausschusses vor der Bilanzsitzung eingehend mit dem Bericht zu befassen. Insbesondere ist zu prüfen, ob Einwendungen bestehen. Jedes Gremienmitglied hat sich ein eigenes Urteil über den Jahresabschluss und den Prüfungsbericht zu bilden. Der Prüfungsbericht hat insoweit eine Informations- und Unterstützungsfunktion. Dabei kommt der gesetzlichen Pflicht des Prüfers, alle nicht Testat relevanten Beanstandungen in den Bericht aufzunehmen, soweit sie für die Unternehmensüberwachung von Bedeutung sein können (§ 321 Abs. 2 Satz 2 HGB), eine besondere Bedeutung zu. Auch im Bestätigungsvermerk kann der Abschlussprüfer einen Hinweis auf Umstände aufnehmen, auf die er in besonderer Weise aufmerksam machen will, ohne den Bestätigungsvermerk einzuschränken (§ 322 Abs. 3 Satz 2 HGB).

> Der Prüfungsbericht muss eine Stellungnahme zum Urteil des Vorstandes über die Lage des Unternehmens, dessen Fortbestand und künftige Entwicklung enthalten (§ 321 Abs. 1 Satz 1 HGB).

Aufbau und Gliederung des Prüfungsberichts haben einheitlich und problemorientiert zu erscheinen und am True-and-Fair-View-Gedanken ausgerichtet zu sein (§ 321 Abs. 2 Satz 3 HGB). Bewertungsgrundlagen und deren Änderungen sind darzustellen einschließlich der Ausübung von bilanzpolitischen Maßnahmen wie Wahlrechte, Ermessensspielräume und Sachverhaltsgestaltungen mit ihrem Einfluss auf die Darstellung der Vermögens-, Finanz- und Ertragslage (§ 321 Abs. 2 Satz 4 HGB). Die wesentlichen Posten aus Bilanz und GuV-Rechnung sind aufzugliedern und ausreichend zu erläutern (§ 321 Abs. 2 Satz 5 HGB).

Der Prüfungsbericht muss eine Stellungnahme zum Urteil des Vorstandes über die Lage des Unternehmens, dessen Fortbestand und künftige Entwicklung enthalten. Dabei bedarf es keiner eigenen Prognose des Prüfers, vielmehr einer Bewertung und eines kritischen Hinterfragens der Prognose des Vorstandes. Diese Einschätzung des Abschlussprüfers ist vom Aufsichtsrat bzw. Prüfungsausschuss kritisch zur Kenntnis zu nehmen und zusammen mit den eigenen Erkenntnissen des Überwachungsorgans zu einer Gesamteinschätzung zu verbinden.

Feststellungen und Erläuterungen zu ...

- den Inhalten der Jahresabschlussbestandteilen
- dem Internen Überwachungssystem (§ 321 Abs. 4 HGB)
- den entdeckten Unregelmäßigkeiten
- den nachteiligen Veränderungen der VFE-Lage gegenüber dem Vorjahr
- Beobachtungen anlässlich der Prüfung, die schwerwiegende Verstöße der gesetzlichen Vertreter oder von Arbeitnehmern gegen Gesetz und Satzung erkennen lassen, d.h. wenn sie ernsthafte Folgen haben können, nicht erst bei Eintritt der Folgen
- Verlusten, die das Jahresergebnis nicht unwesentlich beeinflusst haben
- Unrichtigkeiten und Verstößen gegen gesetzliche Vorschriften zur Rechnungslegung
- einer drohenden Insolvenz
- Tatsachen, die den Bestand des geprüften Unternehmens gefährden und seine Entwicklung wesentlich beeinträchtigen können
- Beanstandungen, die nicht zur Einschränkung oder Versagung des Bestätigungsvermerks geführt haben, soweit dies für die Überwachung der Geschäftsführung und des geprüften Unternehmens von Bedeutung ist

Abb. 79: Feststellungen und Erläuterungen zur Prüfung

Beim Studium des Prüfungsberichts des Abschlussprüfers sind für Mitglieder des Aufsichtsrats und Prüfungsausschusses die Feststellungen und Erläuterungen zu den in Abbildung 79 genannten Themen zu beachten.

Ferner ist beim Studium des Prüfungsberichts zu achten auf Gegenstand, Art und Umfang der Prüfung, insbesondere auf die Ausführungen zur Prüfungsdurchführung, die Prüfungsschwerpunkte einschließlich evtl. vereinbarter Erweiterungen des Prüfungsauftrags sowie die vom Abschlussprüfer vorgenommenen Prüfungshandlungen und Prüfungsergebnisse mit dem Ziel, die Arbeit des Abschlussprüfers durch den Aufsichtsrat zu bewerten.

Der Bericht über die Prüfung des Anhangs sollte für die Mitglieder des Aufsichtsrats bzw. Prüfungsausschusses neben inhaltlichen Aspekten Antwort auf die Fragen geben,

- ob der Anhang die allgemeinen Grundsätze der Berichterstattung erfüllt,
- der Anhang sämtliche erforderlichen Angaben enthält und
- ob die gemachten Angaben vollständig und richtig sind.

Der Prüfungsbericht muss Auskunft darüber geben, ob die Ausführungen im Lagebericht wahr, klar, übersichtlich und vollständig sind. Schließlich hat der Gewinnverwendungsvorschlag den gesetzlichen und satzungsmäßigen Vorschriften zu entsprechen.

Die Überwachung des Rechnungslegungsprozesses ist eine originäre Aufgabe des Prüfungsausschusses nach § 107 Abs. 3 AktG. Die Pflicht zur Einrichtung eines systematischen Rechnungslegungsprozesses trifft den Vorstand (§ 91 Abs. 1 AktG).

Die Überwachungspflicht des Aufsichtsrats bezieht sich darauf, ob der Prozess vom Vorstand pflichtgemäß eingerichtet wurde und ob die Wirksamkeitskontrollen funktionieren. Sollte dies nicht der Fall sein, muss der Aufsichtsrat bzw. Prüfungsausschuss Anpassungen einfordern.

> Die Überwachung des Rechnungslegungsprozesses ist eine originäre Aufgabe des Prüfungsausschusses nach § 107 Abs. 3 AktG.

Der Aufsichtsrat bzw. Prüfungsausschuss in seiner Gesamtheit muss die Kompetenz haben, die Ist-Situation zu beurteilen und die zu beratende Soll-Situation aufzunehmen und zu erkennen. Dies erfordert grundlegende Kenntnisse in den Bereichen Rechnungswesen, Controlling und Risikomanagement.

Die Überwachung des Rechnungslegungsprozesses setzt Kenntnisse über die Bestandteile und Abläufe des Rechnungslegungsprozesses sowie die vom Vorstand ergriffenen und beabsichtigten Qualitätssicherungsmaßnahmen im Rahmen des Rechnungslegungsprozesses und der Finanzberichterstattung voraus, insbesondere betreffend die Wirksamkeit des Internen Kontrollsystems und des Risikomanagementsystems sowie die Wirksamkeit der Internen Revision und der Abschlussprüfung. Daher sind im Prüfungsausschuss von Unternehmen von öffentlichem Interesse (Public Interest Entities) mindestens zwei Finanzexperten vorgeschrieben, mindestens einer mit Sachverstand auf dem Gebiet der Rechnungslegung und mindestens einer mit Sachverstand auf dem Gebiet der Abschlussprüfung (§ 100 Abs. 5 AktG). Gemäß § 25d KWG wird die erforderliche Sachkunde bezüglich Finanz- und Risikothemen bei allen Aufsichtsräten gefordert. Jeder Mandatsträger muss Kollektiventscheidungen individuell bewerten können (z. B. Bewertungen, wesentliche Bilanzierungssachverhalte, Risikomodelle etc.). Dies gilt auch für politische Vertreter und Arbeitnehmervertreter.

> Prüfungsberichte müssen Hinweise auf die Qualität der Kontokorrentbuchhaltung enthalten.

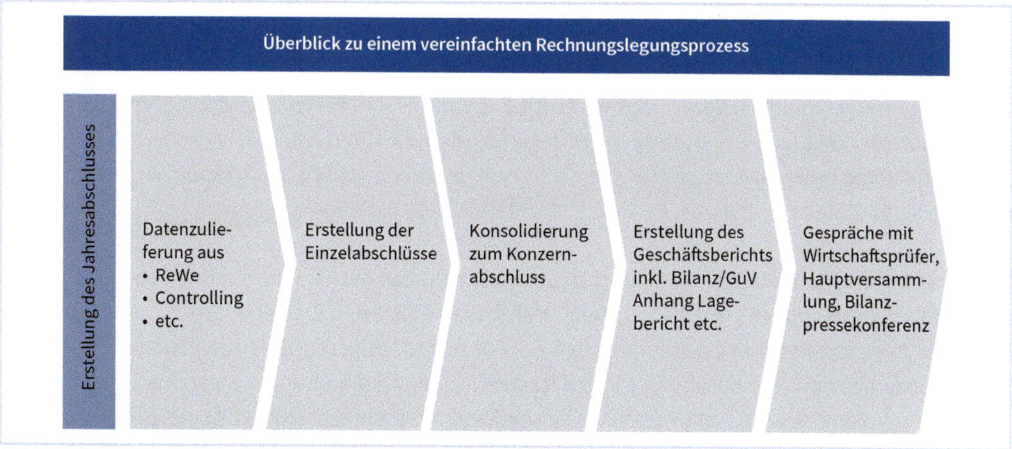

Abb. 80: Überblick zu einem vereinfachten Rechnungslegungsprozess

Unter dem Rechnungslegungsprozess versteht man alle Institutionen und Funktionen, die befasst sind mit

- der Erfassung laufender Geschäftsvorfälle,
- der Bestimmung von Parametern für die vorbereitenden Abschlussbuchungen,
- der Erstellung von Handelsbilanzen II,
- der normkonformen Bemessung der Ausschüttungen,
- der Währungsumrechnung,
- der Ausübung abschlussbezogener Wahlrechte und Beurteilungsspielräume mit dem Ziel der Aufstellung einer Handelsbilanz II,
- der Konsolidierung sowie
- der Erstellung eines normkonformen Konzernabschlusses,
- dem Rechnungsteil,
- dem Anhang und Lagebericht.

Prüfungsberichte müssen Hinweise auf die Qualität der Kontokorrentbuchhaltung enthalten, insbesondere ob

- formale und inhaltliche Ordnungsmäßigkeitsnormen,
- Grundsätze ordnungsmäßiger Buchführung,
- Grundsätze ordnungsmäßiger Speicherbuchführung GoS,
- Grundsätze ordnungsmäßiger DV-gestützter Buchführungssysteme GoBS und
- Grundsätze ordnungsmäßiger Buchführung bei Einsatz von Electronic Commerce eingehalten wurden.

Die ordnungsgemäße Durchführung vorbereitender Abschlussbuchungen muss dem qualitätsgesicherten Bilanzierungshandbuch zu entnehmen sein und Hinweise auf die Soll-Vorgaben und Ist-Vorschriften enthalten, z. B. zu

- der Rückstellungsbewertung,
- der planmäßigen Abschreibung (Nutzungsdauerschätzung, Abschreibungsmethoden),
- außerplanmäßigen Abschreibungen,
- dem Hedge Accounting und
- der Bilanzierung und Bewertung latenter Steuern.

Die Erstellung einer Handelsbilanz I setzt die Ausübung von Ansatz-, Bewertungs- und Gliederungswahlrechten auf lokaler Ebene, z. B. Gesamt- oder Umsatzkostenverfahren entsprechend den lokalen Bilanzierungsrichtlinien voraus. Ausschüttungsentscheidungen haben Ausschüttungssperrnormen, z. B. § 58 Abs. 2 AktG, §§ 268 Abs. 8, 253 Abs. 6 HGB zu beachten.

Die Erstellung von Handelsbilanzen II führt zu Einzelabschlüssen nach konzerneinheitlichen Richtlinien (Konsolidierungshandbuch), welche Regelungen enthalten müssen, z. B. über

- das angewandte Rechnungslegungssystem des Konzernabschlusses (HGB oder IFRS),
- die konzerneinheitliche Ausübung von Ansatz-, Bewertungs-, Gliederungswahlrechten und -beurteilungsspielräumen, wie z. B. die Ausübung des Aktivierungswahlrechts für selbst erstellte immaterielle Vermögensgegenstände oder aktive Steuerlatenzüberhänge.

> Die Überwachung des Rechnungslegungsprozesses beinhaltet auch ein diesbezügliches Reporting.

Schließlich umfasst die Überwachung des Rechnungslegungsprozesses die Kenntnis und Bewertung bzw. Einschätzung der vom Vorstand ergriffenen bzw. beabsichtigten Maßnahmen zur Qualitätssicherung der externen Finanzberichterstattung. Beispiele können sein zu überprüfen und sicherzustellen, dass die tägliche Kassenkontrolle in bargeldnahen Bereichen wie im Organisationshandbuch vorgeschrieben von einem Kompetenzträger und nicht von einem Praktikanten durchgeführt wird und dass die Reporting-Packages zeitgerecht und mit Verantwortlichkeitskennzeichen des Erstellers an das Konzernreporting weitergeleitet werden.

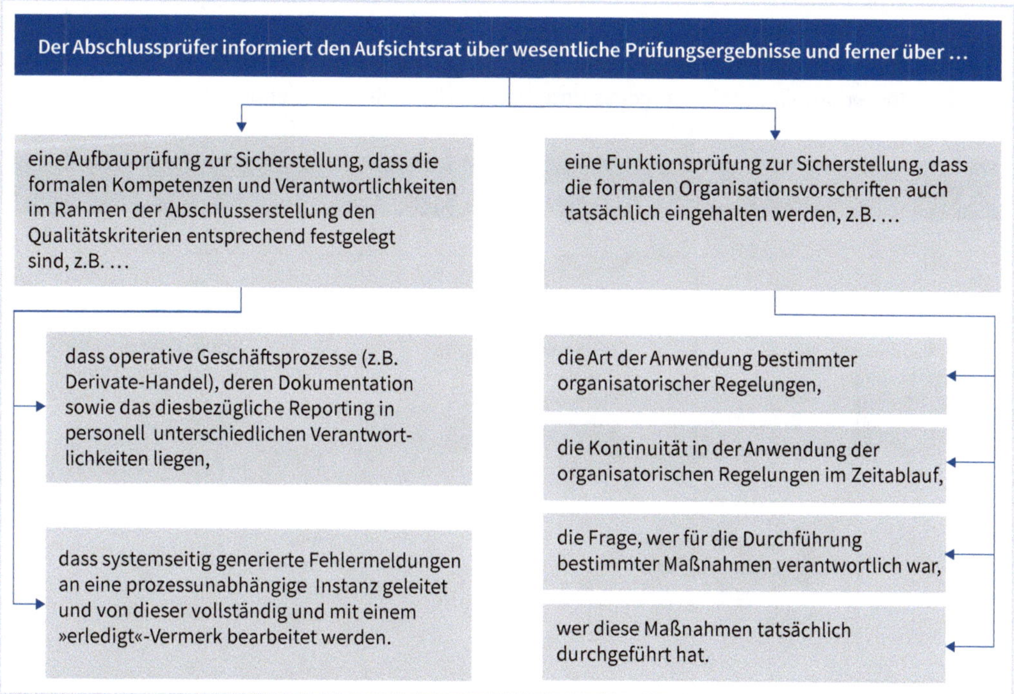

Abb. 81: Berichtsumfang zur Jahresabschlussprüfung

Die Qualitätssicherung des Rechnungslegungsprozesses umfasst:

- die Überwachung der Abläufe innerhalb des Accountingbereichs zwischen:
  - zentralen und dezentralen Tätigkeitsbereichen,
  - hierarchisch gleich gelagerten Tätigkeitsbereichen,
  - operativen und strategischen Entscheidungsinstanzen,
- die Überwachung der Abläufe zwischen dem Accountingbereich und fachlich benachbarten Funktionsbereichen:
  - Controlling, z.B. zur Abgrenzung von Forschungs- und Entwicklungskosten, Beurteilung von Wertminderungsindikatoren oder zur Erstellung von Cashflow-Prognosen zur Bestimmung des Nutzungswertes im Rahmen des Impairmenttests (IAS 36),

- Steuerabteilung, z. B. zur Ermittlung von Steuerwerten zur Berechnung von latenten Steuern,
- Finanzabteilung, z. B. zur Derivatebewertung und Dokumentation von Hedge-Beziehungen,
- Personalabteilung, z. B. zur Ermittlung von Gehaltssteigerungen zur Berechnung von Pensionsrückstellungen,
- Vertragsmanagement, z. B. zur Identifizierung von nicht zu marktüblichen Bedingungen zustande gekommenen wesentlichen Geschäften mit nahe stehenden Personen.

Die Überwachung des Rechnungslegungsprozesses beinhaltet auch ein diesbezügliches Reporting, z. B. über

- die Berichtspflicht des Abschlussprüfers in der Bilanzsitzung des Aufsichtsrats über wesentliche Schwächen des internen Kontroll- und Risikomanagementsystems bezogen auf die Rechnungslegungsprozesse, oder
- die Lageberichtspflicht für kapitalmarktorientierte Kapitalgesellschaften sowie Konzerne, wenn ein in den Konzernabschluss einbezogenes Unternehmen kapitalmarktorientiert ist.

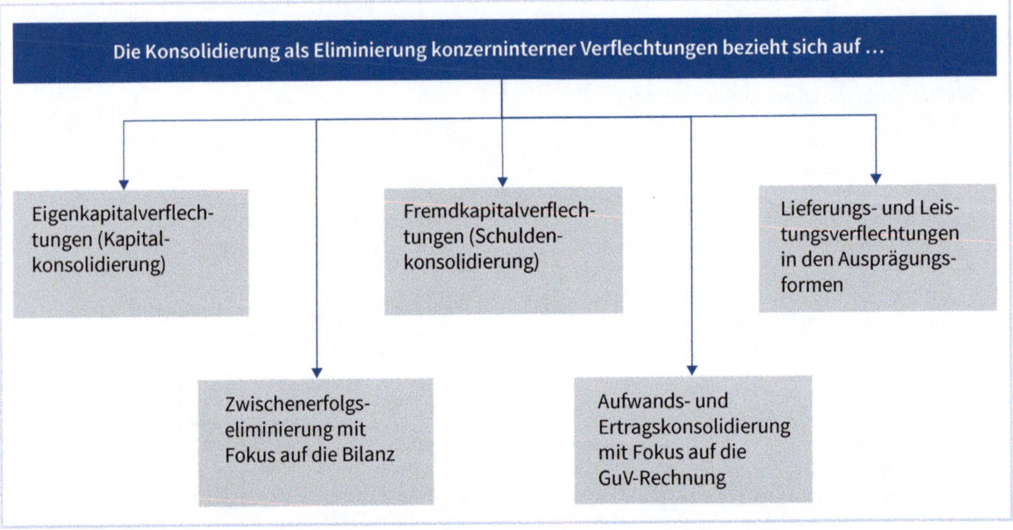

Abb. 82: Konsolidierung

Merkmale des Internen Kontroll- und Risikomanagementsystems bezogen auf den Rechnungslegungsprozess sind z. B.:

- Vorgehen zur ordnungsgemäßen Erfassung, Verarbeitung und Dokumentation von Geschäftsvorfällen,
- Maßnahmen zur Gewährleistung der Vollständigkeit und Richtigkeit der Buchführungsunterlagen,
- Hinweise zur Verwendung von Bilanzierungs-, Kontierungs- und Konsolidierungsrichtlinien,
- Informationen zur Einbeziehung externer Dienstleister und Shared Service Centers in den Prozess der Jahres- oder Konzernabschlusserstellung,

- Vorgehen bei der Verwertung von Experten-Stellungnahmen,
- das IT-System betreffende Zugriffsregelungen,
- rechnungslegungsbezogene Tätigkeiten der Innenrevision.

Die diesbezüglichen Ausführungen können im Einzelnen Folgendes betreffen:
- angewandte Bilanzierungsrichtlinien,
- Organisation und Kontrolle der Buchhaltung und den Ablauf der Abschlusserstellung (z. B. in Shared Service Centern),
- Grundzüge der Funktionstrennung zwischen Abteilungen,
- Aufgabenzuordnung bei der Abschlusserstellung,
- Zugriffsregelungen im EDV-System.

Die Überwachungsfunktionen über Kontrollprozesse im Bezug auf die Rechnungslegung lassen sich wie folgt gliedern:
- technische Aspekte,
- rechtliche bzw. regulatorische Aspekte.

Beispiele für technische Aspekte können sein:
- angewandte Konsolidierungstechnik,
- Ausübung von Bilanzierungswahlrechten,
- Beurteilung der Auswirkungen wesentlicher Geschäftsvorfälle auf Bilanz und GuV,
- Prüfung des Rechnungswesens und angrenzender Bereiche durch die Innenrevision.

Rechtliche bzw. regulatorische Aspekte der Überwachung des Rechnungslegungsprozesses umfassen das Erkennen und die Einschätzungen, ob
- die Regelungen einzelne Ertragsquellen oder das Geschäftsmodell gefährden,
- Planzahlen den geänderten Richtlinien angepasst werden,
- welche Vorsorge zur nachhaltigen Bestandssicherung getroffen wurde.

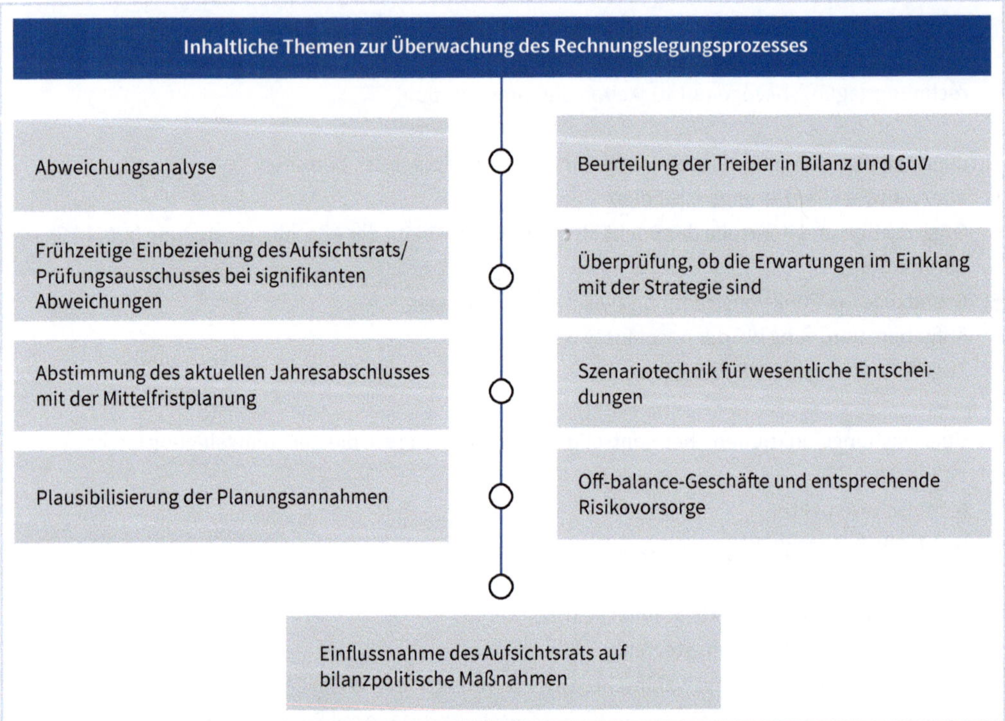

Abb. 83: Inhaltliche Themen zur Überwachung des Rechnungslegungsprozesses

4 Neuerungen der Prüfung von Nachhaltigkeitsberichten im Rahmen der CSRD

Mit der Umsetzung der CSR-Richtlinie wird eine Prüfungspflicht für die ESG-Berichterstattung verbindlich vorgeschrieben. (ESG ... Environment, Social and Governance) vorgeschrieben. Bisher war die nichtfinanzielle Erklärung wie auch der Erklärung zur Unternehmensführung (§§ 289b bis 289e HGB) nur zu prüfen, ob sie erstellt und abgegeben wurde (§ 317 Abs. 2 Satz 4 HGB). Eine inhaltliche Prüfung durch den Abschlussprüfer ist bislang nicht verpflichtend. Sie obliegt vielmehr dem Aufsichtsrat (§ 171 Abs. 1 AktG), der wiederum Dritte mit einer unabhängigen Prüfung beauftragen kann (§ 111 Abs. 2 Satz 4 AktG). Dabei kann auch die Prüfungsintensität (begrenzte oder hinreichende Sicherheit) zwischen dem Aufsichtsrat und dem Prüfer vereinbart werden.

Sowohl Vorstand/Geschäftsführung als auch die Aufsichtsräte tragen ausdrücklich die Verantwortung für die nichtfinanzielle Berichterstattung, wobei eine inhaltliche Prüfung der nichtfinanziellen Berichterstattung für den Aufsichtsrat verpflichtend ist. Nach der CSRD soll ab 2024 eine gesetzliche externe Pflichtprüfung zur Erlangung einer begrenzten Sicherheit (limited assurance) eingeführt werden. Sie erfordert

- ein Verständnis des Prüfers für die ESG-Strategie, Konzepte und Managementansätze,
- ein Verständnis für die Datenerhebung-, Datenverarbeitungs- und Berichterstattungsprozesse,
- eine analytische Prüfung quantitativer Angaben und deren Abstimmung mit qualitativen Aussagen, sowie
- eine Gesamtwürdigung der Nachhaltigkeitsberichterstattung.

Die mittelfristige Zielsetzung der EU-Kommission zielt auf eine Prüfung der nichtfinanziellen Erklärung mit hinreichender Sicherheit (reasonable assurance), denn sie entspricht auch der Prüfungsqualität in Bezug auf die Finanzberichterstattung.

Prüfung von nicht finanziellen Erklärungen

	Limited assurance (begrenzte Sicherheit)	**Reasonable assurance (hinreichende Sicherheit)**
Art des Urteils	Negativ formuliertes Urteil: uns sind keine Sachverhalte bekannt, dass die Angaben nicht in Übereinstimmung mit den Anforderungen erstellt wurden	Positiv formuliertes Urteil: »Die Angaben wurden entsprechend den Anforderungen (z. B. GRI-Standards) erstellt
Prüfungsansatz	Risikobasierte Prozessprüfungsansätze Verständnisaufbau über Verfahren zur Erfassung, Verarbeitung und Konsolidierung der Angaben	Risikobasierte Prozessprüfungsansätze Verständnisaufbau über Verfahren zur Erfassung, Verarbeitung und Konsolidierung der Angaben

	Limited assurance (begrenzte Sicherheit)	**Reasonable assurance (hinreichende Sicherheit)**
Typische Prüfungshandlungen	Reviewähnliche Tätigkeiten: Befragungen und analytische Betrachtungen, ggf. prüfungsähnliche Tätigkeiten in geringem Umfang	Prüfungsähnliche Tätigkeiten: Aufnahme und Beurteilung der Prozess- und Kontrollsysteme und/oder aussagebezogene Prüfungshandlungen
Analytische Prüfungshandlungen	Ausreichend, wenn keine erheblichen Zweifel an Richtigkeit und Vollständigkeit der Daten bestehen	Nicht ausreichend für abschließende Beurteilung wesentlicher Prüfgebiete
Stichproben	Exemplarische Stichproben im Zuge der Prozessaufnahme	Definierte Stichprobengrößen, Orientierung an der Häufigkeit der Kontrolldurchführung
Standorte	Einbeziehung von Standorten in die Prüfung in geringem Umfang	Einbeziehung von Standorten in die Prüfung in erweitertem Umfang

Zur Vorbereitung der Prüfung von ESG-Dokumenten und der nichtfinanziellen Erklärung empfehlen sich folgende unternehmensseitige Maßnahmen:

- Erhebung der relevanten inhaltlichen Anforderungen,
- Implementierung geeigneter prüffähiger Prozesse und Kontrollen zur Informations- und Datengewinnung,
- Definition von Verantwortlichkeiten und Zuständigkeiten,
- Entwicklung einer angemessenen Dokumentation.

5 Quellen, weiterführende Literatur

Beyer M./Herold C. (2018): Abschlussprüfer-Ausschreibungsverfahren aus Sicht des Aufsichtsrats, in: BOARD 06/2018, S. 222–224.

Beyer M./Herold C. (2021): Zusammenarbeit mit dem Abschlussprüfer und dessen Beurteilung – Wesentliche Neuerungen aus dem DCGK 2020 und dem Regierungsentwurf zum FISG, in: BOARD 01/2021, S. 28–31.

Buhleier, C./Probst, A. (2022): Der Prüfungsausschuss des Aufsichtsrates: Praxisleitfaden für Finanzexperten und Aufsichtsräte, 4. Aufl., Stuttgart 2022.

Ludwig, D. (2021): Aufsichtsräte in kommunalen Unternehmen: Leitfaden für die Praxis, Köln 2921.

Kapitel 6: Compliance

1 Einführung

Der Begriff »Compliance« wird immer häufiger, zuweilen inflationär, verwendet. Oft ist jedoch seine Bedeutung nicht klar und so wird er oftmals mit »Haftungsvermeidung« oder »Regeleinhaltung« übersetzt. Vor allem die Abgrenzung zu den ebenfalls relevanten und benachbarten Themen Corporate Governance (vgl. Kapitel 3) und Internes Kontrollsystem (vgl. Kapitel 5) verschwimmt in der Praxis sehr häufig. In Abbildung 84 ist die Beziehung der drei Themen bzw. Begriffe dargestellt.

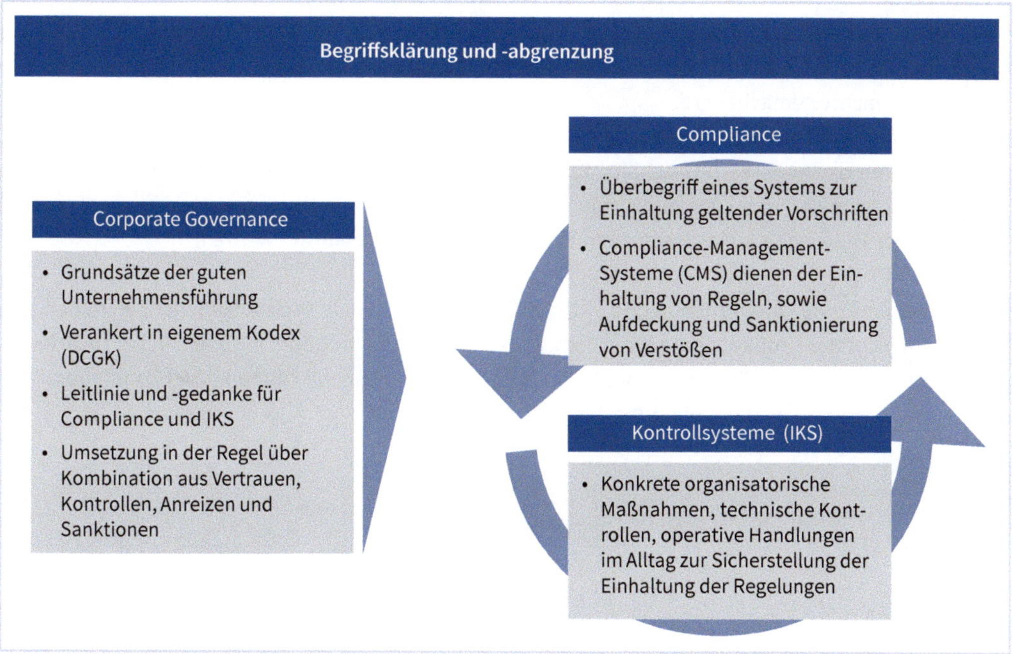

Abb. 84: Begriffserklärung und -abgrenzung

> Compliance bedeutet, dass Unternehmen und die darin tätigen Vorstände, Führungs- und Ausführungspersonen sich an die maßgeblichen Gesetze und internen Richtlinien halten müssen.

Das Thema Compliance und daraus folgend Compliance-Management ist derzeit sehr aktuell und brisant, insbesondere aufgrund vieler Fälle von Korruption, Betrug und Unterschlagung (Fraud) sowie kartellrechtswidriger Absprachen in den letzten Jahren, zuweilen auch unter direkter Mitwirkung oder Duldung des Top-Managements. Nur folgerichtig ist daher, dass die Vorstandsentscheidungen im Hinblick auf ihre Rechtmäßigkeit vom Aufsichtsrat geprüft und beurteilt werden und sich der Aufsichtsrat somit aktiv mit Compliance und den (möglichen) Compliance-Risiken beschäftigt.

Bei der Compliance ist zu bedenken, dass sie sehr umfassend im Unternehmen verankert ist, da sie auf die Sicherstellung der Legalität der Geschäftstätigkeit und der Geschäftsprozesse abzielt. Daher ist die

Zuordnung zu einem vermeintlich juristischen Thema zu kurz gefasst, denn es geht auch um die Verbesserung der Effizienz und der wirtschaftlichen Überlebensfähigkeit des Unternehmens.

Compliance bedeutet, dass Unternehmen und die darin tätigen Vorstände, Führungs- und Ausführungspersonen sich an die maßgeblichen Gesetze und internen Richtlinien halten müssen.

Eine Regelverletzung, unabhängig davon, welchem Rechtsgebiet sie zuzuordnen ist, wird als Compliance-Verstoß bezeichnet. Dass die juristische Sicht eine zu enge Betrachtung ist, kann wie folgt aufgezeigt werden:

- Prozesse sind effizient, wenn sie zu einem betriebswirtschaftlich optimalen Ergebnis führen.
- Optimal ist ein Ergebnis jedoch nur dann, wenn es nicht durch Sanktionen wegen Compliance-Verstößen zunichte gemacht wird.
- Aufgrund der mittlerweile erheblichen Strafen können Compliance-Verstöße sehr leicht nicht nur den Gewinn des konkreten Geschäfts gefährden, sondern auch den Jahresüberschuss des Unternehmens schmälern oder gar vernichten
- … und das Unternehmen insgesamt kann in seinem Bestand gefährdet werden.

Ein Beispiel für existenzbedrohende und aktuelle Risiken sind illegale Preisabsprachen, an denen sich bei Weitem nicht nur Großkonzerne beteiligen. Angesichts von Geldbußen in Höhe von bis zu 10% des Jahresumsatzes wird deutlich, wie schnell Verstöße zur Bestandsgefährdung führen können und wie wichtig die Überwachung der Einhaltung der geltenden Regeln ist.

2 Verantwortung

Der Aufsichtsrat hat im Rahmen seiner Überwachungspflicht gem. § 111 Abs. 1 AktG die Geschäftsführung mit Blick auf ihre Recht-, Ordnungs- und Zweckmäßigkeit zu kontrollieren. Diese Aufsichtspflicht wird durch die Regelungen des Deutschen Corporate Governance Kodex (DCGK) ergänzt und verfeinert.

Exemplarisch heißt es in Grundsatz 5 (DCGK 2022): »Der Vorstand hat für die Einhaltung der gesetzlichen Bestimmungen und der internen Richtlinien zu sorgen und wirkt auf deren Beachtung im Unternehmen hin (Compliance). Das interne Kontrollsystem und das Risikomanagementsystem umfassen auch ein an der Risikolage des Unternehmens ausgerichtetes Compliance Management System.«

Der Überwachungspflicht des Aufsichtsrats unterliegt, ob und in welcher Weise der Vorstand dieser Pflicht nachkommt. Zu erwähnen ist jedoch, dass weder das Gesetz noch der Deutsche Corporate Governance Kodex näher definieren, was eine gute Compliance ist und wie diese umzusetzen ist. Notwendig, aber auch ausreichend ist es, wenn die Unternehmensleitung Strukturen schafft und Abläufe vorsieht, damit das Unternehmen »compliant« ist. Auch muss sichergestellt sein, dass das von der Unternehmensleitung implementierte Vorgehen funktioniert und für den Risiken und der Komplexität angemessen ist. Je nach Größe und Komplexität muss und soll es daher nicht zwingend zu einer unangebrachten Aufblähung der Organisation oder nicht pragmatischen Kontrollauswüchsen kommen.

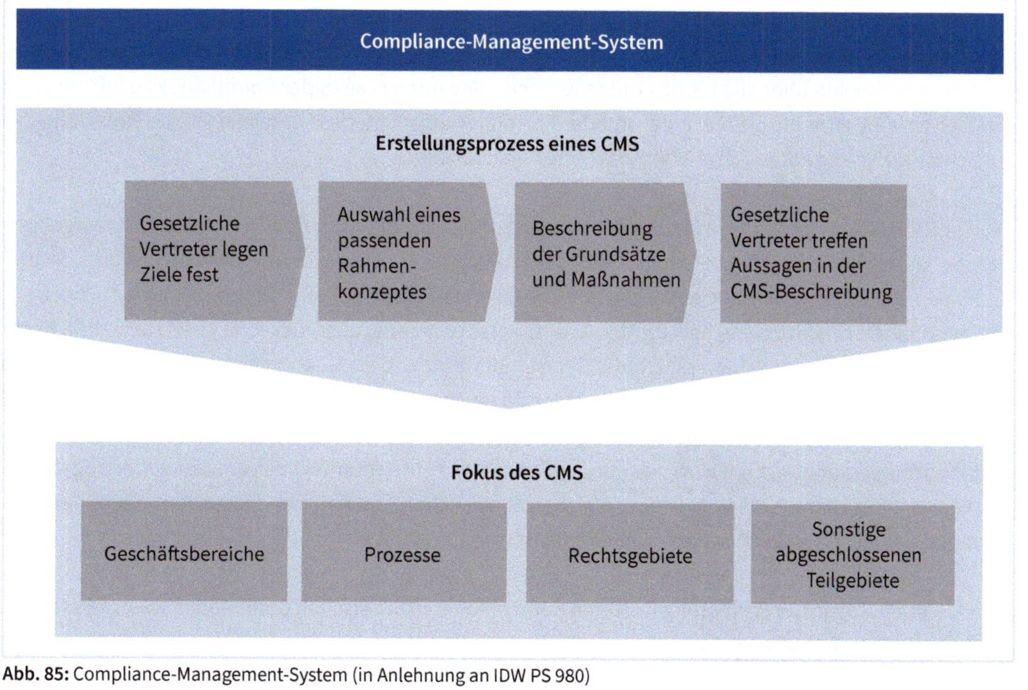

Abb. 85: Compliance-Management-System (in Anlehnung an IDW PS 980)

Folgende Elemente gelten jedoch z. B. nach Mahlert (2009) als notwendig, um die rechtlichen Anforderungen zu erfüllen:

- Aufstellung einer Compliance-Richtlinie, welche die Einhaltung der gesetzlichen und der unternehmensspezifischen Vorgaben einfordert.
- Einrichtung eines Compliance-Management-Systems (CMS), das die erforderlichen Organisations- und Kontrollstrukturen definiert (dabei insbesondere Compliance Officer, Compliance Committee, Whistleblowing, Schulung, Schnittstellen zu interner Revision, Risikomanagement, Internen Kontrollsystemen), das präventive Wirkung entfaltet und sich aus den laufend gewonnenen Erkenntnissen stetig verbessert.

> Der Aufsichtsrat hat sicherzustellen, dass das von der Unternehmensleitung implementierte Vorgehen funktioniert und den Risiken und der Komplexität angemessen ist.

Um die Eignung des Compliance-Management-Systems (CMS) zu beurteilen, wird der Aufsichtsrat regelmäßig den Compliance Officer oder Verantwortlichen direkt befragen und im Zweifelsfall auch externen Sachverstand hinzuziehen. Üblich ist es auch, dass er diese spezifische Überwachungsaufgabe auch an den Prüfungsausschuss überträgt, der sich nach § 107 Abs. 3 AktG ohnehin mit Fragen der Compliance zu befassen hat.

Zusammenfassend kann festgehalten werden: Verpasst der Vorstand die Einrichtung oder aber die Aufrechterhaltung eines funktionierenden und angemessenen Compliance-Management-Systems, so handelt es sich dabei um eine Pflichtverletzung, die der Aufsichtsrat nicht übersehen darf. Der Deutsche Corporate Governance Kodex sieht z. B. in Grundsatz 16 DCGK 2022 für den Vorstand vor, den Aufsichtsrat regelmäßig über alle für das Unternehmen relevanten Fragen der Compliance zu informieren. Übersehen werden sollte jedoch aufgrund der Formulierung nicht, dass es zugleich eine Holschuld des Aufsichtsrats ist, die notwendigen Informationen anzufordern.

Bei der Erörterung der Verantwortung soll eingangs kurz auf die Situation in der GmbH eingegangen werden, da bisher lediglich Ableitungen aus dem Aktiengesetz vorgenommen wurden. An der grundsätzlichen Übertragbarkeit der Aussagen zur Compliance-Pflicht auf eine GmbH ist nicht zu zweifeln, im Gegenteil: Dort fehlt zwar eine § 91 Abs. 2 AktG entsprechende, ausdrückliche gesetzliche Pflicht zur Einrichtung eines Überwachungssystems. Bei der Einführung der aktienrechtlichen Norm (durch das KonTraG) ging der Gesetzgeber jedoch davon aus, dass für die GmbH im Grundsatz nichts anderes gilt und die Neuregelung insoweit Ausstrahlungswirkung habe (BT-Drucks. 13/9712, S. 15). Dies ist für die GmbH auch anerkannt. Da die Überwachungspflichten des Aufsichtsrats auch adäquat übertragen werden können, folgt daraus, dass auch ein Aufsichtsrat einer GmbH im Rahmen seiner Überwachung Sorge zu tragen hat, dass die Gesellschaft »compliant« ist.

Viele Gremien tragen der Bedeutung Rechnung und etablieren inzwischen Compliance-Ausschüsse oder Compliance-Beauftragte. Erschwerend ist jedoch, dass die Anforderungen nicht eindeutig benannt sind, zumal der Gesetzgeber bereits dem Vorstand nur sehr vage Orientierungshilfen für die Ausgestaltung entsprechender Strukturen an die Hand gibt.

Nach Schemmel/Minkoff (2013) und Remberg (2015) stellen sich z. B. folgende grundlegende Fragen:

- Wie umfassend muss über Compliance-Anstrengungen berichtet werden?
- Muss der Aufsichtsrat dabei die Implementierung bestimmter, grundlegender Einzelmaßnahmen prüfen?
- Muss beispielsweise sichergestellt sein, dass fortlaufend die Erkenntnisse der aktuellen Rechtsprechung ausgewertet und in die Struktur überführt werden?
- Welche Verantwortung kommt auf diesen Aufsichtsrat im Hinblick auf Compliance zu?
- Gibt es zum Beispiel »Mittelstandsbesonderheiten«?

> Für Aufsichtsräte und Geschäftsführer einer GmbH gelten im Grundsatz die gleichen Anforderungen an ein funktionierendes CMS.

Die Implementierung eines funktionierenden Compliance-Management-Systems (CMS) ist eindeutig eine originäre Aufgabe des Vorstands bzw. der Geschäftsführung. Der Aufsichtsrat muss daran anknüpfend überwachen, ob dieses System ordnungsgemäß erfolgt ist und dabei insbesondere auf Konzeption, Angemessenheit und Wirksamkeit achten. Er hat umgehend Maßnahmen zu ergreifen, falls Schwächen festgestellt werden.

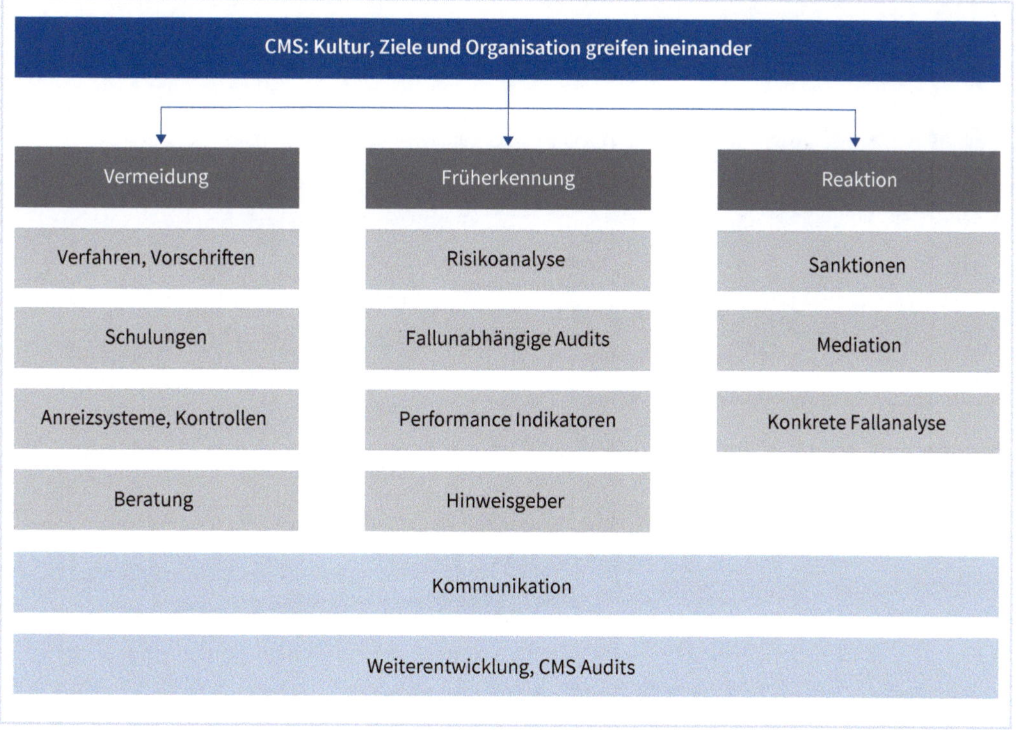

Abb. 86: CMS: Kultur, Ziele und Organisation greifen ineinander

Die Verantwortung mag im Kern zwischen dem Aufsichtsrat eines Großunternehmens und dem eines Mittelständlers gleich sein, doch liegen zwischen den Compliance-Strukturen häufig Welten. Während sich im ersten Fall aufgrund von Sanktionen, Reputationsschäden etc. häufig ganze Abteilungen mit Compliance, Compliance-Reporting etc. befassen, ist in vielen mittelständischen Unternehmen bereits eine strukturierte und regelmäßig durchgeführte Risikoanalyse eine Herausforderung. Insofern sind hier oftmals Einzelfalllösungen und weniger CMS im engeren Sinn anzutreffen.

Typische Compliance-Treiber	
Zunehmende Anzahl von relevanten Gesetzen und Verordnungen	• Steuerrecht • Arbeitsrecht • Umweltrecht • etc.
Konkretere Anforderungen an die Unternehmensführung	• DCGK • Zunehmende Bedeutung von Kontroll- und Risikomanagement-systemen
Konkretere Anforderungen an die Unternehmensführung	• Vertrauensverlust und erhöhte öffentliche Sensibilität bei Korruptionsthemen • Strafrechtliche Konsequenzen für Täter (z.B. Untreue, Geldwäsche etc.)
Verschärfte Folgen	• Haftung bei der Verletzung von Organisations- und Aufsichts-pflichten • Ausschluss von Ausschreibungen
Erwartungen der Stakeholder	• Umgang mit Risiken und Chancen oftmals Entscheidungskriterium bei Finanzierungen • Erhöhte Informationsanforderungen durch Dritte, Kunden, Lieferanten und Fremdkapitalgeber

Abb. 87: Typische Compliance-Treiber

3 Umsetzung

Fraglich ist jedoch, wie die Überwachung für Aufsichtsräte konkret aussieht bzw. wie dieses umzusetzen ist.

Zunächst sollte sich der Aufsichtsrat mit den Kriterien für ein ordnungsgemäßes bzw. angemessenes CMS beschäftigen. Die Schwierigkeit dabei ist jedoch, dass er sich nicht an allgemeingültigen, in allen Unternehmen praktisch und pragmatisch umsetzbaren Mindeststandards ausrichten kann.

> Die Erfahrung des Aufsichtsrats sollte bei der Ausgestaltung des CMS im Hinblick auf Umfang, Angemessenheit und Komplexität berücksichtigt werden.

Als hilfreiche Anregungen können jedoch der IDW-Prüfungsstandard 980 »Grundsätze ordnungsmäßiger Prüfung von Compliance-Management-Systemen«, der Ende 2014 veröffentlichte ISO Standard 19600 für Compliance-Management-Systeme sowie der Standard für Compliance-Management-Systeme des TÜV Rheinland dienen. Auf die beiden erstgenannten Quellen wird in diesem Kapitel noch eingegangen.

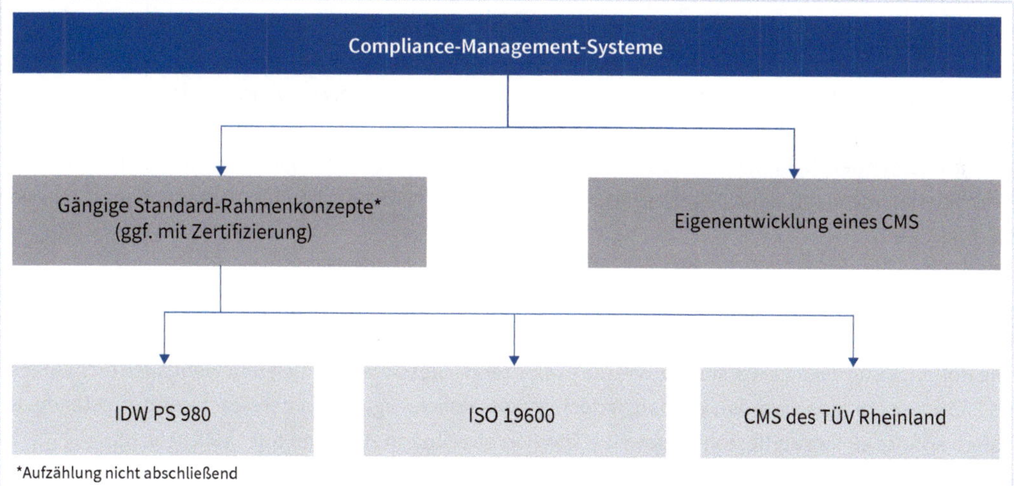

Abb. 88: Compliance-Management-Systeme

Zu beachten ist jedoch, dass die Inhalte z. T. sehr komplex sind und den Unternehmen Strukturen und Ressourcen abfordern, die nicht immer leistbar und sinnvoll sind. Manche Unternehmen könnten daher überfordert sein, wenn sie die genannten Standards umsetzen wollen. Unabhängig von der vollständigen Anwendung genannter Standards, lassen sich aber nach Remberg (2015) folgende Grundelemente eines effektiven CMS herausarbeiten, die auch von kleineren und mittelständischen Unternehmen ob der Bedeutung des Themas umsetzbar sein sollten:

- Sorgfältige Auswahl eines »Kümmerers« – in größeren Unternehmen auch Compliance Officer genannt –, der sich des Themas Compliance im Unternehmen annimmt. Hier ist auf ausreichende Kenntnisse, Befugnisse und eine professionelle Berichtslinie zu achten;

- regelmäßige Feststellung und Bewertung der mit der Geschäftstätigkeit einhergehenden rechtlichen Risiken (Risikoanalyse);
- Schulung von Mitarbeitern zwecks Verhinderung von Straftaten oder Ordnungswidrigkeiten; geeignete Kommunikation in Form von Richtlinien und Anweisungen;
- professionelle Verfolgung von anonymen und nicht-anonymen Hinweisen;
- systematische Aufklärung von Verdachtshinweisen sowie konsequente Ahndung von Fehlverhalten.

Empfehlenswert ist ein geschärfter Blick dafür, dass die Maßnahmen in einem angemessenen Verhältnis zur Größe des Unternehmens, zur Komplexität des Geschäfts und zu den Erkenntnissen der jedem CMS zugrunde liegenden Risikoanalyse stehen sollten.

Sollte der Aufsichtsrat Zweifel an der Existenz, Angemessenheit oder Wirksamkeit des CMS hegen und lassen sich diese auch nach Gesprächen mit der Unternehmensführung nicht ausräumen, ist die Veranlassung einer externen Prüfung des CMS im Hinblick auf die Gewährleistung der sorgfältigen Ausübung der eigenen Überwachungsfunktion ratsam.

Die Überwachungstätigkeit des Aufsichtsrats sollte sich grundsätzlich an dem Bericht des Vorstands bzw. der Geschäftsführung ausrichten, welcher in der Regel mindestens viermal jährlich im Rahmen der turnusmäßigen Aufsichtsratssitzungen vorgestellt wird.

Dabei bilden die Geschäftslage, strategische Themen und seit einigen Jahren zumindest in großen Unternehmen auch die Compliance häufig den Schwerpunkt. Bei Unternehmen, die kein angemessenes CMS implementiert haben, rückt Compliance nicht selten dann auf die Agenda, wenn es einen »Unfall« gegeben hat und nicht, um z. B. basierend auf den Ergebnissen der Risikoanalyse Präventivmaßnahmen zu diskutieren.

Ein entscheidender Punkt im Rahmen der Berichterstattung ist die Qualität und Vollständigkeit der Reports. Hierbei spielt die Vertrauenskultur zwischen dem Vorstand und dem Aufsichtsrat eine wesentliche Rolle, da Compliance-Verstöße – wie die Praxis zeigt – passieren können und wohl auch nicht immer vollständig vermieden werden können, jedoch grundsätzlich negativ auf den Vorstand zurückfallen. Insofern könnte ein Anreiz bestehen, gewisse Themen eher knapp zu halten oder auszugleisen.

Speziell dafür können externe Würdigungen des CMS sowie Berichte der Revision und Wirtschaftsprüfer sehr hilfreich sein.

> Selbst umfangreiche CMS können Compliance-Verstöße nicht immer verhindern. Entscheidend ist vielmehr, dass die Unternehmensleitung alles getan hat, um diese Verstöße zu verhindern.

Hellhörig sollten Aufsichtsräte werden, wenn durch »glatte Berichte« und scheinbar nahezu perfekte CMS die Risiken angeblich vollständig unter Kontrolle sind. Selbst umfangreiche CMS können Compliance-Verstöße nicht verhindern. Entscheidend ist vielmehr, dass das Management alles getan hat, um diese Verstöße zu verhindern. Das Compliance-Reporting des Vorstands sollte dann kritisch hinterfragt werden, wenn offenkundig ist, dass viele Compliance-Themen sich in Grauzonen bewegen und dies schnell in ein Dilemma führen kann. Widersprüche und offene Fragen sind ein gutes Indiz dafür.

Weiterhin sollte kritisch gewürdigt werden, ob Compliance-Schulungen das erste Mittel der Wahl bei der Prävention und Ausbildung sein sollten, oder eher als ein Baustein vielfältiger Maßnahmen einzuordnen sind. Gerade bei Compliance geht es häufig um Haltung und Kultur und oftmals weniger um juristisches Fachwissen, welches per Test o.Ä. durch die Unternehmen getragen wird. Es geht also insbesondere um die Botschaft und darum sicherzustellen, dass diese von der Belegschaft verstanden wurde und die damit verbundenen Erwartungen im Verhalten gelebt werden. Dieses Ziel ist daher nur zum Teil über Richtlinien, Schulungen etc. zu erreichen.

> Der Aufsichtsrat hat die Einschätzungen des Vorstands zu überprüfen und falls notwendig zu korrigieren. Insbesondere die Antizipation neuer Risiken stellt eine Herausforderung dar.

Das Stichwort ist daher »wertorientierte Unternehmensführung« und in diesem Kontext ist Compliance als organisationsinterner Selbstschutz zu verstehen, welcher die Unternehmen davor bewahren soll, Fehlentwicklungen anzustoßen oder zu manifestieren. Die Präambel des DCGK 2022 spricht ausdrücklich von Legalität **und** ethisch fundiertem, eigenverantwortlichem Verhalten, das aus dem Leitbild des Ehrbaren Kaufmanns abgeleitet ist. Die Erfassung, das Monitoring und Reporting der Compliance-Risiken läuft idealerweise in einem strukturierten Prozess ab, der vom Vorstand verantwortet wird und mittels dem er die Kommunikation zum Aufsichtsrat sicherstellt. Zentrale Aspekte wie die Risikoidentifikation, Präventivmaßnahmen oder Steuerung der Risiken dürfen keinesfalls fehlen. Der nachfolgend skizzierte Prozess stellt eine Möglichkeit dar, den Umgang mit Compliance-Risiken zu gestalten (s. auch Kark 2014).

Im ersten Schritt geht es dabei um die Festlegung des Risikobetrachtungsfeldes. Hierbei soll der Vorstand Schwerpunkte für Auseinandersetzung mit Compliance-Risiken festlegen und auch aufzeigen, dass die notwendigen Ressourcen finanzieller, technischer oder personeller Art zur Verfügung stehen und somit die Rahmenbedingungen stimmig sind. Der Aufsichtsrat hat diese Einschätzung des Vorstands zu überprüfen und, falls notwendig, zu korrigieren. Insbesondere die Antizipation neuer Risiken stellt hierbei eine Herausforderung dar.

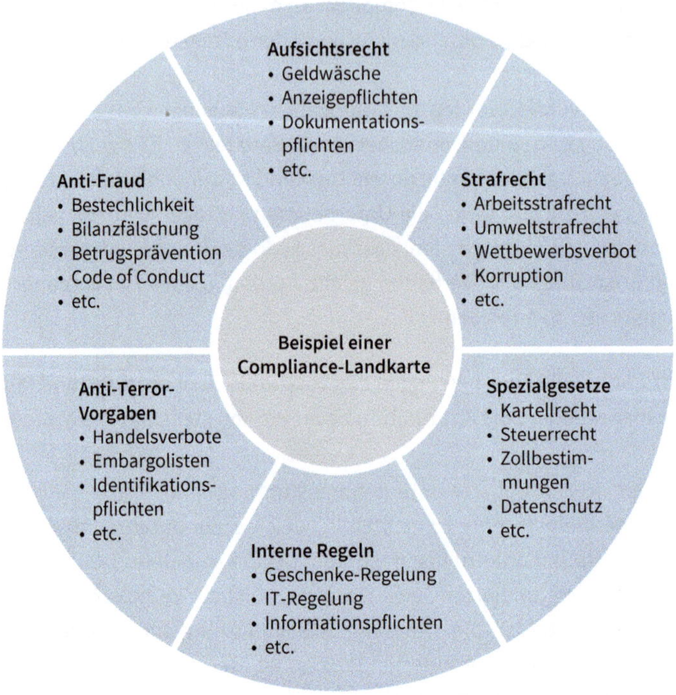

Abb. 89: Beispiel einer Compliance-Landkarte

Der zweite Schritt besteht aus der Identifikation, Analyse und Bewertung der Compliance-Risiken. Die Schwierigkeiten bestehen zumeist in der Beschaffung der notwendigen Informationen und in der Messbarkeit der Risiken. Ein weiterer wichtiger Umstand ist, dass Interdependenzen zwischen den Risiken erkannt werden sollten, um frühzeitig Abhängigkeiten, Kettenreaktionen und Klumpenrisiken erkennen und begegnen zu können. Bei knappen Ressourcen kann der Aufsichtsrat eine wertvolle Hilfe im Rahmen der Priorisierung der Compliance-Risiken sein; ebenso bei der Auswahl der Kriterien dafür.

Der dritte Schritt beinhaltet die Berichterstattung der Compliance-Risiken an den Aufsichtsrat. Hierfür hat der Aufsichtsrat sicherzustellen, dass er alle aus seiner Sicht notwendigen Informationen auch erhält bzw. diese ggf. bei Fehlen nachfordert. Auch sollte er prüfen, ob alle wesentlichen Unternehmensbereiche mit dem notwendigen Berichtsmaterial versorgt werden. Neben den Turnusberichten vom Vorstand ist zu definieren, wie mit Sachverhalten umzugehen ist, die ad hoc berichtspflichtig sind. Berichte von Prüfern, Revisoren und ggf. Beratern sollten ebenfalls regelmäßig ausgewertet werden.

Im vierten Schritt geht es um die Steuerung der Compliance-Risiken. Dafür ist es vor allem notwendig, sich mit den Maßnahmen und deren Plausibilität zu befassen. Die Berichtsschwelle bzw. Wesentlichkeitsgrenze für die Risiken hängt von der Unternehmensgröße und der wirtschaftlichen Lage ab. Wobei hier zwischen den Risiken auch variiert werden kann, wenn bspw. reputationsschädigende Vorfälle deutlich enger überwacht werden sollen als andere Themen.

Der letzte Schritt ist gekennzeichnet durch das Compliance-Risikomonitoring und die dazugehörige Dokumentation. Ein wesentlicher Aspekt des Monitorings ist die Weiterentwicklung der implementierten Compliance-Prozesse und die regelmäßige Überprüfung der Maßnahmen auf ihre Wirksamkeit. Mit der Dokumentation weist der Aufsichtsrat nach, dass er seiner Sorgfaltspflicht entsprochen hat.

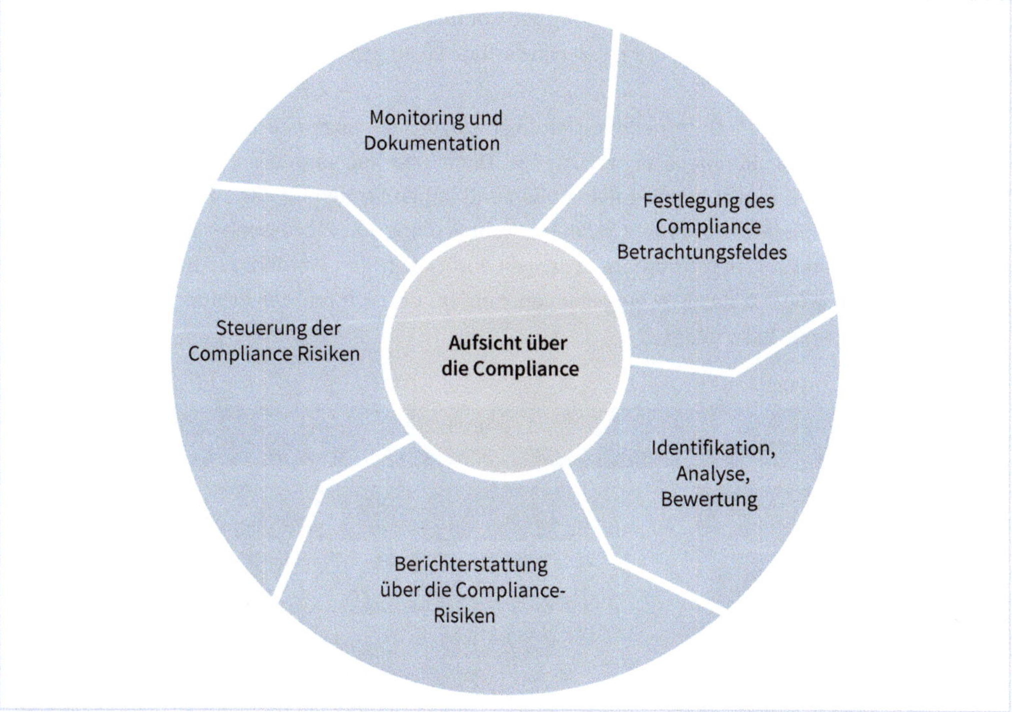

Abb. 90: Möglicher Prozess zur Aufsicht der Compliance-Risiken

4 Standard-Rahmenkonzepte

4.1 IDW PS 980

Neben Eigenentwicklungen zur Prüfung von Compliance-relevanten Prozessen und Systemen kann auf bereits etablierte und z. T. zertifizierbare Lösungen zurückgegriffen werden.

Wie bereits erläutert, hat die Unternehmensleitung bezüglich der allgemeinen Sorgfaltspflicht die Einhaltung des gesetzlichen Rahmens sicherzustellen. Dafür sind Regeln oder im Idealfall ein System zu implementieren, damit es nicht zu Regelverstößen und hohen Strafen für ein Unternehmen und seine Organe kommen kann. Neben Eigenentwicklungen zur Prüfung von Prozessen und Systemen kann auf bereits etablierte und z.T. zertifizierbare Lösungen zurückgegriffen werden. Als Beispiel soll auf den Prüfungsstandard (PS) 980 des IDW eingegangen werden, der sich mit der Prüfung von Compliance-Management-Systemen beschäftigt.

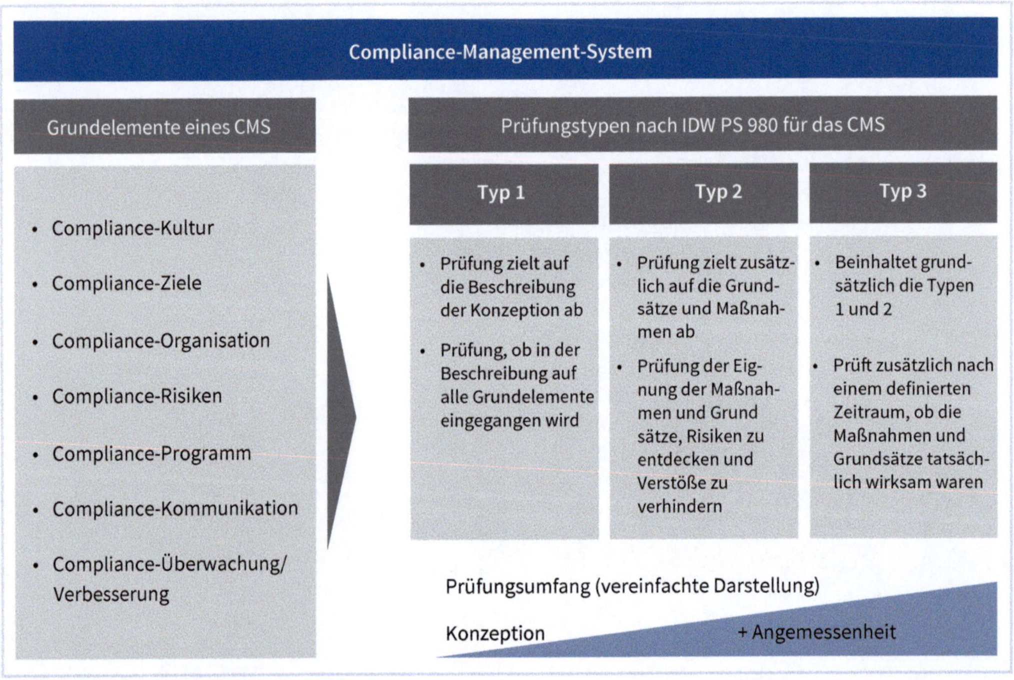

Abb. 91: Compliance-Management-System (1)

Nach dem IDW PS 980 werden sieben Grundelemente eines CMS definiert, die als zu individualisierendes Rahmenkonzept und weniger als starres Gerüst zu verstehen sind:

Die **Compliance-Kultur**, das erste Element, bildet die Grundlage für die Angemessenheit und Wirksamkeit des CMS. Die Compliance-Kultur wird insbesondere durch die Grundeinstellungen und Verhaltensweisen der Unternehmensleitung sowie durch die Rolle des Aufsichtsrats (»tone at the top«) beeinflusst. Weiterhin beeinflusst sie die Bedeutung, die die Mitarbeiter des Unternehmens der Einhaltung von Regeln beimessen. Dadurch drückt sich letztlich die Bereitschaft zu regelkonformem Verhalten aus.

Das zweite und sehr wesentliche Element sind die **Compliance-Ziele**, die mittels des CMS erreicht werden sollen. Sie werden von der Unternehmensleitung festgelegt – abgestimmt auf die für die Organisation bedeutenden Regeln. Anhand der Ziele sind dann die Risiken zu beurteilen, d.h. ohne ein Ziel, mit dem die Risiken abgleichbar sind, ist eine Beurteilung der Risiken nur bedingt möglich.

Die **Compliance-Organisation** bezieht sich im Wesentlichen auf die Bestimmung der Verantwortlichen sowie die Bereitstellung der notwendigen Ressourcen, damit eine seriöse Auseinandersetzung mit CMS-Themen überhaupt möglich ist.

Unter Beachtung der Compliance-Ziele werden die **Compliance-Risiken** festgestellt, welche Verstöße gegen geltende Regeln und somit eine Verfehlung der Ziele zur Folge haben könnten. Die festgestellten Risiken werden bezüglich Ihrer Eintrittswahrscheinlichkeit und möglichen Konsequenzen (z.B. Schadenshöhe) analysiert. Basierend auf der Beurteilung der Compliance-Risiken werden Grundsätze und Maßnahmen implementiert, welche auf die Begrenzung der Compliance-Risiken und somit auf die Vermeidung von Compliance-Verstößen hinwirken.

Verantwortliche und involvierte Mitarbeiter werden über das **Compliance-Programm** informiert. Dies ist notwendig, damit diese ihre Aufgaben im Rahmen des CMS verstehen und erfüllen können. Im Rahmen der **Compliance-Kommunikation** werden u.a. Berichtswege und -inhalte innerhalb der Organisation festgelegt.

Die wesentliche Voraussetzung für die **Überwachung und Verbesserung** ist eine ausreichende **Dokumentation** des Compliance-Management-Systems.

Der IDW PS 980 unterscheidet drei Stufen der CMS-Prüfung:
- Stufe 1: Prüfung der Konzeption des CMS,
- Stufe 2: Prüfung der Angemessenheit des CMS,
- Stufe 3: Prüfung der Wirksamkeit des CMS.

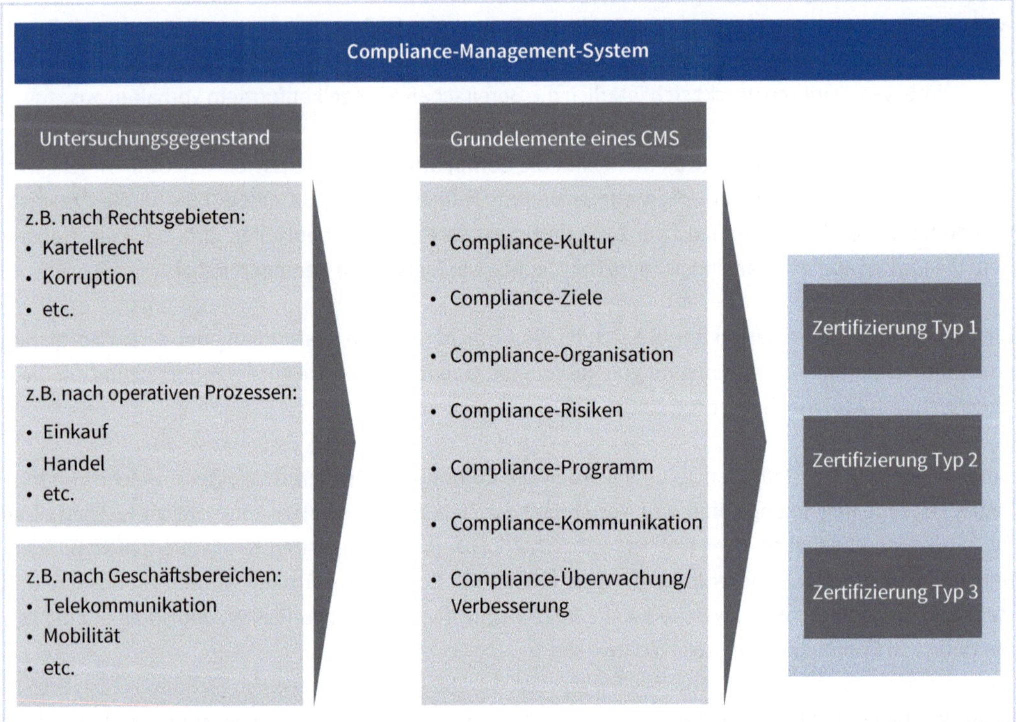

Abb. 92: Compliance-Management-System (2)

Ein umfassendes Compliance-Management-System kann folgerichtig nur in Stufe 3 bescheinigt werden. Als erster Meilenstein hin zu einem voll wirksamen CMS kann die Konzeption geprüft und mit einer entsprechenden Bescheinigung nach PS 980 bestätigt werden.

Bei der Prüfung der Konzeption (Typ 1) werden im Wesentlichen nachfolgende Aspekte beleuchtet:

- Sind die in der Beschreibung vorgenommenen Aussagen zur Konzeption in allen wichtigen Aspekten korrekt dargestellt?
- Sind alle Grundelemente eines CMS enthalten?

Gegenstand der Konzeptionsprüfung ist ebenfalls die Einschätzung der Aufbauorganisation des Compliance-Managements. Der Prüfungsbericht enthält ebenfalls eine Einschätzung darüber, ob die in der Beschreibung enthaltenen Aussagen zur Konzeption des CMS angemessen und korrekt erläutert sind.

> Ein umfassendes Compliance-Management-System kann nur in Stufe 3 bescheinigt werden.

Durch die Prüfung der Angemessenheit (Typ 2) soll festgestellt werden, ob die in der Beschreibung des CMS dargestellten und implementierten Grundsätze und Maßnahmen des CMS geeignet sind, Risiken für wesentliche Regelverstöße zu einem bestimmten Stichtag mit hinreichender Sicherheit zu erkennen und zu verhindern. Entsprechend ist der Prüfungsbericht um diese Einschätzung zu ergänzen, der jedoch auch die Aussagen zur Konzeption (Typ 1) beinhaltet.

Mithilfe der Prüfung der Wirksamkeit (Typ 3) soll ermittelt werden, inwiefern die Grundsätze und die Maßnahmen des CMS zu einem bestimmten Stichtag umgesetzt **und** in einem bestimmten Zeitraum wirksam waren. Ebenso wird geprüft, ob Grundsätze und Maßnahmen allen involvierten Personen bekannt waren und eingehalten wurden.

Der Prüfungsbericht zu Typ 3 enthält Aussagen darüber, ob
- die beschriebenen Aussagen über die Grundsätze und Maßnahmen des CMS in allen wesentlichen Aspekten angemessen dargestellt sind,
- die Grundsätze und Maßnahmen in Übereinstimmung mit den angewandten CMS-Grundsätzen geeignet sind, mit hinreichender Sicherheit zum einen Risiken für wesentliche Regelverstöße rechtzeitig zu erkennen und zum anderen diese auch zu verhindern,
- die Grundsätze und Maßnahmen zu einem bestimmten Zeitpunkt implementiert waren und ob sie während eines definierten Zeitraums wirksam waren.

4.2 ISO 19600

Die ISO 19600 ist im Vergleich zum IDW PS 980 eine internationale Norm. Sie beinhaltet jedoch ebenfalls Richtlinien für den Aufbau und den Betrieb von Compliance-Management-Systemen. Als internationaler Best-Practice-Ansatz bietet der Standard ein Rahmenkonzept, um die Wahrscheinlichkeit für regelwidriges Verhalten zu minimieren. Er ist grundsätzlich für alle Organisationsgrößen und -formen geeignet. Dies können neben Unternehmen auch Abteilungen, Standorte o.Ä. sein.

Die ISO 19600, welche aus fünf Säulen besteht, wurde nicht als zertifizierbares Pflichtenheft konzipiert, sondern vielmehr als flexibler Leitfaden. Daher besteht auch der Anspruch, für alle Organisationsgrößen und -formen nutzbar zu sein und den Unternehmen dennoch Gestaltungsspielraum zu lassen. Insofern zielt er nicht nur auf Großkonzerne, sondern auch auf kleine und mittelständische Unternehmen sowie Behörden und sonstige Organisationen ab.

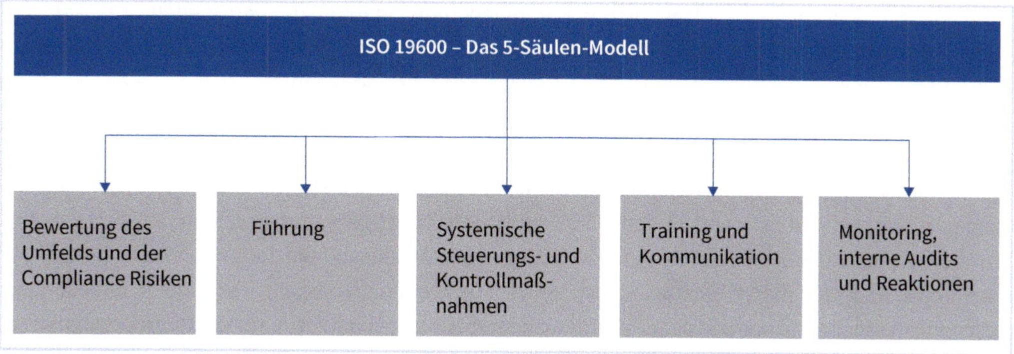

Abb. 93: Das 5-Säulen-Modell der ISO 19600

In der ersten Säule, der **Bewertung des Umfelds und der Compliance-Risiken,** wird der Fokus auf die organisatorischen Rahmenbedingungen sowie auf das rechtliche Umfeld des Unternehmens gelegt. Dieses wird einerseits durch die generell gültigen Regeln bestimmt. Andererseits sind individuelle vertragliche Vereinbarungen wie z. B. Lizenzverträge zu berücksichtigen. In Kombination mit der Analyse der Stakeholder der Organisation und den Aktivitäten der Organisation, ergibt sich eine Compliance-Risikolandkarte für die Organisation, welche die Grundlage für alle Maßnahmen und Kontrollen des CMS bildet. In diesem Zusammenhang wird in der Regel eine Priorisierung derart vorgenommen, dass man sich auf besonders relevante Rechtsgebiete beschränkt und auf Risiken, die erhebliches Schadenpotenzial in sich bergen.

> Die ISO 19600 wurde nicht als zertifizierbares Pflichtenheft konzipiert, sondern vielmehr als flexibler Leitfaden

Innerhalb der zweiten Säule, **Führung,** geht es um die Verantwortlichkeiten, unterschiedlichen Rollen und Zuständigkeiten in der Organisation. Insbesondere der Unternehmensleitung kommt hierbei eine bedeutende Rolle zu. Neben der grundsätzlichen Entscheidung, ein CMS einzuführen und die notwendigen Ressourcen bereitzustellen, geht es vor allem um das (kulturelle) Bekenntnis der Geschäftsführung, sich gesetzes- und vertragskonform verhalten zu wollen und darin einen essenziellen Wert zu sehen. Anderweitig dürfte das Funktionieren des CMS sehr fraglich sein. Ein erstes Zeichen der Ernsthaftigkeit ist die Sicherstellung, dass die CMS-Verantwortlichen ungehindert die damit zusammenhängenden Aufgaben erledigen können und mit den notwendigen Ressourcen ausgestattet werden.

Zu den **systemischen Steuerungs- und Kontrollmaßnahmen**, der dritten Säule, die ein Unternehmen implementieren soll, zählen beispielsweise interne Regelwerke (Prozessbeschreibungen, Handlungsanweisungen, Verhaltenskodex etc.). Sie sind gezielt auf die Erkenntnisse aus der Risikoanalyse zu erstellen und auf die Compliance-Risiken abzustimmen. Weiterführend sind systemische und in den Prozess integrierte Kontrollen umzusetzen (z. B. Ausgabenlimite, Vier-Augen-Prinzip o. Ä.) und zu kommunizieren. Dadurch können bewusste Regelverstöße deutlich reduziert werden.

In der vierten Säule geht es um Training und Kommunikation innerhalb der betroffenen Organisationseinheit. Hervorzuheben ist schließlich, dass Regelverstöße von Mitarbeitern häufig auch aus Unwissenheit und nicht mit Vorsatz begangen werden. Demzufolge ist es notwendig, dass die Vorgaben und die Konsequenzen bei Missachtung bekannt sind und verstanden werden.

ISO 19600 setzt auf laufende Schulungen für die Mitarbeiter, damit diese in der Lage sind, die Anforderungen zu kennen und ihr Handeln danach auszurichten. Dabei geht es neben dem Basiswissen auch um spezielle Schulungen, die auf die Verantwortungen und Arbeitsabläufe der betroffenen Kollegen abgestimmt sind. Beispielsweise sollte im Vertrieb der Fokus auf dem Umgang mit Kunden, Einladungen, Geschenken etc. liegen, während im Rechnungswesen Zahlungslimite u. Ä. im Vordergrund stehen. Je nach Unternehmensgröße und Anzahl der zu schulenden Mitarbeiter wird neben den Präsenzschulungen auch per E-Learning das Wissen vermittelt. Zumindest bei den Grundlagen hat sich dies in der Praxis bewährt. Bei komplexeren Sachverhalten und insbesondere für Führungskräfte sollten Präsenzschulungen das erste Mittel der Wahl sein.

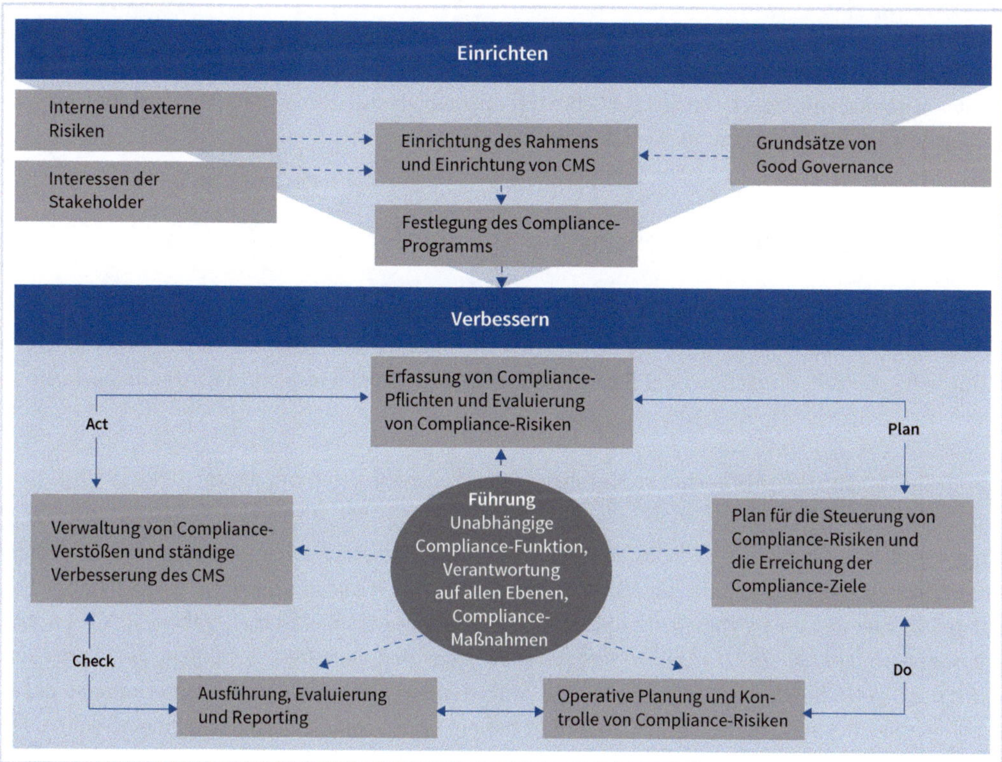

Abb. 94: Einrichtung von Compliance-Management-Systemen (KPMG (2014))

Schulungen müssen durch eine aktive und beständige Kommunikation ergänzt werden, die von der Unternehmensleitung ausgeht und sich durch die Organisation zieht. Damit soll das Selbstverständnis im Umgang mit Compliance vorgelebt werden und sich eine Compliance-Kultur etablieren. Mittels des sogenannten »tone-from-the-top«-Prinzips wird das aktiv kommunizierte Bekenntnis der Unternehmensleitung zum regelkonformen Verhalten als wesentlicher Bestandteile eines funktionierenden CMS angesehen.

> Die ISO 19600 ist nach dem PDCA-Prinzip aufgebaut (plan, do, check, act).

Im Rahmen der letzten Säule geht es um das Monitoring, interne Audits und die Lerneffekte für die Zukunft. Beim Monitoring liegt der Fokus auf der Beobachtung des laufenden Betriebs sowie der Durchführung von Kontrollen bezüglich der Einhaltung der Regeln und der Wirksamkeit der Kontrollen. Zusätzlich wird das rechtliche Umfeld analysiert und ggf. Anpassungen im Rahmen der Risikoanalyse vorgenommen. Kontrollen werden wiederum von sog. Audits (i. d. R. interne) ergänzt, die weniger auf das Verhalten abzielen, sondern das CMS insgesamt einer kritischen Würdigung unterziehen. Sollte es zu Compliance-Verstößen kommen und diese festgestellt werden, bedarf es einer Reaktion des Unternehmens. Neben der Ursachenanalyse ist ebenfalls festzulegen, wie die Konsequenzen aussehen und wie künftig solch ein konkreter Fall verhindert werden kann. Eine Nachschärfung des CMS könnte die Folge sein.

Zu betonen ist, dass durch die Implementierung eines CMS keine Garantie dafür besteht, dass die Mitarbeiter stets regelkonform handeln werden. Kriminelles Verhalten oder etwaige Lücken im CMS können nicht vollständig verhindert werden. Ein CMS zeigt aber auf, dass das Unternehmen bestrebt ist, regelkonform zu agieren und das Mögliche dafür zu tun.

4.3 Akzeptanz und Verbreitung der Standards

Interessant scheint die Frage, wie verbreitet die erläuterten Rahmenwerke sind und welches in der Praxis bevorzugt implementiert wird. Hierfür wird auf die in 2016 publizierte Studie der Kerkhoff Group GmbH eingegangen, die sich mit der Bestandsaufnahme zur Compliance im Mittelstand auseinandersetzt.

> Die ISO 19600 findet derzeit im Mittelstand deutlich mehr Akzeptanz als der IDW PS 980.

Ein wesentliches Ergebnis der Studie ist, dass die ISO 19600 deutlich mehr Akzeptanz im Mittelstand findet. Ausschlaggebend könnte gemäß der Studie die Flexibilität sein, die die Norm mit sich bringt. Von den teilnehmenden Unternehmen, die jedoch nicht alle ein CMS etabliert haben, gaben 53,70 % an, sich mit dem Standard ISO 19600 auseinandergesetzt zu haben. Mit dem IDW PS 980 hingegen haben sich indes nur 37,74 % beschäftigt. Noch eindeutiger wird das Ergebnis, wenn nur die Unternehmen untersucht werden, die ein CMS bereits implementiert haben – auch, wenn es sich nicht um eine der beiden Alternativen handelt. Danach haben sich 61,11 % mit dem ISO 19600, aber nur 41,67 % mit dem IDW PS 980 intensiver beschäftigt. Von den Organisationen, die bereits ein Compliance-Management-System etabliert haben, haben sich 20 % am ISO 19600, rund 17 % am IDW PS 980 orientiert, und 63 % haben auf eine Anlehnung an eines der beiden Rahmenwerke verzichtet. Daraus lässt sich schließen, dass der Wunsch nach einem individuellen Compliance-Management-System, welches genau an die Bedürfnisse des Unternehmens angepasst werden kann, die Auswahl erheblich bestimmt.

Es wurde weiterhin hypothetisch abgefragt, an welchem Standard sich die Unternehmen zukünftig orientieren würden. Etwa 39 % gaben an, dass sie dafür den ISO 19600 bevorzugen würden. Eine Anlehnung an IDW PS 980 kommt hingegen nur für 16,67 % der Unternehmen infrage.

Etwa jedes dritte Unternehmen hat laut der Studie noch kein Compliance-Management-System etabliert. Eine mögliche Erklärung könnte sein, dass die Risiken nicht angemessen eingeschätzt werden. Die Studie macht deutlich, dass das Risiko, von Gefahren wie Betrug, Korruption, Diebstahl etc. betroffen zu sein, für die eigene Organisation lediglich als mittel bis gering eingestuft wird. Im Vergleich dazu liegen die tatsächlichen Eintrittswahrscheinlichkeiten sehr viel höher. Eine weitere Ursache dafür könnte sein, dass die Unternehmen vor einer sehr komplexen Aufgabe gestellt werden, da eine Vielzahl von Regelungen eingehalten und diese auch im Rahmen des CMS im Einklang mit den Arbeitsabläufen und den Ressourcen gebracht werden muss. Erschwerend kommt hinzu, dass es vielen mittelständischen Unternehmen an der Erfahrung bezüglich der Umsetzung mangelt und der Nutzen oftmals geringer als der Aufwand eingeschätzt wird. Hierbei ist zu bedenken, dass neben Zeit und somit Personalkosten auch die Implementierung von Systemen und Kontrollen mit Kosten verbunden sind. Weiterhin sind regelmäßige Schulungen (oftmals mit externer Unterstützung) durchzuführen und das CMS in all seinen Facetten aktuell zu halten und weiterzuentwickeln. Um dieses Vorhaben effizient realisieren zu können, wird daher oftmals auf externe Berater zurückgegriffen.

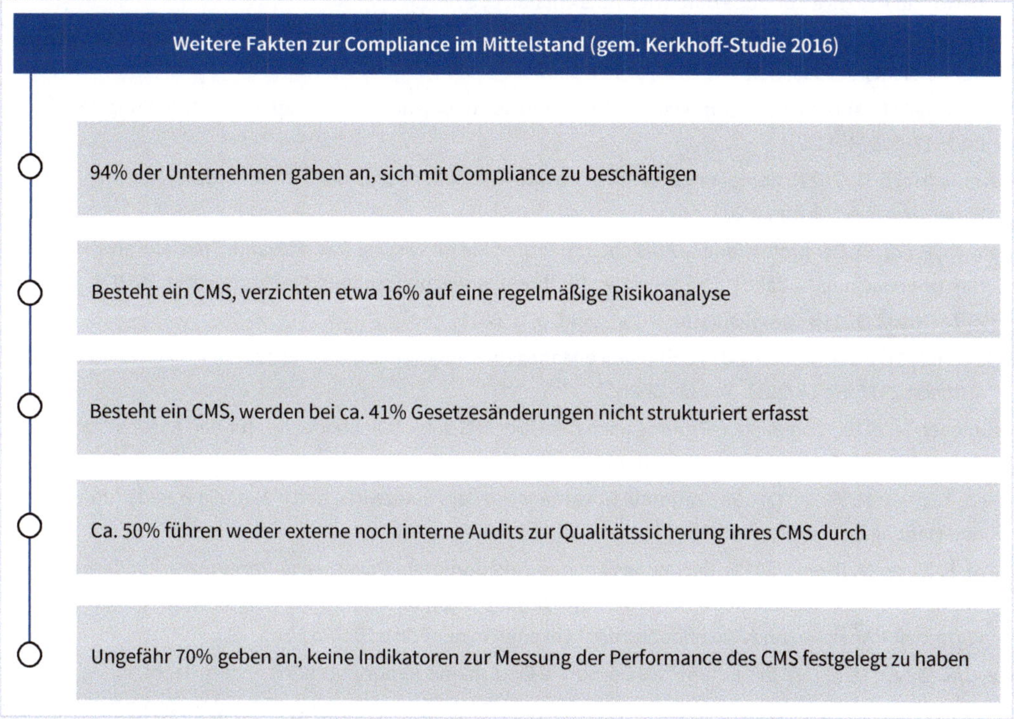

Abb. 95: Weitere Fakten (gemäß Kerkhoff-Studie (2016))

5 Quellen, weiterführende Literatur

Bachmann, B. (2019): Durchsetzung von Compliance als Anforderungsprofil an Aufsichtsräte: Zukunftsorientierte und effektive Kontrolle durch den Aufsichtsrat, o. O. 2019

Berwanger, J. (2013): Interne Revision und Compliance-Management-System – im Fokus des Aufsichtsrats, in: Der Aufsichtsrat 2013, Heft 7–8/2013, S. 104–105.

Beyer M. (2017): Aufsichtsrats-Compliance – Die Herausforderung der umfassenden Pflichterfüllung, in: BOARD 04/2017, S. 174–177.

Beyer M./Heyd, R. (2021): Compliance für Aufsichtsräte – Rechtliche und fachliche Anforderungen an die Finanzexpertise, Stuttgart 2021.

Dehnen, P. (2019): Der professionelle Aufsichtsrat: Prüfen Sie Ihr Wissen! Das relevante Spezial-Know-How für Ihre Überwachungstätigkeit: Spezialwissen für Ihre Überwachungspraxis, Frankfurter a. M. 2019.

Deloitte (Hrsg.) (2011): Compliance im Mittelstand, o. O. 2011.

Eckert, T. (2011): Zertifizierung des Compliance-Management-Systems: Die Rolle des Aufsichtsrats, in: Der Aufsichtsrat 2011, Heft 9/2011, S. 122–123.

Grüninger, S. (2010): Compliance-Prüfung nach dem IDW EPS 980 – Pflicht oder Kür für den Aufsichtsrat, in: Der Aufsichtsrat 2010, Heft 10/2010, S. 140–141.

Heyd, R./Beyer M. (Hrsg.) (2016): Corporate Governance in der Finanzwirtschaft – Aktuelle Herausforderungen und Haftungsrisiken, Berlin 2016.

Heyd, R./Beyer M. (Hrsg.) (2013): Rechnungslegungs- und Corporate Governance-Regelungen vor dem Hintergrund der Transaktionskostentheorie, in: Heyd/Beyer (Hrsg.), Die Transaktionskostentheorie in der Finanzwirtschaft – Analysen und Anwendungsmöglichkeiten in der Praxis, Berlin 2013.

Heyd, R./Beyer, M. (2011): Bedeutung des Corporate Governance Reportings nach neuem Recht, in: Heyd/Beyer (Hrsg.), Die Prinzipal-Agenten-Theorie in der Finanzwirtschaft – Analysen und Anwendungsmöglichkeiten in der Praxis, Berlin 2011.

Jonas, P. (2014): Die internationale Norm ISO 19600 Compliance-Management-System – Inhalte und Zertifizierung, in: Austrian Law Journal, Heft 1/2016, S. 60–67.

Kark, A. (2014): Der Aufsichtsrat und die Überwachung von Compliance-Risiken, in: Der Aufsichtsrat 2014, Heft 4/2014, S. 54–55.

Kerkhoff Group GmbH (2016): Compliance-Standards: ISO 19600 hat beim Mittelstand die Nase vorn, in: Studie der Kerkhoff Risk & Compliance GmbH (www.kerkhoff-rc.com/kontakt.html).

KPMG (2014): ISO 19600 – Globaler Standard für Compliance-Management.

Remberg, M. (2015): Compliance im Mittelstand: Die Rolle des Aufsichtsrats, in: Der Aufsichtsrat 2015, Heft 3/2015, S. 40–41.

Schemmel, A./Minkoff, A. (2013): Aufsichtsrat und Compliance, in: Der Aufsichtsrat 2013, Heft 6/2013, S. 95.

Schewe, G. (2018): Unternehmensverfassung: Corporate Governance im Spannungsfeld von Leitung, Kontrolle und Interessenvertretung, Wiesbaden 2018.

Kapitel 7: Eignung

1 Einführung

Nach Grundsatz 19 (DCGK 2022) des Deutschen Corporate Governance Kodex nehmen die Mitglieder des Aufsichtsrats die für ihre Aufgaben erforderlichen Aus- und Fortbildungsmaßnahmen eigenverantwortlich wahr. Dabei sollen sie von der Gesellschaft angemessen unterstützt werden (Empfehlung D.11 DCGK 2022).

Eine thematische Präzisierung erfolgt bis auf den/die Financial Expert(s) nicht direkt. Indirekt lassen sich die notwendigen fachlichen Kompetenzen z. B. aus dem Grundsatz D.16 ableiten (Strategie, Risiko, Compliance etc.), der die Informationsversorgung näher bestimmt. Über die Sektorvertrautheit und die konkreten Geschäftsmodelle sind jedoch regelmäßig weitere Kompetenzen als die angeführten notwendig und im Sinne einer angemessenen Überwachung im Gremium vorzuhalten (z. B. Digitalisierung oder Nachhaltigkeit).

Die persönliche und fachliche Eignung von Aufsichtsratsmitgliedern ist Teil des gremienbezogenen Qualitätsmanagements.

Dazu gehören:
- Auswahlkriterien für die Berufung neuer Aufsichtsratsmitglieder bzw. für die Verlängerung von Aufsichtsratsmandaten bei abgelaufener Amtszeit,
- Einführungskurse und laufende Weiterbildung,
- Kenntnis des unternehmensbezogenen Geschäftsmodells,
- persönliche, fachliche, methodische und soziale Kompetenz,
- Effizienzprüfung bei Vorstand und Aufsichtsrat,
- Optimierung der Organisationseffizienz im Aufsichtsratsgremium und seinen Ausschüssen.

Eine Rechtsgrundlage ist EBA GL 44 (European Banking Authority, Guideline). Sie formuliert ein Rahmenkonzept zur Ausgestaltung der Internen Governance. Diese Vorschriften sind unmittelbar für Kreditinstitute anwendbar und wurden als solche auch ins KWG übernommen, haben aber darüber hinaus Ausstrahlungswirkungen auf Nichtbanken. Darin wird gefordert, dass
- die Mitglieder eines Leitungsorgans (Vorstand und Aufsichtsrat) sich aktiv mit den Geschäften eines Instituts beschäftigen und in der Lage sein müssen, eigene fundierte, objektive und unabhängige Entscheidungen zu treffen,
- das Leitungsorgan in seiner Aufsichtsfunktion überwachen soll, ob Strategie, Risikobereitschaft und Risikoneigung und die Richtlinien des Instituts konsequent umgesetzt werden,
- die Mitglieder des Leitungsorgans individuell und kollektiv über die erforderliche Sachkenntnis, Erfahrung, Kompetenz, das Verständnis und die persönlichen Qualitäten verfügen sollen,
- das Leitungsorgan die individuelle und kollektive Effizienz und Wirksamkeit seiner Tätigkeiten regelmäßig bewerten sollte; mit dieser Bewertung können Externe beauftragt werden,
- das Leitungsorgan in seiner Aufsichtsfunktion unter Berücksichtigung der Größe und Komplexität eines Instituts die Einrichtung von Fachausschüssen in Erwägung ziehen sollte.

> Jedes Mitglied des Aufsichtsrats muss diejenigen Kenntnisse besitzen oder sich aneignen, die notwendig sind, um alle üblichen Geschäftsvorgänge ohne fremde Hilfe verstehen und beurteilen zu können.

Sukzessive werden Anforderungen an die persönliche und fachliche Eignung von Aufsichtsratsmitgliedern in geschäftsfeldneutrale Kodifikationen übernommen. So verlangt z. B. § 100 Abs. 5 AktG, dass die Mitglieder des Aufsichtsrats und des Prüfungsausschusses (§ 324 Abs. 2 Satz 2 HGB) in ihrer Gesamtheit mit dem Sektor, in dem das Unternehmen tätig ist, vertraut sein müssen.

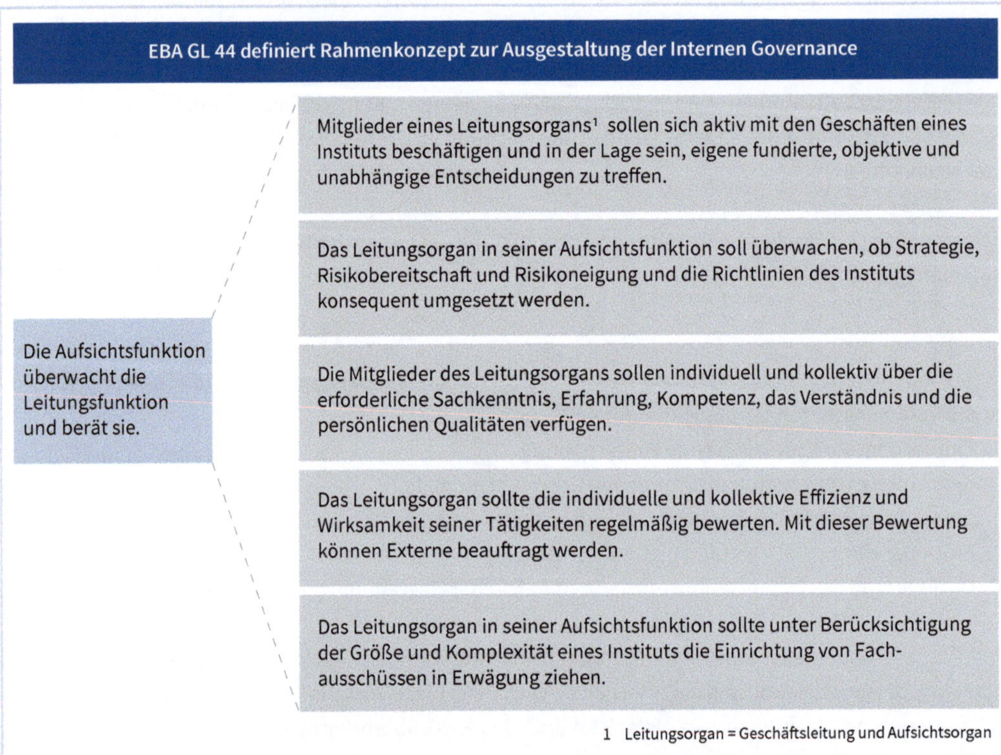

Abb. 96: EBA GL 44 definiert das Rahmenkonzept zur Ausgestaltung der Internen Governance

Jedes Mitglied des Aufsichtsrats muss diejenigen Kenntnisse besitzen oder sich aneignen, die notwendig sind, um alle üblichen Geschäftsvorgänge ohne fremde Hilfe verstehen und beurteilen zu können (BGHZ 85, S. 293 ff., § 25d KWG).

Qualifizierung und Kompetenz: Erfüllung der Pflichten	
Sorgfaltspflicht	• Kenntnisse zu Strategie, Finanzen und Risikothemen insbesondere: – Methodenkompetenz – Fachkompetenz • Keine Exkulpation aufgrund von Unkenntnis oder falscher Einschätzung • Entlastung des AR bezieht sich im Zweifel nur auf die Themen, die in der Hauptversammlung angesprochen wurden • Sorgfaltspflicht umfasst nicht nur das Tun, sondern auch das Unterlassen (z.B. von eigenen Recherchen, Fortbildungen ...) • Holschuld bezüglich Informationen, die über das turnusmäßige Pflichtreporting hinausgehen
Business Judgement Rule	• Es wird kein Erfolg geschuldet • Wurde die damalige Entscheidung auf »sauberer Wissens- und Informationsbasis« erstellt, besteht keine Pflichtverletzung.

Abb. 97: Qualifizierung und Kompetenz: Erfüllung der Pflichten

2 Persönliche und fachliche Eignung

> Das BaFin-Merkblatt 12/2020 zur Ausübung der Kontrollfunktion durch Aufsichtsräte gemäß KWG konkretisiert die persönlichen und fachlichen Anforderungen an die Aufsichtsratsmitglieder.

§ 25d Abs. 1 und 2 KWG verlangen als persönliche Mindestanforderungen an Aufsichtsräte Zuverlässigkeit, ausreichenden zeitlichen Einsatz sowie Sachkunde in Bezug auf das Geschäftsmodell des Instituts. Der Grundsatz der Komplementärkompetenz im Aufsichtsorgan besagt, dass das Gremium in seiner Gesamtheit die Kenntnisse, Fähigkeiten und Erfahrungen haben muss, die zur Wahrnehmung der Kontrollfunktion und zur Beurteilung und Überwachung der Geschäftsleitung notwendig sind. Das bedeutet, nicht alle Mitglieder müssen über sämtliche Spezialkompetenzen verfügen. Dies gilt allerdings nicht für »Finanz- und Risikowissen«, zu dem alle Aufsichtsratsmitglieder über Mindestkenntnisse verfügen müssen. Spezialkenntnisse werden von den Vorsitzenden bzw. Mitgliedern der Fachausschüsse des (Bank-)Aufsichtsrats gefordert. Der Vorsitzende des Prüfungsausschusses muss bei Kreditinstituten über Sachverstand auf den Gebieten der Rechnungslegung und Abschlussprüfung verfügen (Financial Expert) (§ 25d Abs. 9 Satz 3 KWG). Mindestens ein Mitglied des Vergütungskontrollausschusses muss über ausreichend Sachverstand und Berufserfahrung im Bereich des Risikomanagements und -controllings verfügen, insb. in Hinblick auf Mechanismen zur Ausrichtung der Vergütungssysteme an der Gesamtrisikobereitschaft und -strategie und an der Eigenmittelausstattung des Unternehmens (§ 25d Abs. 12 Satz 3 KWG). Ein BaFin-Merkblatt zur Ausübung der Kontrollfunktion durch Aufsichtsräte gemäß KWG konkretisiert die Anforderungen.

In materieller Hinsicht wird gefordert, dass im Hinblick auf die Bedeutung der Finanzwirtschaft insb. Mitglieder von Verwaltungs- und Aufsichtsorganen in der Lage sein müssen, die von dem Unternehmen getätigten Geschäfte zu verstehen, deren Risiken zu beurteilen und nötigenfalls Änderungen in der Geschäftsführung durchzusetzen. Was die Sachkunde angeht, wird Bezug genommen auf die allgemeinen, d.h. nicht auf die Finanzwirtschaft beschränkten, Rechtsgrundlagen, die die Anforderungen an Aufsichtsräte regeln. So muss bei Public Interest Entities (PIE) i.S. des § 316a HGB mindestens ein Mitglied des Aufsichtsrats über Sachverstand auf dem Gebiet Rechnungslegung und ein weitere Mitglied über Sachverstand auf dem Gebiet der Abschlussprüfung verfügen (§ 100 Abs. 5 AktG). Die Mitglieder müssen in ihrer Gesamtheit mit dem Sektor, in dem die Gesellschaft tätig ist, vertraut sein (§ 100 Abs. 5 AktG). Auch bei anderen Unternehmen muss die Zusammensetzung des Verwaltungs- oder Aufsichtsorgans gewährleisten, dass das Gremium seine Kontrollfunktion wahrnehmen kann. Bezüglich der Fort- und Weiterbildung führt die BaFin aus, dass die erforderliche Sachkunde für die Tätigkeit in einem Verwaltungs- oder Aufsichtsorgan in der Regel auch durch Fortbildung erworben werden kann. Ob eine Fortbildung die erforderlichen Kenntnisse vermittelt, kann nur im Einzelfall entschieden werden. Daher kann die Bundesanstalt Fortbildungsangebote nicht in dem Sinne zertifizieren, dass die Teilnahme an einer bestimmten Fortbildung in jedem Fall ausreichend ist.

In jüngster Vergangenheit ist deutlich geworden, dass allein die fachliche Kompetenz kein Garant für eine angemessene Mandatsausübung ist. Diesem Gedanken folgend, sind im BaFin-Merkblatt 12/2020 konkret persönliche »Eigenschaften« angeführt, die für eine gesamtheitliche Beurteilung der Eignung ebenfalls berücksichtigt und bei Bedarf gefördert werden sollen. Dazu gehören:

- Authentizität,
- Sprache,
- Kommunikation,
- Entschlossenheit,
- Urteilsvermögen,
- Kunden- und Qualitätsorientierung,
- Führungsstärke,
- Loyalität,
- äußeres Bewusstsein,
- Verhandlungsgeschick,
- Überzeugungskraft,
- Teamarbeit,
- strategischer Scharfsinn,
- Stressresistenz,
- Verantwortungsgefühl,
- Vorsitz in Besprechungen.

Wesentliche Inhalte des BaFin-Merkblatts zur Kontrolle von Aufsichtsräten gem. KWG

Materielle Anforderung:

»Im Hinblick auf die Bedeutung der Finanzwirtschaft, auch für die Realwirtschaft, müssen Mitglieder von Verwaltungs- und Aufsichtsorganen in der Lage sein, die von dem Unternehmen getätigten Geschäfte zu verstehen, deren Risiken zu beurteilen und nötigenfalls Änderungen in der Geschäftsführung durchzusetzen.«

Sachkunde:

»Bei kapitalmarktorientierten Kapitalgesellschaften im Sinne von § 264d HGB muss gemäß § 100 Abs. 5 AktG mindestens ein unabhängiges Mitglied des Aufsichtsrats über Sachverstand auf den Gebieten Rechnungslegung oder Abschlussprüfung verfügen. Auch bei anderen Unternehmen muss die Zusammensetzung des Verwaltungs- oder Aufsichtsorgans gewährleisten, dass es seine Kontrollfunktion wahrnehmen kann.«

Fort- und Weiterbildung:

»Auch wenn die Voraussetzungen für die Annahme der erforderlichen Sachkunde nicht vorliegen, ist die Tätigkeit in einem Verwaltungs- oder Aufsichtsorgan nicht generell ausgeschlossen. Die erforderlichen Kenntnisse können in der Regel auch durch Fortbildung erworben werden.«

»Ob eine Fortbildung die erforderlichen Kenntnisse vermittelt, kann nur im Einzelfall entschieden werden. Daher kann die Bundesanstalt Fortbildungsangebote nicht in dem Sinne zertifizieren, dass die Teilnahme an einer bestimmten Fortbildung in jedem Fall ausreichend ist.« → **Es kommt also primär auf den Inhalt und nicht den Anbieter an.**

»Die Verwaltungs- und Aufsichtsorganmitglieder müssen sicherstellen, dass sie ihre Entscheidungen stets auf der Basis eines aktuellen Informationsstands treffen. Daher sind sie gehalten, sich mit Änderungen im Umfeld des Unternehmens kontinuierlich vertraut zu machen, zum Beispiel mit neuen Rechtsvorschriften oder Entwicklungen im Bereich Finanzprodukte sowohl im Unternehmen als auch im Markt. Hierfür sollen sie sich im jeweils erforderlichen Umfang durch geeignete Maßnahmen weiterbilden.«

Abb. 98: Wesentliche Inhalte des BaFin-Merkblatts zur Kontrolle von Aufsichtsräten gem. KWG

Im genannten Merkblatt wird auf die Punkte noch vertieft eingegangen. Die Eignungsbewertung in der Gesamtheit sollte jeweils separat vorgenommen werden. Ziel dessen ist, dass das Verwaltungs- oder Aufsichtsorgan jederzeit in der Gesamtheit über ein ausreichendes Maß an Eignung bzw. Sachkunde verfügt. Die Bewertungen können entweder anhand sog. Eignungsmatrix (Anpassung der BaFin-Vorlage durch die Institute gemäß des Verhältnismäßigkeitsgrundsatzes ist möglich) oder anhand eigener geeigneter Methoden entsprechend der einschlägigen Kriterien vorgenommen werden.

3 Individuelle und kollektive Fortbildung

Es kommt also auf den Inhalt und nicht den Anbieter der Fortbildung an. Fortbildungserfordernisse zu identifizieren, Fortbildungsmaßnahmen auszuwählen, durchzuführen, deren Ergebnisse zu evaluieren und Folgebedarf zu ermitteln ist eine Selbstverwaltungsaufgabe des Aufsichtsrats.

Schließlich führt die BaFin zum Thema Aktualisierung des Fachwissens von Aufsichtsräten aus, dass die Verwaltungs- und Aufsichtsorganmitglieder sicherstellen müssen, dass sie ihre Entscheidungen stets auf der Basis eines aktuellen Informationsstands treffen. Daher sind sie gehalten, sich mit Änderungen im Umfeld des Unternehmens kontinuierlich vertraut zu machen, zum Beispiel mit neuen Rechtsvorschriften oder Entwicklungen im Bereich Finanzprodukte sowohl im Unternehmen als auch im Markt. Hierfür sollen sie sich im jeweils erforderlichen Umfang durch geeignete Maßnahmen weiterbilden. Seit Inkrafttreten der KWG-Novelle zum 1.1.2014 sollen Fortbildungen an den individuellen Kompetenzdefiziten der einzelnen Mitglieder des Aufsichtsrats ausgerichtet sein. Dies gilt auch für neue oder angehende Mitglieder des Gremiums. Das Institut muss gem. § 25d Abs. 4 KWG die notwendigen finanziellen bzw. angemessene personelle Ressourcen zur Verfügung stellen, um den Mitgliedern des Aufsichtsgremiums die Einführung in ihr Amt zu erleichtern und die Fortbildung zu ermöglichen, die zur Aufrechterhaltung der erforderlichen Sachkunde notwendig ist. Das bedeutet, dass es zur Sorgfaltspflicht des Gesamtgremiums gehört, im Rahmen einer »Standortbestimmung« zu ermitteln:

- Wer aus dem Aufsichtsrat hat zu welchen Themen Fortbildungsbedarf bzw. inwiefern führen Änderungen von Rechtsnormen bzw. ökonomischen Rahmenbedingungen zu einem Schulungsbedarf für das Gesamtgremium?
- Wie werden Bedarf, Kompetenzen etc. der Einzelnen strukturiert und regelmäßig erhoben?
- Findet eine Gliederung der Gesamtkompetenzen eines Aufsichtsratsmitglieds in
  - Fachkompetenz,
  - Methodenkompetenz und
  - Sozialkompetenz statt?

Diese »Standortbestimmung«, mit der das Vorhandensein/der Entwicklungsbedarf von Kompetenzen der Aufsichtsratsmitglieder ermittelt wird, geht von folgenden Rahmenbedingungen aus:

- Kollektiventscheidungen im Aufsichtsrat müssen von jedem Gremienmitglied auch individuell beurteilt werden können, insbesondere bei Kernthemen wie Risikomanagement, Rechnungslegung, Strategie und Controlling.
- Nach dem Corporate-Governance-Kodex sowie dem AktG und KWG hat der Aufsichtsrat nicht nur die Überwachungsfunktion, sondern auch eine Beratungsfunktion gegenüber dem Vorstand.
- Der Vorsitzende des Aufsichtsrats hat das Gremium zu führen und dafür Sorge zu tragen, dass die Kontroll- und Überwachungsfunktion erfüllt wird.
- Zu beachten ist neben der individuellen Haftung bei (persönlichen) Versäumnissen auch die gesamtschuldnerische Haftung des Gremiums – auch bei Unterlassung.
- Es geht gleichermaßen um die fachliche und persönliche Eignung der Gremienmitglieder und des Gesamtgremiums.

Konkretisierung der Fortbildung gem. § 25d KWG

Nach der bisherigen Regelung mussten Mitglieder des Aufsichtsrats eigenverantwortlich die Maßnahmen wahrnehmen. Die Institute waren lediglich zur »angemessenen Unterstützung« verpflichtet, wobei dieser Begriff sehr unterschiedlich ausgelegt wurde.

Zukünftig (Regelung bereits in Kraft):
- Fortbildungen sollen an den individuellen Kompetenzdefiziten der einzelnen Mitglieder des Aufsichtsrats ausgerichtet sein.
- Dies gilt auch für neue oder angehende Mitglieder des Gremiums.
- Das Institut muss gem. § 25d KWG die notwendigen (finanziellen) Ressourcen zur Verfügung stellen.

Achtung Sorgfaltspflicht → Standortbestimmung:
- Wer hat zu welchen Themen Bedarf?
- Wie werden Bedarf, Kompetenzen etc. strukturiert und regelmäßig erhoben?

Abb. 99: Konkretisierung der Fortbildung gemäß § 25d KWG

Im Rahmen der die Fortbildung betreffenden Standortbestimmung sind folgende Fragen zu klären:
- Sind alle notwendigen Kompetenzen im Gremium ausreichend vorhanden?
- Wurde eine solche Analyse bereits durchgeführt? … und ist sie Basis für Schulungen, Neubesetzungen etc.?
- Ist das Gremium bezüglich seiner Zusammensetzung und Kompetenzen »angreifbar«?
- Könnte es besser aufgestellt sein?
- Bestehen unbesetzte Kompetenzerfordernisse im Sinne von »blinden Flecken« oder sogar Haftungsrisiken?
- Sind entsprechende Dokumentationen und Entscheidungen für Dritte nachvollziehbar?

Für die Durchführung der kompetenzbezogenen Standortbestimmung im Aufsichtsrat sind unterschiedliche Vorgehensweisen denkbar.

Die Qualifizierungsmaßnahmen im Aufsichtsrat umfassen Kompetenzen mit Fachbezug und mit Persönlichkeitsbezug gleichermaßen. Die fachspezifischen Themen lassen sich gliedern in sektorspezifische, d.h. das Geschäftsmodell betreffende, und allgemein betriebswirtschaftliche Themen. Sektorspezifische Themen können sein: Risikomanagement, Controlling, Finanzen, Revision, Compliance oder Logistik, Beschaffung, Vertrieb und Steuern.

Allgemein betriebswirtschaftliche Themen sind: Organisation, Unternehmenskultur und -ethik, IT, Personal, Berichtswesen. Kompetenzen mit Persönlichkeitsbezug sind Kommunikation, Präsentation, Führung, Verhandlung, Konfliktmanagement.

> Der Kompetenz-Tiefgang für die einzelnen Mitglieder des Aufsichtsrats ist unterschiedlich ausgeprägt je nach Funktion im Rahmen der Corporate Governance.

Die Kompetenzanforderungen sind nicht für alle Aufsichtsratsmitglieder gleich. Vielmehr sind Fach-, Methoden- und Sozialkompetenzen insgesamt im Aufsichtsrat vorzuhalten, sodass einerseits alle Themenfelder abgedeckt sind, andererseits einschlägige Kompetenzen und vertieftes, spezifisches Wissen bei den Aufsichtsratsmitgliedern vorhanden sind, die sowohl für die Kommunikation und den Wissenstransfer innerhalb des Aufsichtsgremiums, als auch für die Diskussion der Themen mit externen Gesprächspartnern (z. B. Aufsichtsbehörden, Abschlussprüfer, o. Ä.) zur Verfügung stehen. Es ist nicht notwendig, dass jedes einzelne Aufsichtsratsmitglied alle Kenntnisse und Fähigkeiten auf sich vereint, die für die Erfüllung seiner Aufgaben notwendig sind, vielmehr müssen die komparativen Qualifikationen sowohl bei den einzelnen Aufsichtsratsmitgliedern als auch bei der Neubesetzung bzw. der Zusammensetzung des Gremiums insgesamt vorhanden sein.

Jedes Aufsichtsratsmitglied sollte allerdings professionelle Sachkompetenzen und Lösungsorientierung sowie Strategie- und Veränderungskompetenzen besitzen. Dabei sollte jedes Aufsichtsratsmitglied für mindestens einen Bereich besondere Kenntnisse besitzen, z. B. Finanzen, Markt und Vertrieb, Logistik und Produktion etc. Ihre Strategiekompetenz sollte es den Aufsichtsratsmitgliedern ermöglichen, die strategischen Konzepte des Vorstandes verstehen und kritisch hinterfragen zu können. Veränderungskompetenz bedeutet die Fähigkeit, kreativ und unkonventionell zu denken und vorgeschlagene Lösungswege infrage zu stellen. Governance-spezifische Qualifikationen ermöglichen einen Umgang mit der Gewaltenteilung in der Unternehmensverfassung. Dies kann den Aufsichtsrat in der Abgrenzung zum Vorstand und zur Hauptversammlung betreffen. Kommunikations- und Konfliktmanagement sind weitere Kompetenzen, die Aufsichtsratsmitgliedern zu eigen sein sollten, um eine erfolgreiche Aufsichtsratsarbeit zu gewährleisten.

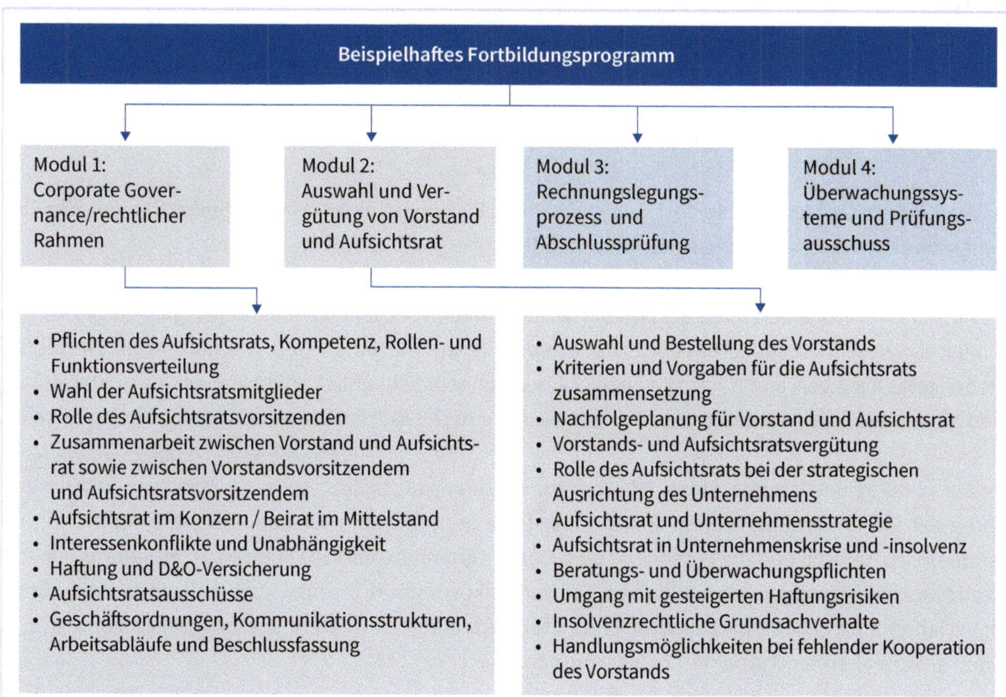

Abb. 100: Beispielhaftes Fortbildungsprogramm (1)

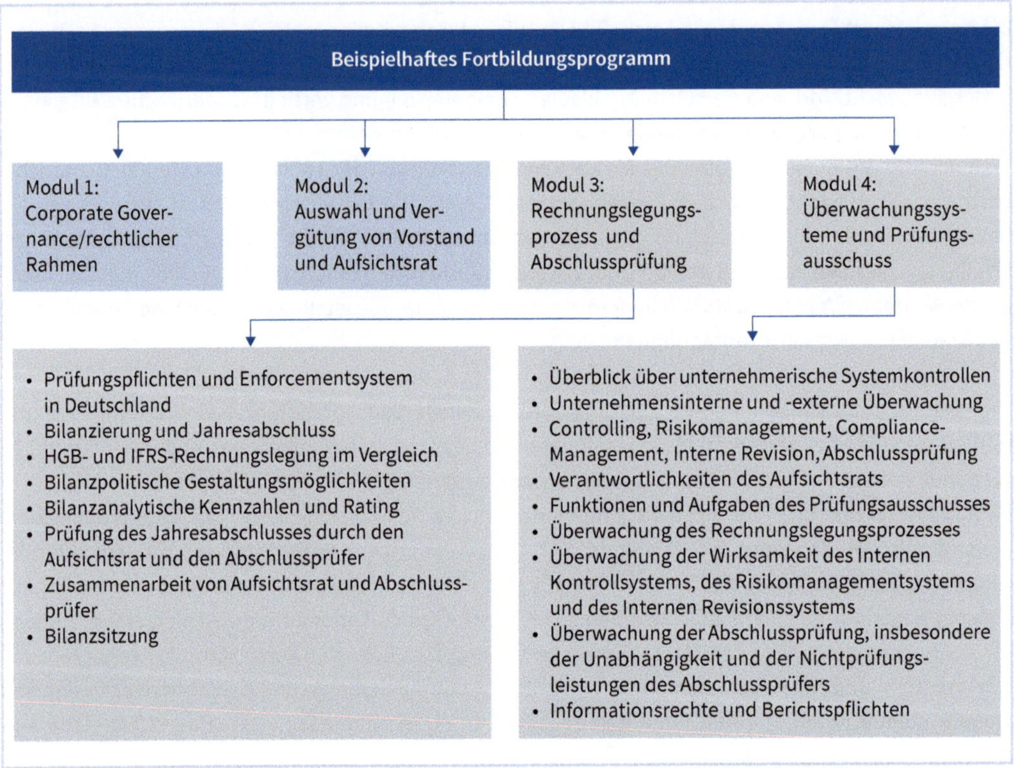

Abb. 101: Beispielhaftes Fortbildungsprogramm (2)

Der Kompetenz-Tiefgang ist unterschiedlich ausgeprägt je nach Funktion im Rahmen der Corporate Governance. Dies soll am Beispiel des Themenfeldes »Risikomanagement« als Tagesordnungspunkt im Aufsichtsrat bei einem Kreditinstitut dargestellt werden:

Es wird die Situation unterstellt, dass der Finanz- bzw. Risikovorstand Anpassungen im Rahmen der Risikomessung bzw. die Einführung eines neuen Modells oder Messverfahrens erläutert.

Der Aufsichtsrat insgesamt muss die Ergebnisse der Risikoinventur und der aktuellen Risikolage kennen. Er muss die wesentlichen Risiken einschließlich der Risikoermittlungs- und -quantifizierungsverfahren mit den jeweiligen Vor- und Nachteilen einschätzen können. Schließlich sollten jedem Aufsichtsratsmitglied die wesentlichen Parameter zur Risikomessung einschließlich deren Auswirkungen bekannt sein.

Der Aufsichtsratsvorsitzende, Financial Expert bzw. Prüfungsausschuss sollte zusätzlich alternative Verfahren der Risikomessung kennen sowie in der Lage sein, mit dem Vorstand über die Verfahren und Parameter zu beraten und die Ergebnisse dem Gesamtgremium des Aufsichtsrats zu erläutern. Der Vorstand bzw. der Ressortvorstand, in diesem Fall der Risikovorstand, muss zusätzlich die Entscheidung für ein Verfahren und die entsprechenden Parametereinstellungen erläutern und begründen können, z.B. in den entsprechenden Aufsichtsratsausschüssen.

Die Führungskräfte im jeweiligen Bereich, hier im Risikomanagement, müssen die Konzeption und den Aufbau der Modelle kennen, die mathematische Herleitung verstehen, Vergleichsrechnungen durchführen und das gewählte Verfahren begründen können sowie Treiberanalysen durchführen und eine Dokumentation erstellen können.

Gremienentlastung und Sorgfaltsoptimierung	Gremienbesetzung und -weiterbildung	Gremienentwicklung
Sicherstellung der Themenbesetzung in allen relevanten Bereichen	Schaffung systematischer und analytische Grundlagen für Neubesetzungen	Ermöglichung einer strategischen Entwicklung des Gremiums
Reduzierung der Haftungsrisiken durch aktives Kompetenzmanagement	Erstellung der Basis für Weiterbildungsplanung	Sicherstellung einer proaktiven Verantwortung für eine effiziente Kontrolle
Überzeugen bei Prüfergesprächen durch kompetentes und schlüssiges Vorgehen	Gezielte Erhebung des aktuellen Bedarfs an Schulungen	Proaktive Umsetzung neuer Anforderungen wie z.B. Diversity

Abb. 102: Ausgewählte Ziele der Effizienzprüfung

Kernthema für die Erfüllung der Pflichten von Aufsichtsräten ist die Qualifizierung und die Kompetenz. Dies dient einerseits der qualitativen Verbesserung von Entscheidungen bzw. der Begleitung des Vorstandshandelns, andererseits der Abwehr von Haftungsansprüchen im Rahmen der Business Judgement Rule. Dies schließt vorab Kenntnisse zu Strategie, Finanzen und Risikothemen ein, sowohl als Methodenkompetenz wie auch als Fachkompetenz. Dabei besteht keine Exkulpationsmöglichkeit aufgrund von Unkenntnis oder falscher Einschätzung. Die Sorgfaltspflicht umfasst nicht nur das Tun, sondern auch das Unterlassen (z. B. von eigenen Recherchen, Fortbildungen etc.).

> Kernthema für die Erfüllung der Pflichten von Aufsichtsräten sind die Qualifizierung und die Kompetenz.

Die Pflicht zur sachkundigen und fachkompetenten Aufsichtsführung besteht ab dem Tag der Berufung in den Aufsichtsrat; eine »Schonfrist« bzw. »Probezeit« gibt es für Aufsichtsräte nicht. Die Pflicht, Fortbildungsmaßnahmen zu absolvieren, die der Erlangung und Aufrechterhaltung der erforderlichen Sachkunde dienen, stellt eine »Holschuld« bezüglich Informationen dar, die über das turnusmäßige Pflichtreporting hinausgeht.

Die pflichtgemäße Wahrnehmung von Aufsichtsratsfunktionen setzt nach der Business Judgement Rule voraus, dass bei einer unternehmerischen Entscheidung vernünftigerweise angenommen werden durfte, auf der Grundlage angemessener Information zum Wohle der Gesellschaft zu handeln. Die Verletzung der Pflicht, aufgrund angemessener Information zu handeln, kann bei Kreditinstituten neben zivilrechtlichen Schadenersatzansprüchen auch Maßnahmen der BaFin auslösen und dazu führen, der Person, die die Pflichtverletzung begangen hat, die Ausübung der Tätigkeit zu untersagen.

Auf Schulungen für Aufsichtsräte sowie ein exemplarisches Fortbildungsprogramm wird weiter unten (siehe auch die Abbildungen 100 und 101) eingegangen.

Die Bundesanstalt kann einer Person die Ausübung ihrer Tätigkeit untersagen, wenn

1. Tatsachen vorliegen, aus denen sich ergibt, dass die Person nicht zuverlässig ist;
2. Tatsachen vorliegen, aus denen sich ergibt, dass die Person nicht die erforderliche Sachkunde besitzt;
3. Tatsachen vorliegen, aus denen sich ergibt, dass die Person der Wahrnehmung ihrer Aufgaben nicht ausreichend Zeit widmet;
4. der Person wesentliche Verstöße des Unternehmens gegen die Grundsätze einer ordnungsgemäßen Geschäftsführung wegen sorgfaltswidriger Ausübung ihrer Überwachungs- und Kontrollfunktion verborgen geblieben sind und sie dieses sorgfaltswidrige Verhalten trotz Verwarnung durch die Bundesanstalt fortsetzt;
5. die Person nicht alles Erforderliche zur Beseitigung festgestellter Verstöße veranlasst hat und dies trotz Verwarnung durch die Bundesanstalt auch weiterhin unterlässt.

> Einzel-Coachings haben den Vorteil, dass individuelle Qualifikationsdefizite nicht im Gesamtgremium publik gemacht werden.

Als Formate für Aufsichtsratsschulungen kommen offene Seminare, Inhouse-Schulungen und Einzel-Coachings in Betracht.

Während offene Seminare allgemeine Zusammenhänge aufzeigen, jedoch betriebsspezifische Einzelfragen verständlicherweise nicht behandeln können, kommt dieses Schulungsformat vor allem für Arbeitnehmervertreter in Betracht, die sich mit den rechtlichen Fragen der Aufsichtsratsarbeit befassen und diesbezüglich kundig machen wollen.

Inhouse-Schulungen sind als Update-Veranstaltungen bei neuen rechtlichen oder wirtschaftlichen Rahmenbedingungen sowie als fresh-up bzw. Einsteigerschulung für neuberufene Aufsichtsratsmitglieder beliebt.

Einzel-Coachings haben den Vorteil, dass individuelle Qualifikationsdefizite nicht im Gesamtgremium publik gemacht werden und insofern nach dem Einzel-Coaching ein Einstieg in die Aufsichtsratsarbeit auf hohem Qualifikationsniveau stattfinden soll. Auch wenn die aufsichtsrelevanten Neuerungen auf juristischem oder betriebswirtschaftlichem Gebiet im Rahmen von offenen Seminaren oder Inhouse-

Schulungen nicht unmittelbar umgesetzt werden können, kann ein Einzel-Coaching spezifisch auf die Anforderungen des einzelnen Aufsichtsratsmitglieds abgestimmt werden.

In jedem Fall ist darauf zu achten, dass die Aufsichtsratsschulungen aller Formate einen hinreichenden Theorie-Praxis-Transfer beinhalten.

Zusammenfassend gilt es festzuhalten, dass gesellschaftsrechtlich (insbesondere AktG und GmbHG) keine expliziten Vorgaben über die Aus- und Fortbildung von Aufsichtsräten – weder bezüglich der Inhalte noch der Umfänge und »Ausbilder« bestehen. Aus der Sorgfaltspflicht gemäß § 116 AktG ergibt sich jedoch die Notwendigkeit der fachlichen Fitness. In Empfehlung C.1 des DCGK 2022 wird dieser Gedanke aufgegriffen und ein strukturiertes Vorgehen mittels zu nutzender Kompetenzprofile und Qualifikationsmatrizen empfohlen, mit denen etwaige Lücken erkannt und gezielt geschlossen werden können.

4 Quellen, weiterführende Literatur

BaFin 2020: Merkblatt zu den Mitgliedern von Verwaltungs- und Aufsichtsorganen gemäß KWG und KAGB.

Beyer M./Kickinger V. (2019): Zertifizierung von Aufsichtsräten, in: BOARD 05/2019, S. 188–189.

Beyer M./Kickinger V. (2019): Professionelle Aus- und Fortbildung des Aufsichtsrats im Wandel, in: BOARD 02/2019, S. 66–67.

Beyer, M./Oetker-Hilker, N. (2023): Kompass für Aufsichtsräte durch den Aus- und Fortbildungsdschungel – Bestandsaufnahme und Anregungen für die Auswahlentscheidung, BOARD 02/2023.

Wiechmann, N. (2019): Die Anforderungen an Aufsichtsräte von Kreditinstituten und Versicherungsunternehmen im Spannungsfeld vom AktG, KWG und VAG, Berlin u. a. 2019

Kapitel 8: Effizienzprüfung

1 Einführung

Der Deutsche Corporate Governance Kodex sieht in der Empfehlung D.12 (DCGK 2022) vor, dass der Aufsichtsrat regelmäßig beurteilen soll, wie wirksam der Aufsichtsrat insgesamt und seine Ausschüsse ihre Aufgaben erfüllen.

Vorstand und Aufsichtsrat börsennotierter Unternehmen haben die Einhaltung des DCGK jährlich im Rahmen der Entsprechenserklärung gemäß § 161 AktG zu bestätigen oder zu begründen, warum und inwiefern sie von der Regelung abweichen. Die Formulierung als »Soll-Vorschrift« hat in der Praxis die Konsequenz, dass alle börsennotierten Unternehmen sich im Rahmen der Entsprechenserklärung zum Corporate Governance Kodex jährlich zur Einhaltung dieser Empfehlung erklären müssen und dass kein Aufsichtsrat derartiger Unternehmen sich dem Thema verschließen kann.

In der Praxis stellt sich jedoch die Frage, wie eine Effizienzprüfung aussehen sollte und welche Schwerpunkte darin üblicherweise zu setzen sind:

- Aufgaben, Risikomanagement und Überwachungstätigkeit,
- Vorbereitung und Ablauf der Sitzungen,
- Ausschussarbeit,
- Berichts- und Informationswesen/-wege,
- Kultur der Zusammenarbeit und Selbstverständnis der Mitglieder,
- Strukturierung des Aufsichtsrats und seiner Arbeitsweise,
- fachliche Kompetenz des Aufsichtsrats,
- persönliche Kompetenz des Aufsichtsrats.

Diese Aspekte werden auf den folgenden Seiten erläutert. Vorwegzunehmen ist jedoch, dass es einerseits um Wirtschaftlichkeit im Sinne eines angemessenen Aufwand-Nutzen-Verhältnisses geht. Andererseits geht es um die Wirksamkeit und Effizienz im Hinblick auf die notwendigen Kontrollen und Beratungsthemen.

> Unabhängig von Kann-/Soll-/Sollte-Bestimmungen ist die regelmäßige und umfassende Effizienzprüfung Ausdruck einer guten Unternehmensführung.

Die Organisation und Durchführung einer Effizienzprüfung liegt in der Verantwortung des Aufsichtsrats, welcher Prüfungsinhalte und -verfahren derart festlegt, dass sie im Idealfall den Anforderungen entsprechen. Eine Standardlösung ist schwerlich möglich, da diese die Situation des Unternehmens, die Expertise der Mitglieder, Branchenerfordernisse etc. unberücksichtigt lassen würde. Die Unterstützung durch einen externen Berater kann daher sinnvoll sein und ist durchaus üblich. Der Abschlussprüfer gilt jedoch nicht als geeigneter externer Partner, da die Zusammenarbeit mit ihm sowie die Kontrolle des Rechnungslegungsprozesses regelmäßig Schwerpunkte einer Effizienzprüfung sind.

Auszüge ausgewählter Normen bzw. Kodizes

- Empfehlung D. 12 des DCGK 2022
  »Der Aufsichtsrat soll regelmäßig beurteilen, wie wirksam der Aufsichtsrat insgesamt und seine Ausschüsse ihre Aufgaben erfüllen.«
- Ziffer 5.6. CG-Kodex für Genossenschaften
  »Der Aufsichtsrat soll regelmäßig die Effizienz seiner Tätigkeit prüfen.«
- Die Formulierung als »Soll-Vorschrift« hat zur Konsequenz, dass alle börsennotierten Unternehmen sich im Rahmen der Entsprechenserklärung zum Corporate Governance Kodex jährlich zur Einhaltung dieser Empfehlung erklären müssen, und dass kein Aufsichtsrat dieser Unternehmen sich dem Thema verschließen kann.
- § 25d KWG: Einmal jährlich ist der Aufsichtsrat und die Geschäftsleitung im Hinblick auf Eignung, Größe und Struktur individuell und kollektiv zu beurteilen.

Unabhängig von Kann-/Soll-/Sollte-Bestimmungen ist die regelmäßige und umfassende Effizienzprüfung Ausdruck einer guten Unternehmensführung.

Abb. 103: Auszüge ausgewählter Normen bzw. Kodizes

Wie angeführt, soll die Effizienzprüfung regelmäßig stattfinden. Geeignet und im Sinne einer Best Practice scheint die jährliche Durchführung einer solchen Prüfung. Passend ist sicherlich eine Fertigstellung rechtzeitig zu der Aufsichtsratssitzung, die sich mit Themen der Corporate Governance oder der Entsprechenserklärung auseinandersetzt.

»Aufsichtsrat sein« ist spätestens seit der Finanzkrise ein Beruf geworden. Dies zeigt sich u.a. an der Notwendigkeit, Fortbildungen zu absolvieren, an der starken Zunahme an Seminarangeboten oder ähnlichem und nicht zuletzt an der Tatsache, dass Financial Experts oftmals über Head Hunter gesucht werden müssen.

Das persönliche Risiko sowie die damit zusammenhängende Haftungsgefahr sind derart angestiegen, dass Abwägungen bezüglich einer Mandatsübernahme oftmals zu Ungunsten der Aufgabe ausfallen. Die Rechtsprechung formuliert immer konkretere Pflichten und die Ausübung des Amts ist ohne spezielle Versicherungen (D & O-Versicherung) nicht zu empfehlen.

> Effizienzprüfungen unterliegen nicht einem einheitlichen Schema, sondern sind an der Situation des Unternehmens auszurichten und zu hinterfragen.

Die Effizienzprüfung ist eine als Selbstevaluation durchgeführte Einschätzung des Aufsichtsrats, die er mithilfe externer Unterstützung nachvollziehen kann. Allein der Aufsichtsrat bestimmt anhand der gesetzlichen Erfordernisse die genauen Inhalte und Schwerpunkte. Dem Aufsichtsrat obliegt auch der Umgang mit den Ergebnissen der Prüfung; er trägt jedoch auch die Verantwortung dafür, wenn er nicht die richtigen Schlüsse aus den Resultaten zieht.

Die Aufsichtsräte sollten ihre Einschätzung an der individuellen Situation des Unternehmens ausrichten. Dies umfasst in der Regel auch die Einschätzung der Wirksamkeit des Internen Kontroll- und Risikomanagementsystems, der Internen Revision, der Rechnungslegungsprozesse sowie von Struktur und Zusammenarbeit der gebildeten Ausschüsse. In der Praxis sind zwei Verfahren gängig:

- Effizienzprüfung mit Standard-Checklisten (geringerer Aufwand),
- Effizienzprüfung mithilfe externer Berater und/oder individuell angepasster Fragenkataloge (besser auf das Unternehmen zugeschnitten, Vergleiche durch externen Berater möglich, neutrale Moderationsrolle durch Externe, Auswertung und Präsentation oftmals durch Externe und damit Entlastung des Gremiums).

Grundlage der Prüfung sind bereits vorhandene Dokumente wie z. B. Prüfungsberichte, Jahresabschlüsse etc. Zukünftige Prüfungen berücksichtigen die Ergebnisse in der Vergangenheit (Follow-up) und gehen daher i. d. R. mit einer geringeren zeitlichen Intensität einher. Notwendig ist hierfür jedoch ein stabiler Prozess, damit die Vergleichbarkeit sichergestellt ist.

Einige Erfahrungswerte im Überblick	
Anforderungen an Gremien	• Anstieg der gesetzlichen und ggf. der regulatorischen Anforderungen • Anstieg der Anforderungen an Kompetenz und Sorgfalt • Erhöhte Haftungsrisiken
Effizienzprüfung »live«	• Konkrete Kriterien fehlen • Handlungsanweisungen zur Prüfung der Organe fehlen • Das Gremium muss selbst den geeigneten Ansatz bzw. Partner finden/wählen
Arbeitsweise der Gremien	• Die Arbeitsweise der Gremien soll regelmäßig überprüft werden • Dies sollte auch die individuelle Eignung der Mitglieder umfassen • Für Banken gelten strengere Kriterien. Ausstrahlungswirkung ist jedoch denkbar
Vorhandenes Nutzen	• Unternehmen und Institute dokumentieren bereits heute i.d.R. intensiv die Organisation und Zusammensetzung der Gremien • U.U. ist nur noch etwas »Feinschliff« notwendig

Abb. 104: Einige Erfahrungswerte im Überblick

2 Effizienzprüfung in der Praxis

2.1 Erfolgsfaktoren

> Die genannten Aspekte können als wesentliche Bausteine für Akzeptanz und Erfolg der Effizienzprüfung angesehen werden.

1. Durch ein **modulares Vorgehen** können die Ausgangsituation des Unternehmens ideal berücksichtigt und die Ziele mit der geeigneten Methode effizient erreicht werden. Nur das tun, was notwendig ist. Ein typischer modularer Ablauf einer Effizienzprüfung umfasst folgende Bausteine:
   - Dokumentenanalyse,
   - Fragebogen,
   - Interviews,
   - Dokumentation und Präsentation.

   Details zu den Inhalten sind in Abbildung 105 dargestellt.
2. Für die **Weiterentwicklung** des Gremiums sowie **Synergien** für aktuelle Effizienzprüfungen werden auf der Grundlage der **mehrjährigen Evaluierungsstrategie** die Ergebnisse der Vorjahre einbezogen.
3. Als **partnerschaftlicher Begleiter** sollten externe Berater ihre Erfahrung und Vergleichsmöglichkeiten einbringen und nicht als »Prüfer« auftreten.
4. **»Customizing«** der angewendeten Methoden, Fragebögen etc. auf die Unternehmensbedürfnisse (Begriffe, Ausschüsse etc.), damit Unklarheiten und Mehraufwand verhindert werden.
5. **Prozessuales** bzw. **gestuftes Vorgehen,** d. h. wesentliche bereits im Vorfeld zur Verfügung stehende Informationen fließen von Beginn an in die Effizienzprüfung ein.

Typischer Ablauf und Komponenten einer Effizienzprüfung

1 Dokumentenanalyse	2 Fragebogenanalyse (zur Arbeitsweise)	3 Interviews	4 Dokumentation
Analyse wesentlicher Dokumente wie z.B.:	Im Fokus stehen:	Vertiefen, Verstehen und gegenseitiger Austausch	Erstellen des Abschlussberichts
Satzung	(Selbst-) Organisation	Inhaltliche Aufarbeitung offener Themen	Schlusspräsentation
Geschäftsordnungen	Arbeitsweise	Austausch zu Ergebnissen und zum Vorgehen	
Ggf. Sitzungsunterlagen	Informationsversorgung	Präsentation und Diskussion	
Prüfungsberichte	Zusammensetzung (auch der Ausschüsse)	Fachliche und persönliche Kompetenz	
Ziel- und Vergütungsvereinbarungen	Diskussionskultur		
	Einbindung relevanter Bereiche (z.B. Risiko)		

Bei Unternehmen, die dem § KWG 25d unterliegen, müsste zusätzlich die geforderte individuelle und kollektive Beurteilung des Aufsichtsrats sowie des Vorstands vorgenommen werden. Es wäre dann eher ein 5-stufiges Modell aufgrund dieser KWG-Anforderung.

Abb. 105: Typischer Ablauf und Komponenten einer Effizienzprüfung

2.2 Standortbestimmung

Kollektiventscheidungen müssen von jedem Mitglied des Aufsichtsrats auch individuell beurteilt werden können. Daher ist es wichtig, dass bei der Standortbestimmung des Gremiums auch auf die einzelnen Mitglieder des Aufsichtsrats abgestellt wird und folgende Aspekte in die Beurteilung einbezogen werden:

- Fachbezug:
  - Branchenspezifische Themen und Finanz-, Controlling- sowie Risikothemen,
  - Allgemeine Themen wie Organisation, Personal etc.
- Persönlichkeitsbezug (Umgang mit Konflikten, Präsentation, Führung etc.)

> Die individuelle Kompetenz jedes einzelnen Mitglieds ist der Schlüssel für ein wirksames und erfolgreiches Gremium sowie für die Minderung des Haftungsrisikos.

Der Vorsitzende des Aufsichtsrats hat das Gremium zu führen und dafür Sorge zu tragen, dass die Kontroll- und Überwachungsfunktion ausgefüllt wird. Nach dem Corporate-Governance-Kodex sowie dem KWG hat der Aufsichtsrat nicht nur die Überwachungsfunktion, sondern er soll dem Vorstand auch beratend zur Seite stehen. Zu beachten ist dabei neben der individuellen Haftung bei (persönlichen) Versäumnissen auch die gesamtschuldnerische Haftung des Gremiums – auch bei Unterlassung. Es geht also um fachliche und persönliche Eignung im Rahmen der Mandatsausübung.

Die wesentlichen mit der Standortbestimmung zu klärenden Fragen

- Sind alle notwendigen Kompetenzen im Gremium ausreichend vorhanden?
- Wurde eine solche Analyse bereits durchgeführt … und ist sie Basis für Schulungen, Neubesetzungen etc.?
- Ist das Gremium bezüglich seiner Zusammensetzung und Kompetenzen »angreifbar«?
- Könnte es besser aufgestellt sein?
- Bestehen »blinde Flecken« oder sogar Haftungsrisiken?
- Sind Dokumentationen und Entscheidungen für Dritte nachvollziehbar?

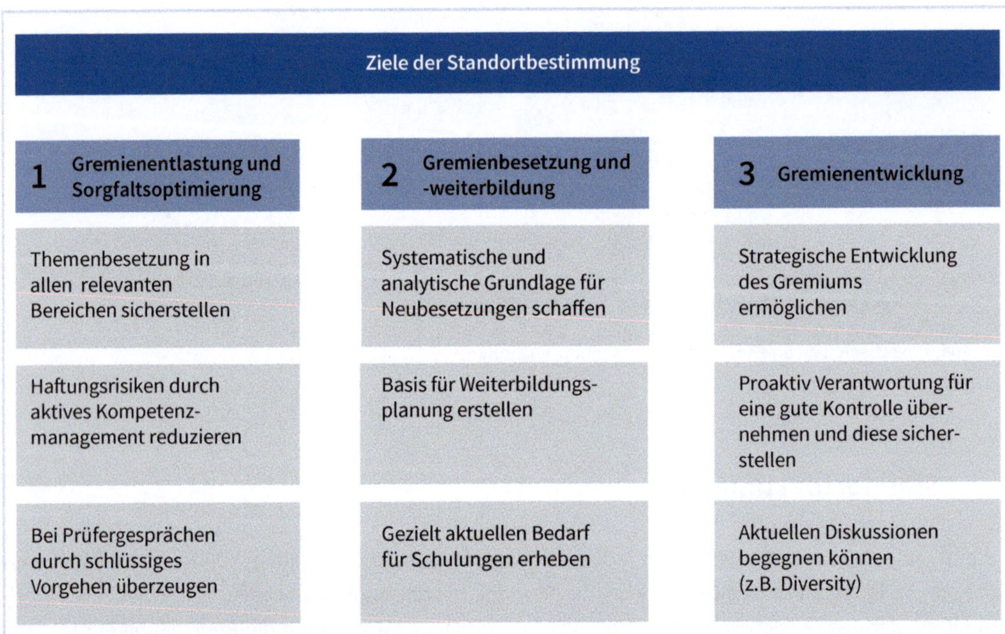

Abb. 106: Ziele der Standortbestimmung

3 Besonderheiten bei Banken

Aufsichtsräte von Banken unterliegen in einigen Bereichen deutlich strengeren Vorgaben als andere Aufsichtsräte. Nachfolgend sind die wesentlichen Anforderungen gemäß § 25d KWG angeführt:

- Ausgestaltung der Vergütungssysteme für die Geschäftsleitung,
- Zielvereinbarung mit der Geschäftsleitung und Überprüfung der Zielerreichung,
- regelmäßige Erörterung von Strategien, Risiken, Geschäftsentwicklungen und Vergütungssystemen (für Geschäftsleiter und Mitarbeiter),
- Überwachung der Konditionen und Anlageentscheidungen sowie Prüfung der Übereinstimmung mit dem Geschäftsmodell und der Risikostruktur des Unternehmens,
- **jährliche Prüfung von Geschäftsleitung und Aufsichtsorgan (Effizienzprüfung),**
- **gezielte und nachvollziehbare Weiterentwicklung des Gremiums.**

Insbesondere die beiden letztgenannten Punkte gehen im Bankensektor erheblich weiter als außerhalb, da explizit sowohl die individuelle als auch kollektive Einschätzung nicht nur für den Aufsichtsrat, sondern auch für die Geschäftsleitung erforderlich ist.

> Die Aufgaben des Aufsichtsrats, insbesondere des Vorsitzenden, werden noch umfangreicher und komplexer.

Folgende Zielgruppen stehen also im Fokus der durch den Aufsichtsrat durchzuführenden Effizienzprüfung:

- Aufsichtsrat: individuell und kollektiv,
- Geschäftsleitung: individuell und kollektiv.

Die Spannweite des angewendeten Vorgehens reicht von der anonymen Beurteilung durch die Mitglieder des Aufsichtsrats bis hin zu transparenten Workshops, in denen ein offener Austausch im Gremium stattfindet. Die gewählte Methode hängt im Wesentlichen von der Kultur innerhalb des Gremiums ab.

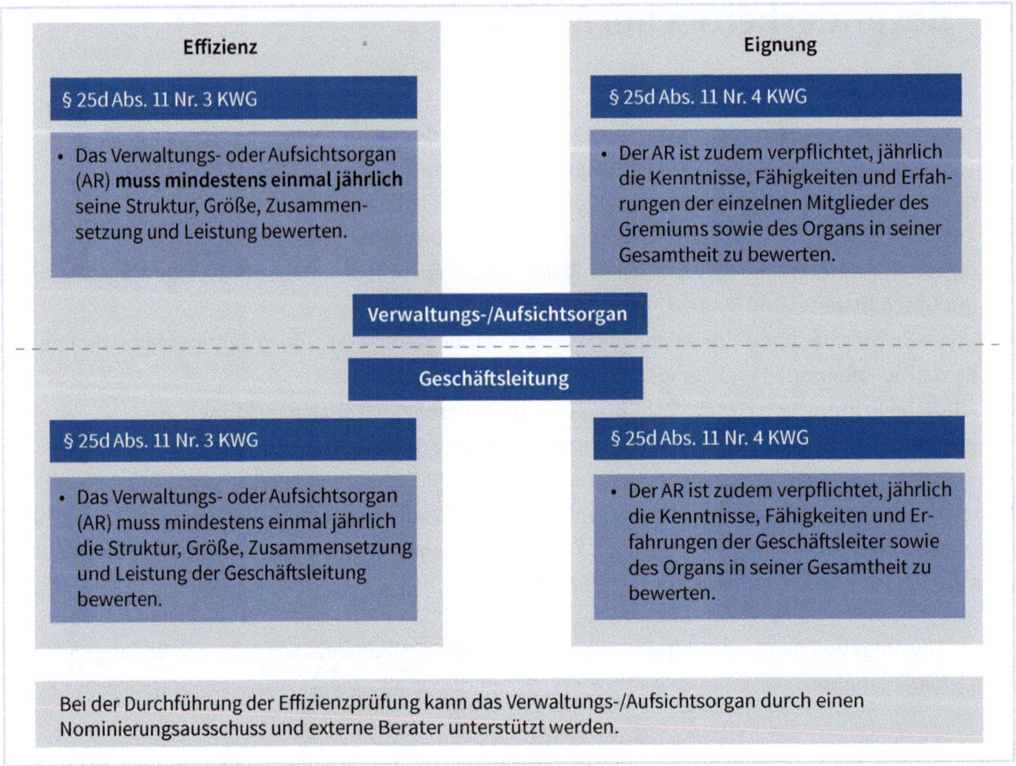

Abb. 107: Effizienzprüfung in Kreditinstituten/KWG-regulierten Unternehmen

4 Selbsteinschätzung

> Aufbauend auf der Effizienzprüfung sollte der Aufsichtsrat seine Zusammensetzung in persönlicher und fachlicher Hinsicht sowie in Bezug auf seine Arbeitsweise schrittweise weiterentwickeln.

Die Selbsteinschätzung des Aufsichtsrats soll dazu dienen, sich auf die Anforderungen und Fragen vorzubereiten, die dem Aufsichtsrat möglicherweise gestellt werden, wenn die Einhaltung der Sorgfaltspflicht überprüft wird:

- Decken wir die gesetzlichen Anforderungen sowie die des DCGK und ggf. des § 25d KWG ab:
  - individuell?
  - kollektiv?
- Konkrete Weiterentwicklung des Gremiums: Fahrplan, Umsetzung, Maßnahmen?
  → Achtung Sorgfaltspflicht und Haftung!
- Mehrjahresfokus bei der Entwicklung des Gremiums?
- Welche Regelungen sind für uns relevant und welche Anpassungen sollten wir darüber hinaus freiwillig/proaktiv angehen (GAP-Analyse)?
- Wie kann (und zwar zeitnah) eine umfassende Evaluierung der Geschäftsleitung und des Leitungsorgans gem. § 25d KWG erfolgen? Standortbestimmung/Effizienzprüfung.
- Kommen wir der individuellen und kollektiven Weiterbildungs-/Fortbildungspflicht nach (inkl. Lernhistorie)?

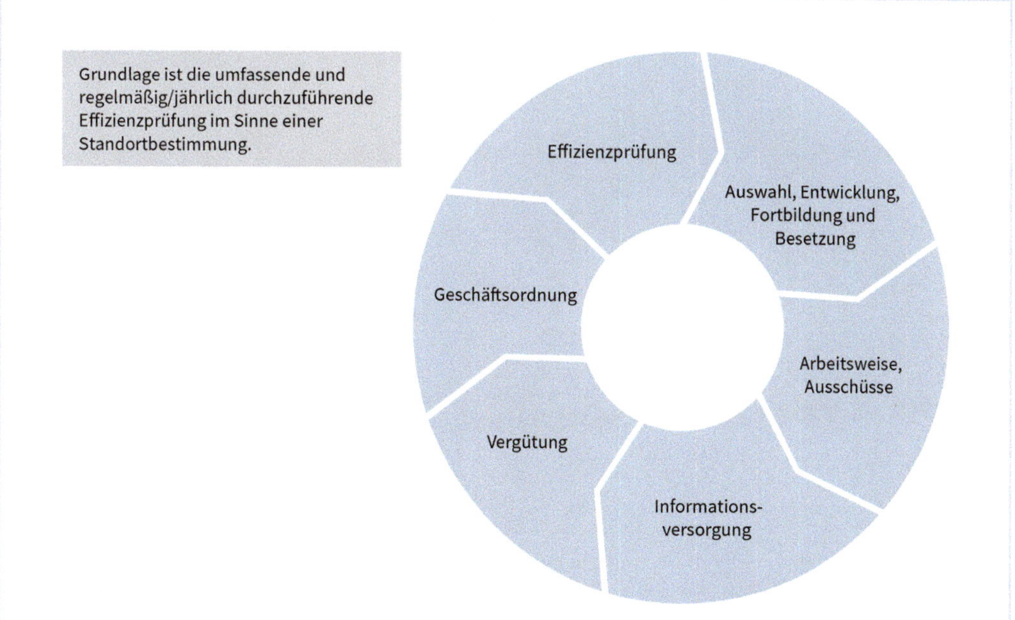

Abb. 108: Effizienzprüfung als zentraler Baustein und wesentlicher Schutzschirm

5 Quellen, weiterführende Literatur

Beyer M./Gabius K. (2015): Die Zukunft des Aufsichtsrats – Die Rolle des Gremiums im Rahmen von Planung und Strategie, BOARD 5/2015, S. 197–201.

Beyer M./Heyd R. (2015): Die Überwachung des Rechnungslegungsprozesses – Vom Prozessverständnis bis zur Bilanzpressekonferenz, BOARD 1/2015, S. 6–10.

Hillebrand K.-P. (2013): Effizienzprüfung des Aufsichtsrats – vom Kontrolleur zum Kontrollierten?, Die Wohnungswirtschaft (DW), 8/2013, S. 54–55.

Kapitel 9: Auswirkungen aktueller Entwicklungen auf die Mandatsarbeit

1 Grundsätzliches zur Rolle des AR im Rahmen der Planung und der Strategie

> Im Grundsatz 2 des DCGK ist formuliert: »Der Vorstand entwickelt die strategische Ausrichtung des Unternehmens, stimmt sie mit dem Aufsichtsrat ab und sorgt für ihre Umsetzung.« Daraus ergibt sich zwangsläufig eine notwendige Methodenkompetenz.

Der Vorstand informiert den Aufsichtsrat regelmäßig, zeitnah und umfassend über alle für das Unternehmen relevanten Fragen der Strategie, der Planung, der Geschäftsentwicklung, der Risikolage, des Risikomanagements und der Compliance. Er geht auf Abweichungen des Geschäftsverlaufs von den aufgestellten Plänen und Zielen unter Angabe von Gründen ein. § 90 Abs. 1 AktG spezifiziert die Berichtspflichten des Vorstands gegenüber dem Aufsichtsrat auf

- die beabsichtigte Geschäftspolitik und andere grundsätzliche Fragen der Unternehmensplanung, (insbesondere die Finanz-, Investitions- und Personalplanung) einschließlich diesbezüglicher Follow-up-Berichterstattung (Abweichungsanalyse),
- die Rentabilität, insbesondere die Eigenkapitalrentabilität,
- den Geschäftsgang insbesondere den Umsatz und die Lage der Gesellschaft,
- Geschäfte mit erheblicher Bedeutung für die Rentabilität und Liquidität der Gesellschaft.

Daraus ergeben sich Anforderungen an den Kenntnisstand von Aufsichtsräten bezogen auf Controllingmethoden und -instrumente sowohl auf strategischer wie auch auf operativer Ebene. Ferner hat der Aufsichtsrat bei der Einschätzung der Qualität der Geschäftsführung den Einsatz von Controllinginstrumenten als Qualitätsmerkmal zu beurteilen.

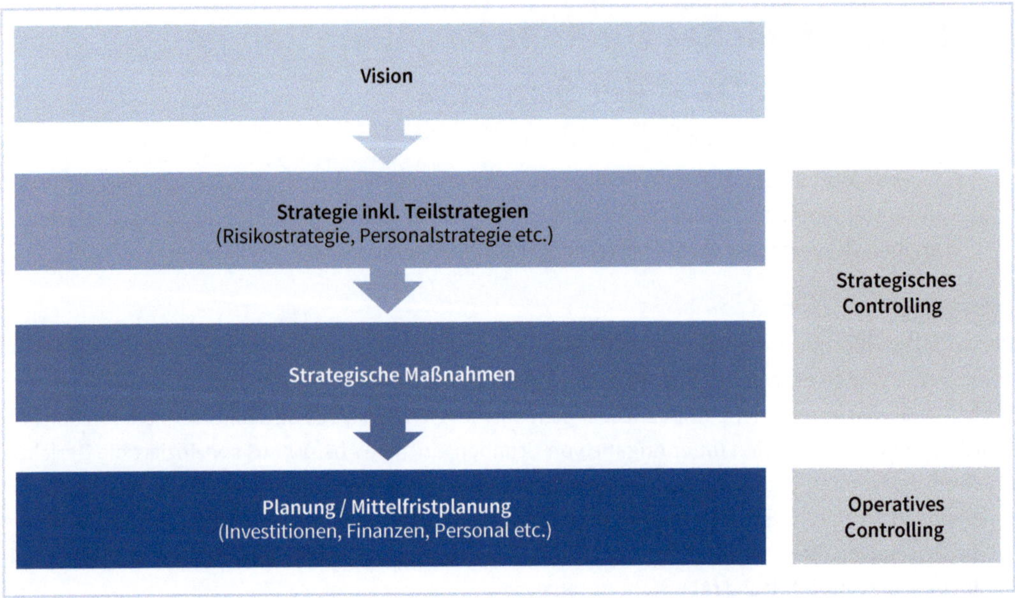

Abb. 109: Von der Vision zur Planung

Ziel der Strategischen Planung ist es, die Voraussetzungen zu schaffen für einen Strategischen Fit zwischen den Anforderungen der Märkte und den Potenzialen des Unternehmens, mit deren Hilfe erfolgreich, d.h. den Unternehmenszielen entsprechend auf diesen Märkten agiert werden kann. Diesen Teil des Strategischen Managements bezeichnet man als Strategische Planung. Dazu ist es im Rahmen des strategischen Managements, unterstützt durch das strategische Controlling, erforderlich

- die strategischen Ziele zu finden und nach innen wie außen transparent zu kommunizieren (Strategische Zielsetzung);
- die engere und weitere ökonomische, rechtliche, soziale, demographische und technologische Umwelt daraufhin zu untersuchen, inwieweit das vom Unternehmen ausgewählte geographische Umfeld (Standort) und ökonomische Umfeld (Markt) geeignet ist, Unternehmensziele zu erfüllen, insbesondere Renditen zu erzielen (Umweltanalyse);
- die relevanten Unternehmenspotenziale zu identifizieren, mithilfe derer den Anforderungen des Marktes begegnet werden kann und im Vergleich zu den Potenzialen anderer Marktakteure zu bewerten, bevor beurteilt werden kann, in welche Richtung die aktuellen Potenziale für die Zukunft weiterentwickelt werden sollen (Unternehmensanalyse);
- die Strategie auszuwählen, mithilfe derer der strategische Fit hergestellt und die Unternehmensziele unter Beachtung der aktuellen und zukünftigen Unternehmenspotenziale in der vom Unternehmen ausgewählten Umwelt umgesetzt werden sollen (Strategiewahl).

Schließlich hängt der unternehmerische Erfolg einerseits von der zielorientierten Konzeption der Unternehmensstrategie ab, andererseits auch von deren Implementierung im sozioökonomischen System der Unternehmung und ihrem Umfeld (Strategieimplementierung). Der strategische Zielbildungsprozess hängt von folgenden Aspekten ab:

- der Unternehmensverfassung (Rechtsform, Mitbestimmung),

- der Gestaltung der Beziehungen zur Umwelt (Einbeziehung von Stakeholdern),
- der Unternehmensorganisation (Unternehmensleitung oder Delegation).

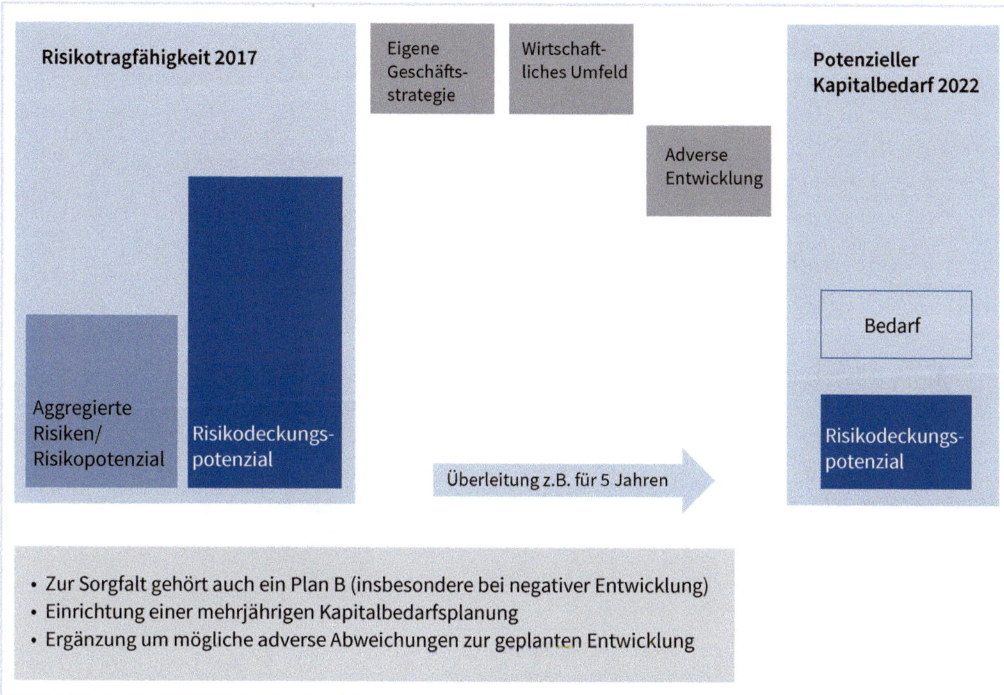

Abb. 110: Planen in Szenarien

Die Umweltanalyse hat zum Ziel,

- für den Zustand der relevanten Umwelt und ihre voraussichtliche Entwicklung zu sensibilisieren,
- die relevanten Umweltsegmente zu identifizieren,
- Chancen und Bedrohungen aus der Umwelt aufzuspüren, um dadurch die Attraktivität des Marktes zu beurteilen, d.h. inwiefern er in der Lage ist, den Akteuren, die auf ihm tätig sind, Renditen zu ermöglichen.

> Aufsichtsräte sollten nicht nur verstehen, warum bestimmte Methoden bzw. Ansätze zum Einsatz kommen, sondern auch, warum genau diese besonders geeignet für das Unternehmen sind.

Als Strategieoptionen stehen je nach Betrachtungsebene folgende Varianten zur Verfügung:

Unternehmensstrategien	Wachstumsstrategie
Produkt-Markt-Strategie	Lokale, nationale, internationale und globale Strategie
Do-it-yourself-, Kooperations- oder Akquisitionsstrategie	Stabilisierungsstrategie
Schrumpfungsstrategie	Geschäftsbereichsstrategie
Kostenführerschaftsstrategie	Produktdifferenzierungsstrategie
Nischenstrategie	Funktionsbereichsstrategien

Abb. 111: Varianten zur Verfügung stehender Strategieoptionen

Folgende Konzepte der Umweltanalyse stehen zur Verfügung:

- Die Marktanalyse, bei der als relevante Parameter zur Beurteilung der Attraktivität des Marktes herangezogen werden:
  - Das Marktpotenzial mit den Einzelaspekten Marktgröße (gegenwärtiges Umsatzpotenzial) und Marktwachstum (Stellung im Marktzyklus),
  - Die Marktstruktur: Wettbewerber, Lieferanten, Abnehmer,
  - Die Beschaffenheit des Gutes: Homogenität und Transparenz.
- Die Branchenstrukturanalyse, bei der folgende Strukturmerkmale die Wettbewerbsintensität und damit die Rentabilität bestimmen:
  - Wettbewerbskräfte,
  - Verhandlungsstärke der Lieferanten,
  - Bedrohung durch neue Anbieter,
  - Verhandlungsstärke der Abnehmer,
  - Bedrohung durch Ersatzprodukte,
  - Rivalität der Wettbewerber,
  - Branchenkultur.

Im Rahmen der Unternehmenspotenzialanalyse werden die Unternehmenspotenziale ermittelt und gemessen und die identifizierten und evaluierten Potenziale mit denen der Mitbewerber verglichen (relative Vorteilsmessung). Es werden die strategischen Erfolgsfaktoren bestimmt, d. h., es wird beurteilt, in welcher Weise die Unternehmenspotenziale weiterentwickelt werden sollen, um einen optimalen Zusammenhang zwischen dem geplanten unternehmerischen Maßnahmenbündel und dem erwarteten Erfolg zu erzielen.

> Jeder der genannten Ansätze hat modellbedingt Schwächen. Genau diese gilt es, ebenfalls zu kennen und die Bedeutung für die Strategie zu berücksichtigen.

Als Konzepte der Potenzialanalyse stehen das Wertkettenmodell nach Porter (primäre und sekundäre Aktivitäten) sowie das Modell des Strategischen Managements (Leistungs- und Führungspotenziale) zur Verfügung. Die Konkurrentenanalyse hat zum Ziel, die Stärken und Schwächen relativ gegenüber den Potenzialen der Konkurrenten zu beurteilen.

Daraus ergeben sich folgende Arbeitsschritte:
- Beschreibung der gegenwärtigen Situation,
- Analyse der Selbsteinschätzung, der Konkurrenten und ihrer Bewertung der Branche, Ermittlung der Stärken und Schwächen des Konkurrenten,
- Identifikation der zukünftigen Ziele der Konkurrenten.

Zur Einschätzung der Eignung bestimmter Strategien wurden verschiedene Konzepte entwickelt:
- die Erfahrungskurventheorie,
- die Portfolioanalyse,
- das Produkt- und Marktzykluskonzept,
- das S-Kurven-Modell.

Alle Konzepte münden letztlich in einer SWOT-Analyse, bei der die Stärken und Schwächen (Strengths und Weaknesses, unternehmensinterne Erfolgsparameter) mit den Chancen und Risiken (Opportunities and Threats, unternehmensexterne Erfolgsparameter) verglichen werden, um Aktionsfelder zu identifizieren, welche zu einer höchstmöglichen Übereinstimmung (Strategischer Fit) und damit zu einem maximalen Zielerreichungsgrad führen.

Die SWOT-Analyse bietet die Möglichkeit, die eigenen Potenziale und die externen Rahmenbedingungen für einen Entscheidungsprozess zu visualisieren. Den Kern der SWOT-Analyse bilden die Fragen, die darauf abzielen, ein Bild des gegenwärtigen Unternehmens mit seinen Entwicklungsmöglichkeiten zu entwerfen.

Das Bild wird dabei sowohl von internen Gegebenheiten als auch von externen Einflüssen bestimmt. Daraus ergeben sich folgende Fragestellungen:
- Stärken (Strengths) – interne Faktoren
  Auf welche Ursachen sind vergangene Erfolge zurückzuführen? Welche Synergiepotenziale liegen vor, die mit neuen Strategien stärker genutzt werden können?
- Schwächen (Weaknesses) – interne Faktoren
  Welche Schwachpunkte gilt es auszubügeln und künftig zu vermeiden? Welches Produkt kann die Projektziele nicht erfüllen?
- Chancen (Opportunities) – externe Faktoren
  Welche Möglichkeiten stehen offen? Welche Trends gilt es zu verfolgen?

- Gefahren (Threats) – externe Faktoren
  Welche Schwierigkeiten hinsichtlich der gesamtwirtschaftlichen Situation etc. liegen vor? Wo sind die Risiken im Projekt?

Die GAP-Analyse ist die Basis für eine frühzeitige Identifikation einer »Lücke« zwischen der gegenwärtigen Unternehmensentwicklung und der strategischen Zielsetzung. Durch eine differenzierte Betrachtung der identifizierten strategischen Lücke können Wachstumsstrategien entwickelt werden, die helfen sollen, die strategischen Ziele (doch noch) zu erreichen.

Planungs- und Kontrollprozesse erfordern eine umfassende und zielbezogene Informationsversorgung. Man spricht auch vom unternehmens- bzw. konzernweiten Berichtswesen, das die Entscheidungsträger rechtzeitig, umfassend und in entscheidungsrelevanter Aufbereitung mit aktuellen Informationen versorgen soll. Das Informationsmanagement ist eine originäre Controllerfunktion, von deren Qualität und Eignung sich der Aufsichtsrat überzeugen muss. Dies einerseits um die Qualität der Managemententscheidungen zu gewährleisten, andererseits um Schadensersatzansprüche abwehren zu können, weil die Business Judgement Rule bei unternehmerischen Entscheidungen eine angemessene Informationsgrundlage erfordert.

> Entscheidend ist vor allem die adressatengerechte Aufbereitung der Informationen, da Aufsichtsräte in kurzer Zeit und mit Distanz zum Tagesgeschäft umgehen müssen.

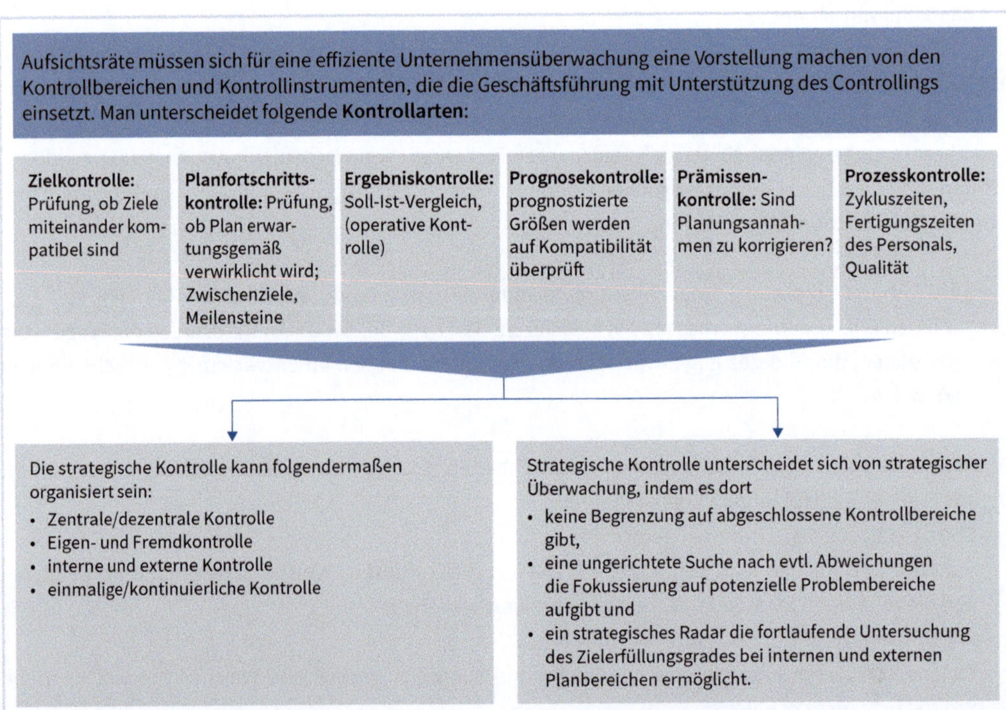

Abb. 112: Kontrollarten

Hierbei ist neben den organisatorischen und technischen Rahmenbedingungen des Berichtswesens auch die Eignung von Kennzahlen im Hinblick auf ihre Frühwarneigenschaften zu beurteilen. In diesen Rahmen fallen auch das Risikoreporting sowie die strategischen Kennzahlensysteme wie die Balanced Scorecard. Auch die strategischen Kostenmanagementsysteme wie die Prozesskostenrechnung und das Target Costing stehen als strategische Informationsinstrumente zur Verfügung, ebenso die Modelle der Investitions- und Finanzplanung und der Budgetierung. Gerade Letztere sind strategische Informations- bzw. Planungs- und Kontrollinstrumente, die ein Aufsichtsrat für seine Funktionserfüllung nach § 90 Abs. 1 Satz 2 AktG verstehen muss, wenn er die Vorstandsberichte zur beabsichtigten Geschäftspolitik und anderen grundsätzlichen Fragen der Unternehmensplanung (insbesondere Finanz-, Investitions- und Personalplanung) sowie die dazu gehörende Follow-up-Berichterstattung kritisch zu lesen hat. Vgl. § 93 Abs. 1 Satz 2 AktG.

Organisation und Unternehmenskultur bilden den qualitativen Rahmen der betrieblichen Leistungserstellung in strategischer Hinsicht sowohl für die dispositiven wie auch die leistungswirtschaftlichen Aktivitäten, welche den Erfolg des Unternehmens beeinflussen können.

Die Kenntnis der Aufbau- und Ablauforganisation ist für den Aufsichtsrat von Bedeutung, um die Eignung der Organisation beurteilen zu können, die betriebliche Tätigkeit in Abhängigkeit von internen und externen Faktoren zu steuern und zu optimieren. So empfiehlt sich bei einer Aktivität in heterogenen, aber stabilen Umwelten eher eine Divisions- oder Spartenorganisation, wohingegen eine Aktivität in dynamischen Umwelten Teamorganisationen, lernende Organisationskonzepte oder Organisationsmodelle virtueller Unternehmensverbindungen erfordert.

Die Kenntnis der Aufbau- und Ablauforganisation ist auch erforderlich, um die Flexibilität der Organisation bei sich wandelnden Rahmenbedingungen einschätzen zu können. Damit ist auch die Verbindung zur Unternehmenskultur gegeben.

2 Digitalisierung

Individuen, Unternehmen und Gesellschaften befinden sich in einer beispiellosen technologischen Transformation. Zur Erhaltung der Wettbewerbsfähigkeit müssen sich Unternehmen daher erfolgsversprechende Strategien insbesondere unter Berücksichtigung dieses Wandels erarbeiten. Das betrifft vor allem die Ausrichtung des Unternehmens in Hinblick auf das präferierte Geschäftsmodell und die Abschätzung künftiger Märkte. Eine besondere Bedeutung kommt daher regelmäßig einem Aufsichtsrat mit hoher Digitalisierungskompetenz zu, der auch technologische Entwicklungen auf Augenhöhe mit dem Vorstand diskutieren und somit seiner Beratungsfunktion angemessen nachkommen kann.

Oftmals sind gerade gegenwärtig die neuralgischen Punkte von Geschäftsmodellen eng verknüpft mit Aspekten der Disruption und/oder Digitalisierung. Unter einer disruptiven Technologie wird eine (technische) Innovation oder Alternative verstanden, die eine bestehende Technologie, ein bestehendes Produkt oder eine bestehende Dienstleistung (vollständig) verdrängt. Unter Digitalisierung versteht man die Einbeziehung digitaler Technologien in geschäftliche oder soziale Prozesse mit dem Ziel, diese zu optimieren. Die Digitalisierung ist transformativ, d.h. sie ändert die Art und Weise, in der Unternehmen mit ihren Kunden interagieren, und häufig daher auch ihre Einnahmequellen.

Regelmäßig sind Aufsichtsräte in Bezug auf deren Kompetenzen geprägt von juristischem Sachverstand, betriebswirtschaftlichem Wissen und Branchenexpertise. Da gerade Themen wie IT und Digitalisierung entscheidende Faktoren für Geschäftsmodelle und Unternehmenserfolge sind, ist eine profunde Kompetenz und Besetzung im Aufsichtsrat in vielen Fällen unerlässlich. Hierbei geht es nämlich nicht nur um die Einschätzung von Strategien »mit der entsprechenden Flughöhe«, sondern im Rahmen der konkreten Überwachung und Beratung auch um Risikoeinschätzungen, Gefährdungsanalysen, Verständnis für technische und gesellschaftliche Entwicklungen etc.

Zur Sicherung oder Anpassung des Geschäftsmodells ist es daher notwendig, insbesondere auch technisches bzw. digitales Know-how im Aufsichtsrat aufweisen zu können, damit nicht nur ganz wesentliche aktuelle Fragestellungen kompetent bearbeitet werden können, sondern auch damit die strategische Ausrichtung des Unternehmens im Aufsichtsrat überhaupt angemessen gewürdigt werden kann.

Zur gesunden Balance der Kompetenzen innerhalb des Aufsichtsrats bietet es sich an, die Kompetenzprofile (siehe Kapitel 7) aus dem bzw. über das Geschäftsmodell herzuleiten. So könnte z.B. im Rahmen einer Effizienzprüfung (siehe Kapitel 8) ein mögliches Gap zwischen tatsächlichen und erforderlichen Kompetenzen herausgearbeitet und im Nachgang optimiert werden.

Im Kontext des Aufsichtsrats kann Technologie- und Digitalkompetenz so verstanden werden, dass ein grundlegendes Verständnis von technischen und digitalen Zusammenhängen besteht. Zusätzlich ist wichtig, dass ein Bezug zum Unternehmen hergestellt wird und der Wille zur Umsetzung von Neuerungen, einschließlich Mitarbeitermotivation, gegeben ist.

Weiterhin geht es um die Frage, wie die Kompetenzen gebündelt und möglichst effektiv genutzt werden können. Neben der Behandlung im Plenum des Aufsichtsrats wäre es denkbar, einen dauerhaften Ausschuss für Strategie und/oder Technologie/Digitalisierung einzurichten und genau in diesem die Wissensträger zusammenzuführen. Es wäre möglich, einem Strategie- und Technologieausschuss die nachfolgenden Aufgaben zu übertragen:

1. Entscheidungen des Aufsichtsrats über technologische Angelegenheiten, insbesondere solchen mit strategischer Relevanz,
2. regelmäßiger Austausch mit dem Vorstand zu technologischen Themen, z.B. zu den technologischen Entwicklungen und Herausforderungen,
3. Beratung und Unterstützung des Vorstands bei der Entwicklung einer klaren und umsetzbaren technologischen Gesamtstrategie. Unstrittig ist, dass der Aufsichtsrat seinerseits die nötigen Kompetenzen vorhalten bzw. aufbauen muss sowie in seiner Selbstorganisation sicherzustellen hat, dass er den Vorstand angemessen überwacht und berät.

Fazit

Technologie- und Digitalkompetenz ist in Aufsichtsräten wichtig, nicht nur zum Verständnis komplexer werdender Geschäftsmodelle. Es geht darum, mit dem Vorstand auf Augenhöhe frühzeitig künftige technologische Umwälzungen abzuschätzen, Strategieüberlegungen anzustellen und Risikovorkehrungen zu treffen. Dies erfordert die Überprüfung bzw. den Aufbau neuer Kompetenzen im Aufsichtsrat, etwa in Form eines Strategie- und Technologieausschusses.

3 Nachhaltigkeit

Bei der Konkretisierung aktueller Entwicklungen in Bezug auf die Aufsichtsratstätigkeit stellt das Thema Nachhaltigkeit (ESG Environment, Social and Governance) einen besonders bedeutenden Faktor dar.

Der Druck auf Unternehmen, das Nachhaltigkeitsthema verstärkt in den Blick zu nehmen und in die Corporate Governance umzusetzen, steigt von verschiedenen Seiten aus:

- Stakeholder-Erwartungen,
- steigendes Haftungsrisiko,
- Regulierungsdruck durch EU- und nationale Vorschriften,
- Finanzierungsvoraussetzungen.

Dabei werden alle Aufgaben des Aufsichtsrates von ESG-Kriterien durchsetzt. Als Beispiele seien genannt:

- Überwachung und Kontrolle der Geschäftsführung des Vorstandes (§ 111 Abs. 1 AktG),
- Vorstandsbestellung und -entlassung,
- Vorstandsvergütung,
- Beratung des Vorstands,
- Prüfung der nichtfinanziellen Berichterstattung,
- Überwachung des Internen Kontroll- und Risikomanagementsystems einschließlich des Compliance-Management-Systems,
- Geltendmachung von Schadenersatzansprüchen gegenüber dem Vorstand.

Nach § 171 Abs. 1 Satz 4 AktG hat der Aufsichtsrat auch den gesonderten nichtfinanziellen Bericht (§ 289b HGB) und den gesonderten nichtfinanziellen Konzernbericht (§ 315b HGB) zu prüfen. Hierbei geht es insbesondere um Angaben und Maßnahmen zu

- Umweltbelangen, z.B. Treibhausgasemissionen, Wasserverbrauch, Luftverschmutzung, Nutzung von erneuerbaren Energien oder den Schutz der biologischen Vielfalt,
- Arbeitnehmerbelangen, z.B. Geschlechtergleichstellung, Arbeitsbedingungen, Achtung der Rechte der Arbeitnehmer, Rechte der Gewerkschaften, Gesundheitsschutz oder die Sicherheit am Arbeitsplatz,
- Sozialbelangen, z.B. Dialog auf kommunaler oder regionaler Ebene, Sicherstellung des Schutzes und der Entwicklung lokaler Gemeinschaften,
- Schutz der Menschenrechte, z.B. Maßnahmen zur Vermeidung von Menschenrechtsverletzungen und
- Vermeidung von Korruption und Bestechung, z.B. bestehende Instrumente zur Bekämpfung von Korruption und Bestechung.

Die verschärften Anforderungen an den Aufsichtsrat, die sich insbesondere konkretisieren

- im Deutschen Corporate-Governance-Kodex 2022 (DCGK 2022) sowie
- in der Corporate Sustainability Reporting Directive (CSRD 2024),

bedeuten eine weitergehende Verantwortung bzw. stellen zusätzliche Anforderungen an die Expertise des Aufsichtsrats.

Exemplarische Vorschriften aus dem Deutschen Corporate Governance Kodex 2022, bei denen das Thema Nachhaltigkeit eine herausgehobene Bedeutung hat, sind Folgende:

Der Aufsichtsrat

- trägt Sorge für die nachhaltige Wertschöpfung des Unternehmens (Präambel),
- hat ein Kompetenzprofil, das auch Expertise zu Nachhaltigkeitsfragen umfasst (Empfehlung C.1),
- überwacht und berät den Vorstand insbesondere auch zu Nachhaltigkeitsfragen (Grundsatz 6),
- passt die Vergütungsstruktur des Vorstands an die nachhaltige Entwicklung an (Grundsatz 24) und
- hat Kenntnisse in der Nachhaltigkeitsberichterstattung und -prüfung (Empfehlung D.3).

Empfehlungen gemäß dem DCGK 2022 über Themen zur Nachhaltigkeit betreffen

- die inhaltliche Expertise in relevanten Nachhaltigkeitsfragen und Expertise in der Nachhaltigkeitsberichterstattung im Rahmen der Rechnungslegung und deren Prüfung,
- der Aufsichtsrat muss fachlich zur effizienten Überwachung hinsichtlich der Nachhaltigkeitsaspekte in der Lage sein,
- die Qualifikationsmatrix, im Rahmen derer der Umsetzungsstand der konkreten Ziele für die Zusammensetzung und die Kompetenzprofile für den Aufsichtsrat in der Erklärung zur Unternehmensführung offengelegt werden soll, sowie
- die Nachweise über bestehende Expertise bei Kandidatenvorschlägen zur Berufung in den Aufsichtsrat durch Beifügung eines Lebenslaufs.

Was können Aufsichtsräte jetzt tun?

- Erste Überlegungen können an das Thema Nachhaltigkeit im Aufsichtsrat heranführen:
  - Was bedeutet »Überwachung und Beratung in Nachhaltigkeitsfragen« für das Unternehmen und das Geschäftsfeld konkret?
  - Was wird daraus zum Ausgangspunkt für die Unternehmensstrategie gemacht?
  - Wie wird auf dieser Basis der Entwurf eines Aktionsplans erstellt?
- Die zweite Herausforderung ist die Sicherstellung der Integration relevanter Nachhaltigkeitsdaten in die Berichtssysteme:
  - Die Empfehlung A.3 (DCGK 2022) formuliert: »Das interne Kontrollsystem und das Risikomanagementsystem sollen, soweit nicht bereits gesetzlich geboten, auch nachhaltigkeitsbezogene Ziele abdecken. Dies soll die Prozesse und Systeme zur Erfassung und Verarbeitung nachhaltigkeitsbezogener Daten mit einschließen«.
  - Dies erfordert die Überwindung eingespielter Informationssilos.
  - Berichtsrelevante Nachhaltigkeitsinformationen und -daten müssen robust und belegbar sein.
  - Voraussetzung ist der Zugriff auf valide Informationen und Daten, die den Stand der Nachhaltigkeitsbestrebungen im Unternehmen zutreffend und umfassend abbilden.
  - Dazu ist die aktive Einforderung der Informationserfassung, -übermittlung und -konsolidierung notwendig.

  - Es muss ein Augenmerk auf die Funktionalität und die Abgestimmtheit der Governance-, Risk- und Compliance-Systeme und -prozesse (IKS, RMS, CMS) gelegt werden.
- Der Aufbau von »Nachhaltigkeitsexpertise« im Aufsichtsrat sowie die Erarbeitung und Offenlegung von Kompetenzprofilen können auf verschiedene Arten erfolgen:
  - eigene Kompetenzaneignung zum Thema Nachhaltigkeit/ESG im Allgemeinen und im unternehmerischen Kontext,
  - Verständnis der nichtfinanziellen (unternehmensinternen) Berichterstattung, auch für die diesbezügliche (externe) Berichterstattung im Lagebericht,
  - eigenverantwortliche Wahrnehmung von Aus- und Fortbildungsmaßnahmen auf diesem Sektor,
  - Hinzuziehung professioneller Berater,
  - ggf. unternehmenseigener ESG-Experte (abhängig vom Geschäftsmodell, Bedeutung des Themas und Größe des Aufsichtsrats),
  - Konzipierung der Erklärung zur Unternehmensführung, Festsetzung von ESG-Zielen und Erstellung von Kompetenzprofilen mittels einer Qualifikationsmatrix (siehe Empfehlung C.1 DCGK 2022).
- Ferner ergeben sich aus der Einbeziehung der ESG-Themen in das Managementkonzept und die Unternehmensberichterstattung Auswirkungen auf die Organisation des Aufsichtsrats:
  - ggf. Berufung eines ESG-/Nachhaltigkeitsexperten im Aufsichtsrat,
  - ggf. Einrichtung eines ständigen ESG-/Nachhaltigkeitsausschusses (nur bei größerem Aufsichtsrat),
  - konkrete Aufgabenverteilung auf betroffene Ausschüsse (z. B. Prüfungs-, Strategie- Personalausschuss),
  - Gewährleistung eines hinreichenden Informationsflusses zwischen allen betroffenen Ausschüssen (z. B. durch Überkreuzmitgliedschaften und/oder gelegentliche gemeinsame Sitzungen).

Durch die CSRD (Corporate Sustainability Reporting Directive) werden die Aspekte der Nachhaltigkeit den finanziellen Themenschwerpunkten in ihrer Bedeutung im Rahmen der Unternehmensberichterstattung gleichgestellt.

Finanzberichterstattung und Nachhaltigkeitsberichterstattung im Rahmen der nichtfinanziellen Erklärung des Lageberichts werden ebenbürtig. Auch der Prüfpflicht des Aufsichtsrats nach § 171 Abs. 1 Satz 4 AktG kommt eine größere Bedeutung und Verantwortung zu.

Derzeit werden Standards für die künftige Berichterstattung durch die European Financial Reporting Advisory Group (EFRAG) und den International Sustainability Standards Board entwickelt.

CSRD	Prüfpflichten des Aufsichtsrats	Haftung des Aufsichtsrats
• Detaillierte Berichtspflichten im nichtfinanziellen Bericht (umfassende Berichtspflicht nach einheitlichen Maßstäben) • Veröffentlichungspflicht für Unternehmen zu Nachhaltigkeitsfragen als verpflichtender Teil des Lageberichts • Zertifizierungspflicht durch externen akkreditierten, unabhängigen Prüfer	• Aufgrund der Zertifizierungspflicht entsprechend hohe Anforderungen an die Prüfpflichten des Aufsichtsrats zu erwarten wie an die Prüfung des Finanzberichts • Bloße Plausibilitätskontrolle des nichtfinanziellen Berichts durch den Aufsichtsrat wird nicht mehr ausreichen	Ggf. Anfechtbarkeit des Entlastungsbeschlusses Haftung gegenüber der Gesellschaft gemäß § 116 Abs. 1 i. V. m. § 93 Abs. 2 AktG (Schadensersatzpflicht) Persönliche Haftung des einzelnen Aufsichtsratsmitglieds

Die regulatorischen Neuerungen finden auf drei Ebenen statt:

Taxonomie-Verordnung (Tax-VO)	Lieferkettensorgfaltspflichtengesetz (LkSG)	Corporate Sustainability Reporting Directive (Richtlinie 2014/95/EU) CSRD
• Zentraler Baustein zur Lenkung von Kapitalströmen in nachhaltige Investitionen • Transparenz über ökologische/nachhaltige Investitionen • Berichterstattung von nachhaltigem Umsatz, OpEX, CapEX	• Vorgaben für die Erfüllung menschenrechtlicher Sorgfaltspflichten (Einrichtung eines diesbezüglichen Risikomanagementsystems, Durchführung einer Risikoanalyse) • Ab 2023 für alle Unternehmen ab 3.000 Mitarbeitern, ab 2024 ab 1.000 Mitarbeitern • Anforderungen sind entlang der Lieferkette weiterzugeben, daher auch für kleinere Unternehmen relevant	• Verpflichtung zur Veröffentlichung von Nachhaltigkeitsinformationen im Lagebericht • Für alle großen Unternehmen (§ 267 HGB) • Verpflichtende Prüfung mit begrenzter Sicherheit (limited assurance) • Neue inhaltliche Anforderungen werden durch EFRAG entwickelt • Für Geschäftsjahre ab dem 1.1.2023 relevant

Während EU-Verordnungen, z. B. Taxonomie-Verordnung (Tax-VO), ebenso wie formell-gesetzliche Vorschriften, z. B. Lieferkettensorgfaltspflichtengesetz (LkSG), unmittelbar geltende und von den Rechtsgenossen zu befolgende Rechtsvorschriften sind, sind EU-Richtlinien Rechtsakte der Europäischen Union, die erst nach ihrer Umsetzung und Einbeziehung in den nationalen Rechtskodex Rechtswirkungen entfalten. Eine Richtlinie ist ein Rechtsakt, in dem ein von allen EU-Ländern zu erreichendes Ziel festgelegt wird. Es ist jedoch Sache der einzelnen Länder, eigene Rechtsvorschriften zur Verwirklichung dieses Ziels zu erlassen. Es bedarf bei EU-Richtlinien somit erst eines Umsetzungsgesetzes, das Teil der nationalen Rechtsordnung ist und auf die im jeweiligen EU-Mitgliedstaat vorgeschriebene Weise zustande gekommen ist. Beispiele hierfür sind:

- CSRD-RUG,
- Whistleblower Richtlinie Hinweisgeber-Schutzgesetz.

Die EU-Taxonomie-Verordnung ist der zentrale Baustein zur

- Lenkung von Finanzströmen in nachhaltige Wirtschaftsaktivitäten durch verbindliche Standards,

- Vermeidung von »Greenwashing« bei der Vermarktung nachhaltiger Finanzprodukte,
- Schaffung von Anreizen für die Finanzierung einer nachhaltigen Transformation (größeres Kapitalangebot, Senkung der Kapitalkosten für nachhaltige Investitionen) und zur
- Verbesserung der Vergleichbarkeit der Unternehmen.

Unterscheidung: taxonomiefähige und taxonomiekonforme Tätigkeiten:
- Taxonomiefähige Tätigkeiten haben das Potenzial, einen wesentlichen Beitrag zu einem der EU-Umweltziele zu leisten und finden sich in zwei Delegierten Verordnungen wieder.
- Taxonomiekonforme Tätigkeiten sind taxonomiefähige Tätigkeiten, wenn sie folgende Kriterien erfüllen:
  - entspricht den technischen Bewertungskriterien (z.B. Grenzwerte in Bezug auf die Umweltleistung wie THG-Emissionen) auf Ebene einzelner Aktivitäten,
  - verursacht keine signifikante Beeinträchtigung der übrigen Umweltziele (do no significant harm) z.B. Management von Umweltrisiken wie Wasser- und Biodiversitätsrisiken – auf Ebene einzelner Aktivitäten,
  - wird in Übereinstimmung mit den sozialen Mindeststandards (OECD Leitsätze für multinationale Unternehmen, UN-Leitprinzipien für Wirtschaft und Menschenrechte, ILO-Kernarbeitsnormen und Menschenrechtscharta) durchgeführt – auf Ebene des Unternehmens.

Berichtspflichtige KPIs in der Nachhaltigkeitsberichterstattung aufgrund der Taxonomie-Verordnung:
- Umsatzerlöse: Einnahmen aus Produkten oder Dienstleistungen durch wirtschaftliche Aktivitäten, die als ökologisch nachhaltig eingestuft werden,
- Investitionsausgaben (CapEx),
- Betriebskosten (OpEx),
  CapEx/OpEx: Ausgaben für Vermögenswerte oder Prozesse im Zusammenhang mit wirtschaftlichen Aktivitäten, die als ökologisch nachhaltig eingestuft werden, unabhängig vom Umsatz (für unterstützende Aktivitäten).

Handlungsempfehlungen zur Umsetzung der EU-Taxonomie als To Dos für die Unternehmen:
- interdisziplinäres Team zusammenstellen,
- zeitliche Kapazitäten einplanen,
- Know-how aufbauen,
- Prozess-Implementierung und -Dokumentation,
- Datenerfassung vorbereiten,
- auseinandersetzen mit dem Thema Klimarisikoanalyse,
- Kontrollen definieren, um die Prüffähigkeit sicherzustellen.

Das Lieferkettensorgfaltspflichtengesetz als zweiter Bestandteil der Neuregelungen zur Einbeziehung von ESG-Grundsätzen in das Nachhaltigkeitsmanagement und die Nachhaltigkeitsberichterstattung

Der Anwenderkreis des Lieferkettensorgfaltspflichtengesetzes wird stufenweise erweitert:
- Unternehmen mit mehr als 3.000 Mitarbeitenden in Deutschland ab 2023 → 1. Bericht in 2024,
- Unternehmen mit mehr als 1.000 Mitarbeitenden in Deutschland ab 2024 → 1. Bericht in 2025.

Die in die Berichterstattung einbezogenen Unternehmen umfassen:
- den eigenen Geschäftsbetrieb: In- und Ausland, größte Anstrengungen zur Vermeidung drohender oder Beendigung bereits eingetretener Menschenrechtsverletzungen,
- unmittelbare Zulieferer: Verankerung angemessener Präventionsmaßnahmen und Erstellung von Konzepten zur Vermeidung von Verletzungen bei direkten Vertragspartnern,
- mittelbare Zulieferer: Trotz fehlender Vertragsbeziehung Teil der Lieferkette und Berücksichtigung in der Risikoanalyse (indirekte Sorgfaltspflichten).

Anforderungen an die Umsetzung der Anforderungen des Lieferkettensorgfaltspflichtengesetzes:
- Einrichtung eines angemessenen und wirksamen Risikomanagements zur Abwendung menschenrechtlicher Risiken und Rechtsgutverletzungen entlang der Lieferkette,
- Durchführung einer Risikoanalyse zur Identifizierung und Bewertung von Menschenrechts- und Umweltrisiken im eigenen Geschäftsbereich und entlang der Lieferkette,
- Abgabe einer Grundsatzerklärung zur Achtung der Menschenrechte und zur Menschenrechtsstrategie des Unternehmens unverzüglich nach Durchführung der Risikoanalyse sowie Festlegung einer betriebsinternen Zuständigkeit,
- Verankerung angemessener Präventionsmaßnahmen im eigenen Geschäftsbetrieb sowie gegenüber unmittelbaren Zulieferern und Ergreifen von Abhilfemaßnahmen bei Verletzungen,
- Einrichtung eines unternehmensinternen Beschwerdemechanismus zur Meldung von menschenrechts- oder umweltbezogenen Risiken oder Verletzungen,
- fortlaufende Dokumentation der Sorgfaltspflichten sowie transparente jährliche und öffentliche Berichterstattung spätestens vier Monate nach dem Geschäftsjahresende.

Zu berücksichtigende Risiken nach dem Lieferkettensorgfaltspflichtengesetz:
- Verbot von Kinderarbeit unter 15 Jahren,
- Verbot besonders schlimmer Arbeitsformen für Kinder und Jugendliche unter 18 Jahren,
- Verbot von Sklaverei und Zwangsarbeit,
- Vereinigungsfreiheit und Recht auf Kollektivverhandlungen,
- Verbot der Missachtung der Pflichten des Arbeitsschutzes,
- Verbot der Missachtung der Koalitionsfreiheit,
- Verbot der Ungleichbehandlung und Diskriminierung der Beschäftigten,
- Verbot des Vorenthaltens eines angemessenen Lohnes,
- Verbot der Gesundheitsgefahren durch Umweltschädigungen,
- Verbot der Zwangsräumung,
- Verbot der Beauftragung unzuverlässiger Sicherheitskräfte.

Bestimmte umweltbezogene Risiken werden ebenso berücksichtigt, zum einen, wenn sie zu Menschenrechtsverletzungen führen (z. B. vergiftetes Wasser), zum anderen, wenn es darum geht, Stoffe, die für Mensch und Umwelt gefährlich sind, zu verbieten:
- Herstellung von Produkten mit Quecksilberzusatz,
- unsachgemäße Behandlung von Quecksilberabfällen,
- unsachgemäße Handhabung, Sammlung, Lagerung und Entsorgung von Abfällen,
- Verwendung von Quecksilber/Quecksilberverbindungen im Herstellungsprozess,

- unzulässige Herstellung und Verwendung von persistenten organischen Schadstoffen (POPs),
- illegale grenzüberschreitende Verbringung von Abfällen.

Zur Umsetzung des Lieferkettensorgfaltspflichtengesetzes lassen sich folgende Handlungsempfehlungen als To Dos für Unternehmen ableiten:
- Analyse der Wertschöpfungskette,
- Definition von verantwortlichen Rollen im Unternehmen,
- Anpassung des Risikomanagements an LkSG-relevante Risiken,
- Einführung von Beschwerdemechanismen bzw. Erweiterung auf Betroffene in der Lieferkette,
- Implementierung von Kontrollverfahren,
- ggf. Verfassung einer Grundsatzerklärung,
- Benennung einer betriebsinternen Zuständigkeit (z. B. Menschenrechtsbeauftragter).

Die Corporate Sustainability Reporting Directive CSRD als Kernstück des Nachhaltigkeitsmanagements und der Nachhaltigkeitsberichterstattung

Corporate Sustainability Reporting Directive (Richtlinie 2014/95/EU) (aktuell) stellt die im Rahmen der Sustainable-Finance-Initiative überarbeitete CSR-Richtlinie dar und verpflichtet Unternehmen, über nachhaltigkeitsbezogene Auswirkungen, Risiken und Chancen ihrer Aktivitäten zu berichten in Verbindung mit einem eigenen Rahmenwerk ESRS (European Sustainability Reporting Standards) als erstes Set an Standards, das von der EU-Kommission vorgelegt wurde.

Der Anwendungsbereich der Corporate Sustainability Reporting Directive CSRD umfasst, sofern sie in nationales Recht transformiert ist:
- alle Unternehmen, die nach der CSR-RUG berichtspflichtig sind,
- die Berichterstattung über die Umweltziele »Klimaschutz« und »Anpassung an den Klimawandel«, die seit 1.1.2022 für das Berichtsjahr 2021 verpflichtend ist,
- Für die weiteren vier Umweltziele
  - nachhaltige Nutzung und Schutz der Wasser- und Meeresressourcen,
  - Übergang zur Kreislaufwirtschaft,
  - Vermeidung und Verminderung von Umweltverschmutzungen und
  - Schutz und Wiederherstellung der biologischen Vielfalt und der Ökosysteme

  ist die Berichterstattung ab dem Berichtsjahr 2023, ggf. 2024 verpflichtend.
- Für alle Unternehmen, die nach CSRD berichtspflichtig sind, gelten die Berichtsvorschriften ab 1.1.2026 für das Berichtsjahr 2025.

Die Umsetzung erfolgt durch Offenlegung in der nichtfinanziellen Erklärung im Lagebericht oder in einem gesonderten Bericht, ab der Anwendungspflicht der CSRD in der Nachhaltigkeitserklärung.

Der **Geltungsbereich für die Berichtspflicht nach dem CSR-RUG** umfasst Unternehmen,
- die einen Umsatz von mehr als 40 Mio. EUR erwirtschaften,
- deren Bilanzsumme mehr als 20 Mio. EUR beträgt,
- die mehr als 500 Mitarbeitende beschäftigen,
- die kapitalmarktorientiert sind,

- zudem: Banken und Versicherungen, die die o.e. Größenkriterien erfüllen, unabhängig von einer Kapitalmarktorientierung.

Nichtfinanzielle Erklärung/nichtfinanzieller Bericht		
Beschreibung des Geschäftsmodells		
Nichtfinanzielle Belange	**Zu berichtende Themen**	**Zu berichtende Einzelangaben**
Umwelt	CSR-Konzepte	Ziele
Arbeitnehmer:innen	Risiken	Maßnahmen und Zeithorizont zur Erreichung dieser Ziele
Soziales	Bedeutendste nichtfinanzielle Leistungsindikatoren	Einbeziehung des Managements
Menschenrechte		
Antikorruption		
Wesentlichkeitsgrundsatz		
Comply or Explain für Konzepte		
Prüfungspflicht des Aufsichtsrats, Wirtschaftsprüfer prüft nur, **ob** die Erklärung vorliegt		

Der **EU Action Plan on Sustainable Finance** (Regulatorik) umfasst Folgendes:

- Die Taxonomie-Verordnung (Verordnung EU 2020/852) als Ergebnis des EU-Action Plan on Sustainable Finance bietet ein Klassifizierungssystem, um wirtschaftliche Aktivitäten als ökologisch nachhaltig einzustufen.
- CSRD: Corporate Sustainability Reporting Directive (Richtlinie 2014/95/EU) (aktuell) stellt die im Rahmen der Sustainable Finance Initiative überarbeitete CSR-Richtlinie dar und verpflichtet Unternehmen, über nachhaltigkeitsbezogene Auswirkungen, Risiken und Chancen ihrer Aktivitäten zu berichten in Verbindung mit einem eigenem Rahmenwerk ESRS (European Sustainability Reporting Standards als erstes Set an Standards, das der EU-Kommission vorgelegt wurde.
- SFDR: Sustainable Finance Disclosure Regulation (Verordnung EU 2019/2088) als Ergebnis des EU-Action Plan on Sustainable Finance und als Offenlegungsverordnung, die Investmentfirmen zu Angaben über ökologische Nachhaltigkeit ihrer Investitionen verpflichtet, sind im Zusammenspiel von ESG-Faktoren und Investitionen in Bezug auf Risiken ebenfalls zu berücksichtigen; die Verortung erfolgt auf den Websites, in vorvertraglichen Dokumenten und in periodischen Berichten.

Anwenderbereich der Corporate Sustainability Reporting Directive (CSRD)

Betroffen sind 50.000 Unternehmen in der EU, es handelt sich um einen europäischen Berichtsstandard zur Offenlegung im Lagebericht mit verpflichtender externer Prüfung.

> ESG: Environment, Social und Governance als integriertes Managementsystem

Es ist eine **zeitlich gestaffelte Anwendungsverpflichtung** vorgesehen:

- 2025 (Berichtsjahr 2024): Unternehmen, die bereits im Rahmen der Non-Financial Reporting Directive (NFRD) berichten müssen,
- 2026 (Berichtsjahr 2025): Große Unternehmen, die mindestens zwei der drei folgenden Kriterien überschreiten:
  - 20 Mio. Bilanzsumme,
  - 40 Mio. Umsatzerlöse,
  - 250 Arbeitnehmer:innen.
- 2027 (Berichtsjahr 2026):
  - kapitalmarktorientierte kleine und mittlere Unternehmen (KMU),
  - kleine und nicht komplexe Kreditinstitute und firmeneigene Versicherungsunternehmen,
  - geringere Reportinganforderungen und Opt-out-Möglichkeit; Nutzung eines zweijährigen Übergangszeitraums, d.h. erstmalige Anwendung ab Berichtsjahr 2028 möglich.
- 2029 (Berichtsjahr 2028): Nicht-EU-Unternehmen mit einer Niederlassung oder einem Tochterunternehmen in der EU mit einem Mindestumsatz von 150 Mio. EUR Umsatz innerhalb der EU jeweils in den letzten zwei Geschäftsjahren.

Für die Berichterstattung auf Konzernebene werden Tochterunternehmen grundsätzlich von der Berichterstattung befreit.

- Ausnahmen/Besonderheiten:
  - keine Befreiung für kapitalmarktorientierte Tochterunternehmen,
  - besondere Berichterstattung über Risiken und Auswirkungen im Konzernlagebericht in Bezug auf bestimmte Tochterunternehmen, wenn signifikante Unterschiede in den Risiken und Auswirkungen von Tochterunternehmen im Vergleich zum Gesamtkonzern bestehen.

Corporate Sustainability Reporting Directive (CSRD): kennzeichnende Inhalte

- Doppelte Wesentlichkeit
  - Nicht nur die Auswirkungen der Umwelt, z.B. des Klimas, auf ein Unternehmen sind für die Wesentlichkeit in der Berichterstattung maßgebend (outside-in-approach), sondern ebenso die Auswirkungen des Unternehmens auf seine Umwelt, z.B. das Klima (inside-out-approach).
    Ein Nachhaltigkeitsthema erfüllt die Kriterien der doppelten Wesentlichkeit und ist damit für die Pflichtberichterstattung relevant, wenn es aus der Impact-Perspektive (Impact Materiality) oder aus der Perspektive der Geschäftsrelevanz (Financial Materiality) oder aus beiden Perspektiven wesentlich ist;
  - Impact Materiality (Inside Out);
    - Schweregrad und Wahrscheinlichkeit von tatsächlichen und potenziellen negativen Auswirkungen betrieblicher Aktivitäten auf Mensch und Umwelt;
    - Ausmaß und Wahrscheinlichkeit von tatsächlichen und potenziellen positiven Auswirkungen im Zusammenhang mit unternehmerischen Aktivitäten und Wertschöpfungsketten auf Mensch und Umwelt;
  - Financial Materiality (Outside In)
    - Nachhaltigkeitsaspekte, die den Wert eines Unternehmens und dessen finanzielle Gesamtleistung beeinflussen oder beeinflussen können.

- Verantwortung
  - Das Management soll aktiv und nachweislich die Verantwortung für die Nachhaltigkeitsberichterstattung tragen.
  - Die Korrektheit der Nachhaltigkeitsberichterstattung soll in den »Bilanzeid« eingebunden werden.
  - Es gibt eine erweiterte Verantwortung des Aufsichtsrats.
- Berichtsformat
  - Veröffentlichung im Lagebericht,
  - Veröffentlichung in einem maschinenlesbaren Format.
- EU-Berichtsstandard
  - Verabschiedung eines EU-Rahmenwerks für die Berichterstattung und Prüfung der Nachhaltigkeitserklärung,
  - umfangreiche Angabepflichten.
- Relevante Themen
  - nachhaltigkeitsrelevanter Aspekt bzgl. ESG-Strategie mit Zielen (kurz-, mittel- und langfristig, Maßnahmen, KPIs),
  - Klimastrategie in Verbindung mit SBTi (Science Based Targets Initiative),
  - Integration von ESG ins Risikomanagement,
  - Betrachtung des Impacts,
  - Einbezug der Wertschöpfungskette in Due-Diligence-Prozesse.
- Prüfung
  - Pflicht zur externen Prüfung von Nachhaltigkeitsinformationen, zunächst mit »limited assurance«, später mit »reasonable assurance«.

Exemplarische Struktur der Nachhaltigkeitsberichterstattung in Bezug auf Strategie, Umsetzung sowie Ziele- und Leistungsmessung

Strategie

- Integration von Klimaschutzstrategien und Leistungen in Anreizsysteme,
- Widerstandsfähigkeit der Strategie und des Geschäftsmodells in Bezug auf den Klimawandel,
- Einbezug klimarelevanter Auswirkungen in die Wesentlichkeitsanalyse,
- Übergangsplan im Einklang mit dem Pariser Klimaschutzabkommen.

Umsetzung

- Managementansätze für die Themen Klimaschutz und Anpassung an den Klimawandel,
- Maßnahmenpläne und Ressourcen für Klimaschutz und Anpassung an den Klimawandel.

Ziele- und Leistungsmessung

- messbare Ziele für Klimaschutz und Anpassung an den Klimawandel,
- Gesamtenergieverbrauch und -mix, Energieintensität,
- interne CO_2-Bepreisung,
- potenzielle finanzielle Effekte von klimabezogenen Auswirkungen, Risiken und Chancen,

- THG-Emissionen und THG-Intensität pro Nettoumsatz (*Anthropogene Treibhausgasemissionen (THG)* Strahlungsenergiebilanz der Erdatmosphäre. Sie verstärken den natürlichen Treibhauseffekt, was zu Temperaturveränderungen und anderen Folgen für das Erdklima führt),
- entzogene THG-Emissionen, finanzierte Klimaschutzprojekte außerhalb der Wertschöpfungskette.

Corporate Sustainability Reporting Directive (CSRD): Handlungsempfehlungen

Zu Vorbereitung der CSRD-konformen Nachhaltigkeitsberichterstattung empfehlen sich folgende To Dos für die Unternehmen:

- Aufbau von ESG-Strategie, -Zielen und -Konzept innerhalb der Unternehmensorganisation,
- Anpassung des Wesentlichkeitskonzepts,
- expliziter Einbezug der Informationsinteressen von Stakeholdern,
- Etablierung der Prozesse zur Aufstellung der nichtfinanziellen Erklärung,
- Erhebung von nichtfinanziellen Leistungsindikatoren,
- Sicherstellung der Prüffähigkeit der Berichterstattung,
- Verlagerung der Nachhaltigkeitsberichterstattung in den Lagebericht, inhaltliche Umstellung/Erweiterung der nichtfinanziellen Erklärung, ggf. kürzerer Offenlegungszeitraum,
- Implementierung des maschinenlesbaren Formats.

Ein **Projektplan zur Schaffung der Voraussetzungen für eine Nachhaltigkeitsberichterstattung** entsprechend der CSRD könnte wie folgt aussehen:

- Ist-Aufnahme,
- Wesentlichkeitsanalyse,
- GAP-Analyse,
- Definition der Berichtsinhalte,
- Pilotbericht,
- Überarbeitung, lessons learned,
- Probebericht,
- Erstfassung des veröffentlichten Nachhaltigkeitsberichts.

Fragestellungen für die **Integration von Nachhaltigkeitsthemen in die Unternehmensstrategie und in die Unternehmensberichterstattung** können sein:

- Wie kommuniziere/berichte ich über Nachhaltigkeit?
- Ist unsere Nachhaltigkeitsberichterstattung prüffähig?
- Wie erkenne ich Nachhaltigkeitsrisiken und -chancen und wie manage ich diese?
- Wie erziele ich Fortschritte bei unserer Nachhaltigkeitsleistung?
- Wie transformiere ich unsere Geschäftsstrategie auf unsere Nachhaltigkeitsziele?

Herausforderungen bei der nichtfinanziellen Berichterstattung:

- Daten
  - Einheitliche Definition, Rohdatenerfassung und Umrechnungen,
  - Vollständige Datenerfassung entlang der Wertschöpfungskette,
  - Abdeckung des Finanzkonsolidierungskreises.
- Systeme und Prozesse

  - valide, robuste und formalisierte Prozesse,
  - standardisierte IT-Systeme.
- Integration
  - Verknüpfung von nicht-finanziellen und finanziellen Informationen,
  - Herausforderung zwischen kurz- und langfristigen Zielen,
  - cross-funktionale Ansätze und einheitliche Sprachen.
- Kontrollen
  - Internes Kontrollsystem (IKS) analog dem rechnungslegungsbezogenen IKS,
  - Einbezug der internen Revision.

Ein Kontrollsystem für nichtfinanzielle Informationen sollte den gleichen Anforderungen unterliegen wie das rechnungslegungsbezogene Kontrollsystem.

Die Verantwortung von Vorstand und Aufsichtsrat nach dem CSR-RUG (CSR-Richtlinie-Umsetzungsgesetz)

Das CSR-Richtlinie-Umsetzungsgesetz fordert die Offenlegung von Angaben zu nichtfinanziellen Aspekten, zumindest zu Umwelt-, Arbeitnehmer- und Sozialbelangen, zur Achtung der Menschenrechte und zur Bekämpfung von Korruption und Bestechung (§ 289c HGB).

Der Vorstand ist für die Aufstellung der nichtfinanziellen Erklärung bzw. des Berichts verantwortlich und hat diese dem Aufsichtsrat vorzulegen.

Der Aufsichtsrat hat die nichtfinanzielle Berichterstattung im Rahmen seiner Überwachungspflicht vor seiner Veröffentlichung zu prüfen (§ 171 AktG).

Das Ergebnis dieser Prüfung hat der Aufsichtsrat schriftlich an die Hauptversammlung zu berichten (§ 171 Abs. 2 AktG).

§ 111 Abs. 2 Satz 4 AktG sieht darüber hinaus vor, dass der Aufsichtsrat eine externe inhaltliche Überprüfung beauftragen kann. Im Status quo beschränkt sich die Prüfungspflicht des Aufsichtsrats auf eine reine Plausibilitätsprüfung.

Die gesetzlichen Vertreter haben dem Abschlussprüfer den Lagebericht bzw. den gesonderten nichtfinanziellen Bericht nach Maßgabe des § 320 Abs. 1 und 3 HGB vorzulegen

Formelle externe Prüfung der nichtfinanziellen Erklärung durch den Abschlussprüfer (aktuelle Rechtslage)

Nach § 317 Abs. 2 Satz 4 HGB ist derzeit im Hinblick auf die Vorgaben nach den §§ 289b bis 289e und den §§ 315b und 315c HGB nur zu prüfen, ob die nichtfinanzielle (Konzern-)Erklärung oder der nichtfinanzielle (Konzern-)Bericht vorgelegt wurde.

Der Prüfungsumfang umfasst im Einzelnen:

- Prüfung, ob die nichtfinanzielle Erklärung im Lagebericht enthalten ist,
- bei Vollintegration IDW PS 350 (n. F.),
- Prüfung des Verweises im Lagebericht,
- Form- und Fristgerechtigkeit (4 Monate), wenn die Veröffentlichung nach der Erteilung des Bestätigungsvermerks erfolgt,
- Lesen und Würdigen der nichtfinanziellen Berichterstattung nach ISA 720,
- Prüfung der Befreiungsvorschrift nach §§ 289b Abs. 2 bzw. 315b Abs. 2 HGB.

Folgen einer Nicht- bzw. Falschdarstellung der nichtfinanziellen Information

§ 316 Abs. 3 Satz 2 HGB, wonach über das Ergebnis der Prüfung zu berichten und der Bestätigungsvermerk entsprechend zu ergänzen ist, gilt entsprechend mit der Maßgabe, dass der Bestätigungsvermerk nur zu ergänzen ist, wenn der gesonderte nichtfinanzielle Bericht nicht innerhalb von vier Monaten nach dem Abschlussstichtag vorgelegt worden ist (§ 317 Abs. 2 Satz 5, 2. Halbsatz HGB).

Hat der Abschlussprüfer im Rahmen des Lesens und Würdigens den Schluss gezogen, dass nicht korrigierte wesentliche falsche Darstellungen der nichtfinanziellen Berichterstattung vorliegen, führt dies nicht zu einer Modifizierung des Prüfungsurteils im Bestätigungsvermerk zum Abschluss oder zum Lagebericht, sofern diese wesentlichen falschen Darstellungen der nichtfinanziellen Berichterstattung nicht zur Entdeckung wesentlicher falscher Darstellungen im Abschluss oder in den inhaltlich geprüften Lageberichtsangaben führen. Dies gilt unabhängig davon, ob der Abschlussprüfer die nichtfinanzielle Berichterstattung vor oder nach dem Datum des Bestätigungsvermerks erlangt (IDW PH 9.350.2 5.2 Tz. 30, Verweis auf ISA DE 720 (rev.).

Sanktionen für die Nicht-Aufstellung der bzw. unrichtige Darstellungen innerhalb der nichtfinanziellen Erklärung

Mit Freiheitsstrafe bis zu drei Jahren oder mit Geldstrafe wird bestraft, wer als Mitglied des vertretungsberechtigten Organs oder des Aufsichtsrats einer Kapitalgesellschaft die Verhältnisse des Konzerns im Konzernabschluss, im Konzernlagebericht einschließlich der nichtfinanziellen Konzernerklärung, im gesonderten nichtfinanziellen Konzernbericht oder im Konzernzwischenabschluss nach § 340i Abs. 4 HGB unrichtig wiedergibt oder verschleiert (§ 331 Abs. 1 Nr. 2 HGB).

Ordnungswidrig handelt, wer als Mitglied des vertretungsberechtigten Organs oder des Aufsichtsrats einer Kapitalgesellschaft

- bei der Aufstellung des Lageberichts oder der Erstellung eines gesonderten nichtfinanziellen Berichts einer Vorschrift der §§ 289 bis 289b Abs. 1, §§ 289c, 289d, 289e Absatz 2, auch in Verbindung mit § 289b Abs. 2 oder 3, oder des § 289f über den Inhalt des Lageberichts oder des gesonderten nichtfinanziellen Berichts zuwiderhandelt (§ 334 Abs. 1 Nr. 3 HGB),
- bei der Aufstellung des Konzernlageberichts oder der Erstellung eines gesonderten nichtfinanziellen Konzernberichts einer Vorschrift der §§ 315 bis 315b Abs. 1, des § 315c, auch in Verbindung mit § 315b Abs. 2 oder 3, oder des § 315d HGB über den Inhalt des Konzernlageberichtgs oder des gesonderten nichtfinanziellen Konzernberichts zuwiderhandelt (§ 334 Abs. 1 Nr. 4 HGB).

Inhaltliche externe Prüfung der nichtfinanziellen Erklärung durch den Abschlussprüfer durch die CSRD (künftige Rechtslage ab 2024)

Eine verpflichtende externe Prüfung ersetzt die bisher freiwillige Prüfung.

- Vorstand/Geschäftsführung und Aufsichtsräte tragen ausdrücklich Verantwortung.
  - Inhaltliche Prüfung der bisherigen nichtfinanziellen Berichterstattung ist für den Aufsichtsrat verpflichtend,
  - künftige Berichterstattung über die Rolle der Leitungs- und Aufsichtsorgane des Unternehmens in Bezug auf Nachhaltigkeitsaspekte,
  - ggf. Einholung und Nutzung von Expertenwissen.
- Gesetzliche externe Pflichtprüfung zur Erlangung einer begrenzten Sicherheit (limited assurance) → aktuelle Anforderung nach der CSRD, Einführung ab 2024.
  - Verständnis für Strategie, Konzepte und Managementansätze,
  - Verständnis für Datenerhebung-, Datenverarbeitungs- und Berichterstattungsprozess,
  - analytische Prüfung quantitativer Angaben/Abstimmung qualitativer Aussagen,
  - Gesamtwürdigung der Nachhaltigkeitsberichterstattung.
- Mittelfristige Zielsetzung der EU-Kommission:
  - Prüfung mit hinreichender Sicherheit (reasonable assurance) → entspricht der Prüfungsqualität der Finanzberichterstattung.

Prüfung von nichtfinanziellen Erklärungen

	Limited assurance (begrenzte Sicherheit)	**Reasonable assurance (hinreichende Sicherheit)**
	Vergleichbar mit der prüferischen Durchsicht (IDW PS 900)	Vergleichbar mit der Jahresabschlussprüfung (§ 317 Abs. 1 Satz 3 HGB)
Art des Urteils	Negativ formuliertes Urteil: uns sind keine Sachverhalte bekannt, dass die Angaben nicht in Übereinstimmung mit den Anforderungen erstellt wurden	Positiv formuliertes Urteil: »Die Angaben wurden entsprechend den Anforderungen (z. B. GRI-Standards) erstellt
Prüfungsansatz	Risikobasierte Prozessprüfungsansätze Verständnisaufbau über Verfahren zur Erfassung, Verarbeitung und Konsolidierung der Angaben	Risikobasierte Prozessprüfungsansätze Verständnisaufbau über Verfahren zur Erfassung, Verarbeitung und Konsolidierung der Angaben
Typische Prüfungshandlungen	Reviewähnliche Tätigkeiten: Befragungen und analytische Betrachtungen, ggf. prüfungsähnliche Tätigkeiten in geringem Umfang	Prüfungsähnliche Tätigkeiten: Aufnahme und Beurteilung der Prozess- und Kontrollsysteme und/oder aussagebezogene Prüfungshandlungen
Analytische Prüfungshandlungen	Ausreichend, wenn keine erheblichen Zweifel an Richtigkeit und Vollständigkeit der Daten betehen	Nicht ausreichend für abschließende Beurteilung wesentlicher Prüfgebiete
Stichproben	Exemplarische Stichproben im Zuge der Prozessaufnahme	Definiertes Stichprobengrößen, Orientierung an der Häufigkeit der Kontrolldurchführung

	Limited assurance (begrenzte Sicherheit)	Reasonable assurance (hinreichende Sicherheit)
Standorte	Einbeziehung von Standorten in die Prüfung in geringem Umfang	Einbeziehung von Standorten in die Prüfung in erweitertem Umfang

Herausforderungen der reasonable assurance als Auswirkungen der CSRD auf die Prüfung von nichtfinanziellen Informationen

Reasonable assurance benötigt interne Kontrollsysteme.

Grundelemente	Beschreibung
Kontrollumfeld	Grundeinstellung, Tone from the Top, Problembewusstsein Grundsätzliche Vorschriften zu Prozessstruktur und -organisation
Kontrollziele	Abgeleitet von den Informationsanforderungen
Risikobeurteilung	Analyse möglicher Risiken
Kontrollaktivitäten	Management- und Kontrollmaßnahmen
Kontrollhandlungen	Beispiele: • Vier-Augen-Prinzip • Erläuterung bei prozentualer Abweichung zum Vorjahreswert • Abgleich zwischen Zählerwerten und Rechnungswerten • Plausibilitätschecks
Information und Kommunikation	Erstellung und Verarbeitung von Informationen, mündliche Kommunikation, Richtlinien, Handbücher
Überwachung	Überprüfung der Effektivität Voraussetzung: angemessene Dokumentation

Prüfung von ESG-Handlungsempfehlungen als To Dos für Unternehmen:

- Erhebung der relevanten inhaltlichen Anforderungen,
- Implementierung geeigneter prüffähiger Prozesse und Kontrollen zur Informations- und Datengewinnung,
- Definition von Verantwortlichkeiten und Zuständigkeiten,
- Entwicklung einer angemessenen Dokumentation.

Kapitel 10: Praxisorientierte Themenfelder der Aufsichtsratsarbeit

1 Kennzahlen zur Abschlussanalyse

> Aufsichtsräte müssen auch die Aussagekraft von Kennzahlen beurteilen im Hinblick auf die finanzielle Befindlichkeit des betrachteten Unternehmens.

Aufsichtsräte müssen nicht nur die Rechtsvorschriften zur Gestaltung des Jahresabschlusses kennen einschließlich der Gestaltungsfreiräume zur optimierten Außendarstellung gegenüber den Kapitalgebern. Aufsichtsräte müssen auch die Aussagekraft von Kennzahlen beurteilen im Hinblick auf die finanzielle Befindlichkeit des betrachteten Unternehmens. Dabei werden vier Analysebereiche unterschieden, für welche jeweils Kennzahlen mit unterschiedlichem Aussagegehalt entwickelt und für die Beurteilung herangezogen werden. Es handelt sich um:

- Ertragskraft und Wachstum,
- Finanzstruktur zur Beurteilung der Liquidität in den Formen Stichtagsliquidität und Periodenliquidität,
- Kapitalstruktur und
- Vermögensstruktur.

Kennzahlen zur Ergebnisentwicklung sind der GuV-Rechnung entnommen und machen Aussagen über die Chancen und Risiken der Ergebniskomponenten sowie über deren Nachhaltigkeit, Prognosefähigkeit und Dauerhaftigkeit.

Kennzahlen zur Aufwands- und Ertragsentwicklung beschreiben die Einflussfaktoren, die das Periodenergebnis bestimmen und lassen Rückschlüsse zu auf die Chancen- und Risikoprofile, die von diesen Einflussfaktoren (Aufwendungen und Erträgen) ausgehen.

Hohe **Materialintensität** bedeutet:

- geringe Fertigungstiefe der Produktion,
- Abhängigkeit von Zulieferern,
- Abhängigkeit von Preisentwicklungen an den Rohstoffmärkten.

Hohe **Personalintensität** bedeutet:

- geringer Rationalisierungsgrad, eher handwerkliche Fertigung,
- Abhängigkeit von Tarifverträgen und Lohnentwicklungen,
- gleichzeitig steigende Material- und sinkende Personalintensität bedeutet Auslagerung und Ausgliederung von Fertigungsprozessen (Outsourcing).

Hohe **Abschreibungsintensität** bedeutet:

- hoher Mechanisierungsgrad,
- große Bedeutung von Fixkosten und Fixkosteneffekten (Degression und Remanenz),
- Beschäftigungsgradschwankungen haben großen Einfluss auf das Periodenergebnis.

Kennzahlen zur Rentabilitätsentwicklung stellen das Periodenergebnis ins Verhältnis zu einer Referenzgröße mit dem Ziel, eine zwischenbetriebliche Vergleichbarkeit zu ermöglichen.

Kennzahlen zur Ertragskraft und zum Wachstum		
Kennzahlen zur Ergebnisentwicklung	**Kennzahlen zur Aufwands- und Ertragsentwicklung**	**Kennzahlen zur Rentabilitätsentwicklung**
z.B. • prozentuale Änderung des Jahresergebnisses im Berichtsjahr • gegenüber dem Vorjahr • Anteil des Ergebnisses aus • gewöhnlicher Geschäftstätigkeit am Gesamtergebnis • Anteil des Betriebsergebnisses am Gesamtergebnis • Anteil des Finanzergebnisses am Gesamtergebnis • Anteil des außerordentlichen Ergebnisses am Gesamtergebnis	• Materialintensität (Anteil des Materialaufwands an der Gesamtleistung) • Personalintensität (Anteil des Personalaufwands an der Gesamtleistung) • Abschreibungsintensität (Anteil der Abschreibungen an der Gesamtleistung) • Umsatzentwicklung im Berichtsjahr gegenüber dem Vorjahr • Umsatzanteil der Produktgruppe A am Gesamtumsatz • Umsatzanteil des Verkaufsgebietes I am Gesamtumsatz	• Eigenkapitalrentabilität als Quotient Gewinn/Eigenkapital • Gesamtkapitalrentabilität als Quotient Gewinn zuzüglich Fremdkapitalzins im Verhältnis zum Gesamtkapital (Eigen- und Fremdkapital) • Umsatzrentabilität als Quotient Betriebsergebnis/Umsatz

Abb. 113: Kennzahlen zur Ertragskraft und zum Wachstum

Eigenkapitalrentabilität ist ein Vorteilsmaß für das Eigenkapitalengagement der Gesellschafter.

> Kennzahlen zur Finanzstruktur betreffen Sicherheitsaspekte der Finanzierung, die Einhaltung der Fristenkongruenzanforderung sowie Deckungsverhältnisse zwischen Aktiv- und Passivposten.

Die Gesamtkapitalrentabilität gibt an, wie viel Prozent insgesamt auf das überlassene Kapital vergütet werden kann. Sie sagt weder aus, welche Rentabilität die Gesellschafter (Eigenkapitalgeber) bekommen, ihr Vorteilsmaß ist die Eigenkapitalrentabilität, noch welche prozentuale Vergütung die Gläubiger (Fremdkapitalgeber) bekommen, sie bekommen ihren vereinbarten Fremdkapitalzins laut Kreditvertrag. Die Gesamtkapitalrentabilität sollte aber geringer sein als die Eigenkapitalrentabilität. Wäre dies nicht so, würden die Gläubiger eine höhere prozentuale Vergütung bekommen als die Eigenkapitalgeber. Dies wäre mit dem Anspruch, dass Risiko und Rendite korrelieren, nicht konform.

Umsatzrentabilität gibt an, wie viel Betriebsergebnis aus 100 EUR Umsatz entstehen. Wachstumsindizes beschreiben die Veränderung einer Größe im Verhältnis zum Vorjahresbetrag dieser Größe. Beispiele sind:

- Umsatzwachstum (Umsatzänderung im Verhältnis zum Umsatz des Vorjahres),
- Betriebsergebniswachstum (Zunahme des Betriebsergebnisses im Verhältnis zum Betriebsergebnis des Vorjahres),

- Cashflow-Wachstum (Cashflow-Änderung im Verhältnis zum Cashflow des Vorjahres),
- Produktivitätskennzahlen stellen operative Kennzahlen dar, die die Anwendung des ökonomischen Prinzips beschreiben,
- Pro-Kopf-Umsatz (Umsatz bezogen auf die Anzahl der Mitarbeiter),
- Pro-Kopf-Leistung (Gesamtleistung bezogen auf die Anzahl der Mitarbeiter),
- Materialproduktivität (Gesamtleistung bezogen auf den Materialeinsatz),
- Arbeitsproduktivität (Gesamtleistung bezogen auf den Personalaufwand),
- Wachstumselastizitäten beschreiben die Veränderung einer Größe im Verhältnis zur Veränderung derselben Größe im Vorjahr oder im Branchendurchschnitt,
- Kapitalwachstumselastizität (Gesamtkapitalwachstum des Unternehmens im Verhältnis zum Gesamtkapitalwachstum der Branche),
- Eigenkapitalwachstumselastizität (Eigenkapitalwachstum des Unternehmens im Verhältnis zum Eigenkapitalwachstum der Branche),
- Umsatzwachstumselastizität (Umsatzwachstum des Unternehmens im Verhältnis zum Umsatzwachstum der Branche).

Kennzahlen zur Finanzstruktur betreffen Sicherheitsaspekte der Finanzierung, die Einhaltung der Fristenkongruenzanforderung sowie Deckungsverhältnisse zwischen Aktiv- und Passivposten.

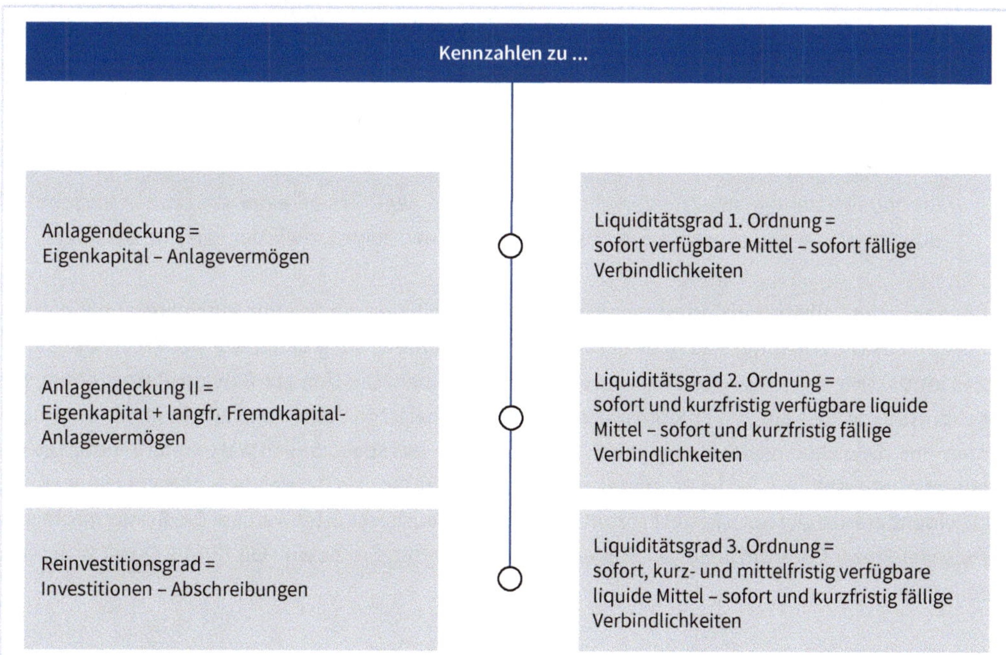

Abb. 114: Weitere Kennzahlen (1)

Horizontale Bilanzkennzahlen betreffen die Fristenübereinstimmung von Aktiva und Passiva. So soll nach diesem Grundsatz langfristiges Vermögen langfristig finanziert sein, kurzfristiges Vermögen kann auch kurzfristig finanziert sein. Der Anlagendeckungsgrad I gibt an, wie viel Prozent des Anlagevermögens eigenfinanziert bzw. eigen- und langfristig fremdfinanziert ist (Anlagendeckungsgrad II). Anzustreben ist ein Quotient von mindestens 100 %.

Ein Reinvestitionsgrad > 1 besagt, dass die Investitionen höher sind als die Abschreibungen. Dies lässt auf eine starke Investitionstätigkeit (Nachwuchssegment) und Vertrauen des Managements in die Zukunft dieses Segments schließen, bedeutet aber auch, dass zur Deckung der Investitionssumme zusätzlicher Kapitalbedarf entsteht über die Innenfinanzierung aus Abschreibungsgegenwerten hinaus.

Ein Reinvestitionsgrad < 1 besagt, dass die Investitionen geringer sind als die Abschreibungen, somit eine Desinvestitionstätigkeit vorliegt (Cash-Cow-Segment), dass das Management offenbar keine positiven Erwartungen in die Zukunft dieses Segments hat und damit Kapital freisetzt für andere Segmente.

Liquiditätsgrade 1., 2. und 3. Ordnung

Hier werden liquide Mittel einer bestimmten Fristigkeit ins Verhältnis gesetzt zu Verbindlichkeiten derselben Fälligkeit. Die Kennzahlen unterscheiden sich nur in der Länge des Betrachtungshorizontes. Die Differenzierung in die drei Liquiditätsgrade setzt Kenntnisse über die Restlaufzeiten voraus.

Kennzahlen über das Finanzierungspotenzial

Der dynamische Verschuldungsgrad gibt an, wie lange es dauert, bis das Netto-Fremdkapital durch die Innenfinanzierung abgedeckt ist. Dabei kommt es weniger auf die absolute Größe als vielmehr auf ihre Entwicklung im Zeitablauf an. Erhöht sich der dynamische Verschuldungsgrad, so liegt dies an einer steigenden Verschuldung und/oder einem geringeren operativen Cashflow. Beide Entwicklungen sind möglich.

> Erhöht sich der dynamische Verschuldungsgrad, so liegt dies an einer steigenden Verschuldung und/oder einem geringeren operativen Cashflow. Beide Entwicklungen sind denkbar.

Der **dynamische Selbstfinanzierungsgrad** gibt an, inwieweit die Investitionen durch die Innenfinanzierungskraft des Unternehmens zu finanzieren sind. Die **Cashflowrate** gibt an, wie viel Prozent des Umsatzes im Unternehmen als innenfinanzierte Mittel verbleiben. Die **Umsatz-Gewinn-Rate** gibt an, wie viel Jahresüberschuss aus 100 EUR Umsatz erzielt wird. Dabei ist zu bedenken, dass es Ergebniskomponenten gibt, die nicht umsatzabhängig sind, z. B. die Erträge aus spekulativen Wertpapierdepots. Die **Dividendenquote** gibt an, wie viel Prozent des Jahresüberschusses als Dividende ausgeschüttet werden. Die **Dividendenrate** gibt an, wie viel Prozent des Umsatzes ausgeschüttet werden. Die **Steuerquote** gibt an, wie viel Prozent des Umsatzes an Steuern abzuführen sind. Sie ist ein Maß für die Qualität des Tax Accountings.

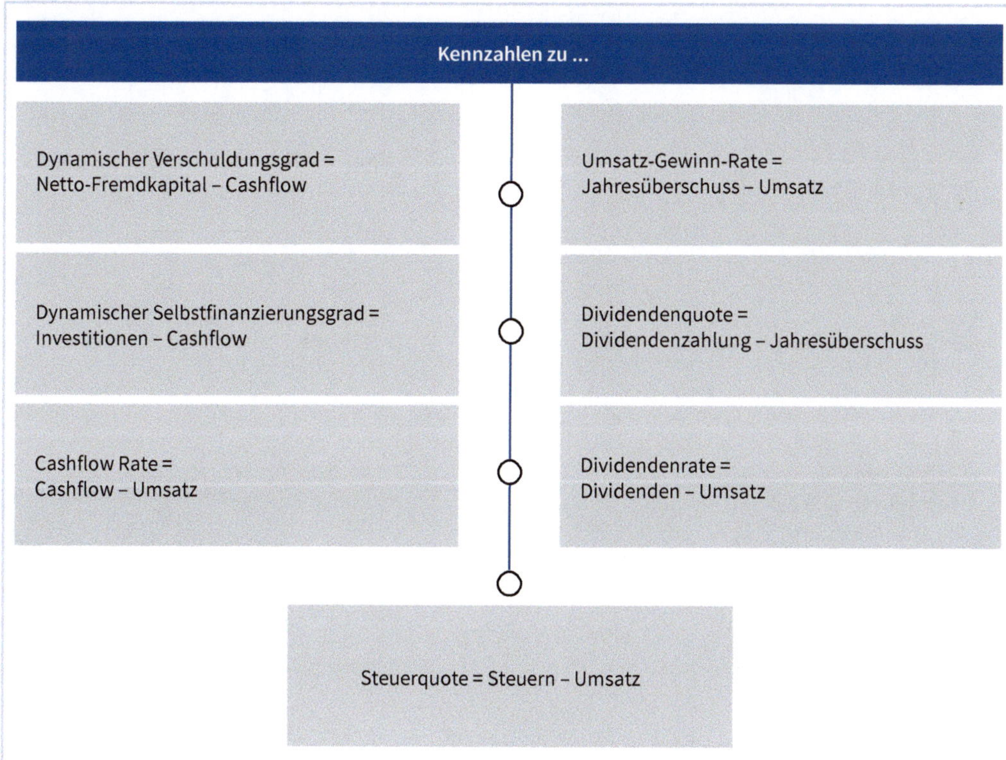

Abb. 115: Weitere Kennzahlen (2)

Kennzahlen zur Kapitalstruktur betreffen den Aufbau der Passivseite der Bilanz, das Verhältnis zwischen den einzelnen Passiva, deren Entwicklung, darauf bezogene Schlussfolgerungen hinsichtlich Finanzstruktur, Verschuldung, Fristigkeit und Restlaufzeit sowie Kapitalumschlagskoeffizienten.

Die Eigenkapitalquote gibt an, wie viel Prozent des Vermögens durch Verluste abschmelzen könnten, bevor die Gläubiger ihre Ansprüche nicht mehr vollumfänglich realisieren könnten. Sie ist als Sicherheitsmaß für die Gläubigeransprüche und als Bonitätsindikator des betrachteten Unternehmens eine bedeutende rating-relevante Kennzahl und damit sowohl was den Zähler (Eigenkapital) als auch was den Nenner (Bilanzsumme) betrifft, Gegenstand bilanzpolitischer Erwägungen.

Kennzahlen zur Kapitalstruktur

Eigenkapitalquote =
Eigenkapital – Gesamtkapital

Selbstfinanzierungsgrad =
Gewinnrücklagen – Eigenkapital

Bilanzkurs =
Eigenkapital – Gezeichnetes Kapital

Langfristige Finanzierungsquote =
Langfristiges Fremdkapital – Gesamtkapital

Rücklagenquote =
Rücklagen – Eigenkapital

Kurzfristige Finanzierungsquote =
Kurzfristiges Fremdkapital – Gesamtkapital

Rückstellungsquote =
Rückstellungen – Gesamtkapital

Statistischer Verschuldensgrad =
Fremdkapitalquote =
Fremdkapital – Gesamtkapital

Abb. 116: Kennzahlen zur Kapitalstruktur (1)

Der Bilanzkurs gibt an, das Wievielfache des gezeichneten Kapitals als Eigenkapital vorhanden ist. Ein Vergleich mit dem Börsenkurs lässt erkennen, wie die Anleger die Summe aus stillen Reserven, originärem Firmenwert und spekulativen Erwartungen einschätzen.

Kennzahlen zur Kapitalstruktur

Pensionsrückstellungsquote =
Pensionsrückstellungen – Gesamtkapital

Gesamtkapitalumschlag =
Umsatz – durchschnittlich investiertes Gesamtkapital

Vorfinanzierungsquote =
Erhaltene Kundenanzahlungen – Gesamtkapital

Eigenkapitalumschlag =
Umsatz – durchschnittlich investiertes Eigenkapital

Abb. 117: Kennzahlen zur Kapitalstruktur (2)

Eine hohe Rücklagenquote deutet auf ein Vertrauensverhältnis zwischen Gesellschaftern und Management hin sowie auf gute Erfolgsaussichten auch in der Zukunft:

- Kapitalrücklagen als Vertrauensvorschuss,
- Gewinnrücklagen als eingelöstes Vertrauen in die Geschäftsleitung.

Ein hoher Selbstfinanzierungsgrad lässt erkennen, dass die Gesellschafter zugunsten der Eigenkapitalausstattung und damit auch der Eigenkapitalquote auf Ausschüttungen verzichten. Dies lässt einerseits auf eine gute Ertragslage, andererseits auf ein Vertrauensverhältnis zwischen Management und Gesellschaftern schließen.

Der statische Verschuldungsgrad ist die Komplementärgröße zur Eigenkapitalquote.

Eine hohe langfristige Finanzierungsquote lässt auf eine langfristige Refinanzierung und damit auf die Möglichkeit schließen, mit diesen Mitteln langfristige Investitionen tätigen zu können. Meist, jedoch nicht immer, sind mit langfristigen Investitionen auch eine langfristige Konditionenbindung und damit eine sichere Kalkulationsgrundlage im Hinblick auf die Finanzierungskosten verbunden.

> Die Eigenkapitalquote ist als Sicherheitsmaß für die Gläubigeransprüche und als Bonitätsindikator des betrachteten Unternehmens eine bedeutende rating-relevante Kennzahl.

Eine hohe kurzfristige Finanzierungsquote lässt auf ein Nichtprolongationsrisiko und Unsicherheiten betreffend die Kreditkonditionen schließen. Besteht das kurzfristige Fremdkapital zu großen Teilen aus Lieferantenkrediten, so reduzieren diese die Kapitalbindung im Working Capital.

Rückstellungen haben bilanzanalytisch einen ambivalenten Charakter: Einerseits sind sie Ausdruck von Risiken und künftigen Auszahlungsnotwendigkeiten, andererseits stellen sie unverzinsliches und damit kostenlos zur Verfügung gestelltes Kapital dar, auf das kein Gläubiger einen Verzinsungsanspruch hat.

Eine hohe Pensionsrückstellungsquote deutet auf einen hohen Betrag bzw. Prozentsatz langfristig zur Verfügung stehenden und kostenlosen, d. h. unverzinslichen Kapitals hin. Damit können langfristige Investitionen getätigt werden, allerdings nur unter der Voraussetzung, dass die Pensionsrückstellungen langfristig im ausgewiesenen Umfang bestehen. Sinkende Belegschaften und zurückhaltende Pensionszusagen führen mittelfristig zu einem Abbau der Pensionsrückstellungen und damit zu einer zeitlichen Begrenzung des dargestellten positiven Finanzierungseffekts.

> Leverage-Effekt: Die Probleme dieser Aussage liegen darin, dass es sich um eine statische, zeitpunktbezogene Aussage mit zeitraumbezogenen Auswirkungen handelt.

Die Vorfinanzierungsquote gibt an, welcher Anteil des Gesamtkapitals durch Kundenanzahlungen gedeckt ist. Eine hohe Vorfinanzierungsquote deutet auf eine starke Marktposition hin, Kundenanzahlungen stehen dem Unternehmen normalerweise zinsfrei und damit kostenlos zur Verfügung. Allerdings kann eine hohe Vorfinanzierungsquote auch auf Bonitätsschwierigkeiten der Kunden und damit auf Kreditrisiken in den (übrigen) Forderungen hindeuten.

Hohe Umschlagskoeffizienten deuten auf einen hohen Umsatz und eine niedrige Kapitalbindung hin und sind somit grundsätzlich positiv zu bewerten. Geringer werdende Umschlagskoeffizienten deuten auf sinkende Umsätze und/oder (ungeplant) höhere Kapitalbindungen hin.

Leverage-Effekt: Dieses traditionelle betriebswirtschaftliche Theorem besagt: Solange die Fremdkapitalzinsen unter der Gesamtkapitalrentabilität liegen, trägt eine Erhöhung der Verschuldung zu einer Erhöhung der Eigenkapitalrentabilität bei.

Die Probleme dieser Aussage liegen darin, dass es sich um eine statische, zeitpunktbezogene Aussage mit zeitraumbezogenen Auswirkungen handelt. Sie unterstellt, sowohl eine konstante Gesamtkapital-Rentabilität vor und nach der zusätzlichen Kreditaufnahme wie auch im Zeitablauf konstante Fremdkapitalkosten für die Zukunft. Alleine schon die im Zeitablauf steigende Verschuldung und die damit zusammenhängende Verschlechterung des Ratings lassen diese Annahme nur ausnahmsweise als realistisch erscheinen. Auch nimmt mit steigender Verschuldung der Einfluss der Fremdkapitalgeber auf die Unternehmenspolitik zu und die Autonomie der Unternehmensleitung ab.

Kennzahlen zur Vermögensstruktur betreffen den Aufbau der Aktivseite der Bilanz und ermöglichen Schlussfolgerungen hinsichtlich:
- Liquidität,
- Bindungsdauer,
- Eignung als Haftungspotenzial (Sicherheit für Gläubiger),
- Investitions- und Desinvestitionsvorgängen.

Eine hohe Anlagenintensität bedeutet:
- hohe Fixkosten,
- schwierige Liquidierbarkeit,
- geringe Flexibilität in Bezug auf Nachfrageschwankungen,
- neuere Anlagen,
- höhere Erfolgspotenziale,
- Generierung liquider Mittel über die Abschreibungsverrechnung.

Eine hohe Umlaufvermögensintensität bedeutet:
- geringe Fixkosten,
- einfache Liquidierbarkeit,
- Generierung liquider Mittel über den Verkauf von Erzeugnissen und nicht über Abschreibungsverrechnungen,
- hohe Flexibilität in Bezug auf Nachfrageschwankungen.

Eine hohe Vorratsbindung bedeutet:
- hohe Lagerhaltungs- und Kapitalbindungskosten,
- Gefahr modischer und technischer Veralterung,
- regelmäßig ungeplant hohe Bestände durch schleppenden Abverkauf bzw. Produktion auf Lager.

Eine hohe Forderungsintensität bedeutet:

- Bonitätsrisiken im Forderungsbestand,
- hohe Kapitalbindungskosten,
- schwieriges Marktumfeld, sodass nur über verlängerte Zahlungsziele Umsätze generiert werden können.

> Kennzahlen zur Vermögensstruktur betreffen den Aufbau der Aktivseite der Bilanz.

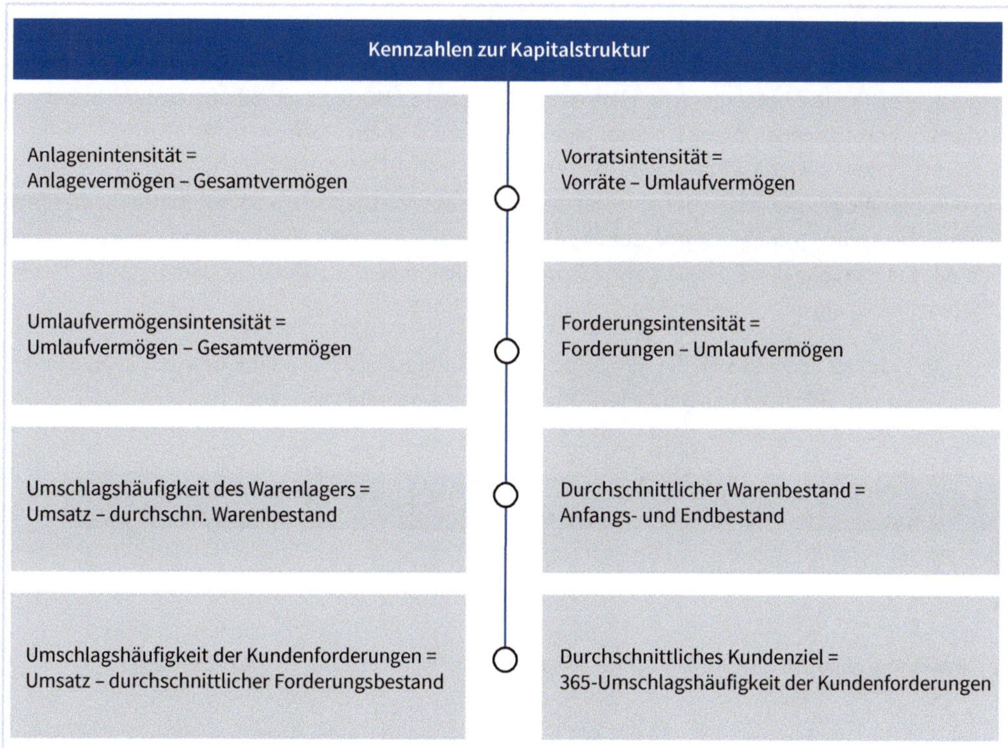

Abb. 118: Kennzahlen zur Kapitalstruktur (3)

Umschlagskoeffizienten

Umschlagshäufigkeiten und Vorrats- bzw. Forderungsbestände stehen in reziprokem Verhältnis zueinander. Ziel ist es, die Umschlagshäufigkeiten zu erhöhen und die Mittelbindung im Working Capital

\+ Vorratsvermögen,
\+ Forderungsbestand aus Lieferungen und Leistungen,
– Verbindlichkeiten aus Lieferungen und Leistungen sowie
– Kundenanzahlungen

zu reduzieren.

2 Jahresabschlusspolitik

Um die Wirkungsweise bilanzpolitischer Aktivitäten in Bezug auf die Kennzahlen beurteilen zu können, sollte deren Einfluss auf Eigenkapital, Bilanzsumme, Ergebnis und Ergebniskomponenten analysiert werden. Die Gestaltungsinstrumente der strategischen und operativen Jahresabschlusspolitik beziehen sich auf folgende Maßnahmen:

Wahlrechte lassen mehr als eine Gestaltungsoption zur Darstellung eines wirtschaftlichen Sachverhalts zu, z. B. Aktivierungswahlrecht für ein Disagio (§ 250 Abs. 3 HGB) oder selbst erstellte immaterielle Vermögensgegenstände des Anlagevermögens (§ 248 Abs. 2 Satz 1 HGB). Abschreibungswahlrecht bei vorübergehender Wertminderung im Finanzanlagevermögen (§ 253 Abs. 3 Satz 4 HGB).

Beurteilungsspielräume lassen nur eine Darstellung eines wirtschaftlichen Sachverhalts zu, dieser ist allerdings beurteilungsabhängig und damit gestaltbar, z. B. die Einbringlichkeit von Forderungen, die Höhe der Inanspruchnahme aus Gewährleistungsverpflichtungen, die Nutzungsdauer von Sach- und immateriellen Anlagen.

> Aufsichtsräte sollten sich der Möglichkeiten der Jahresabschlusspolitik bewusst sein, damit sie kritisch würdigen und bei Bedarf Möglichkeiten empfehlen können.

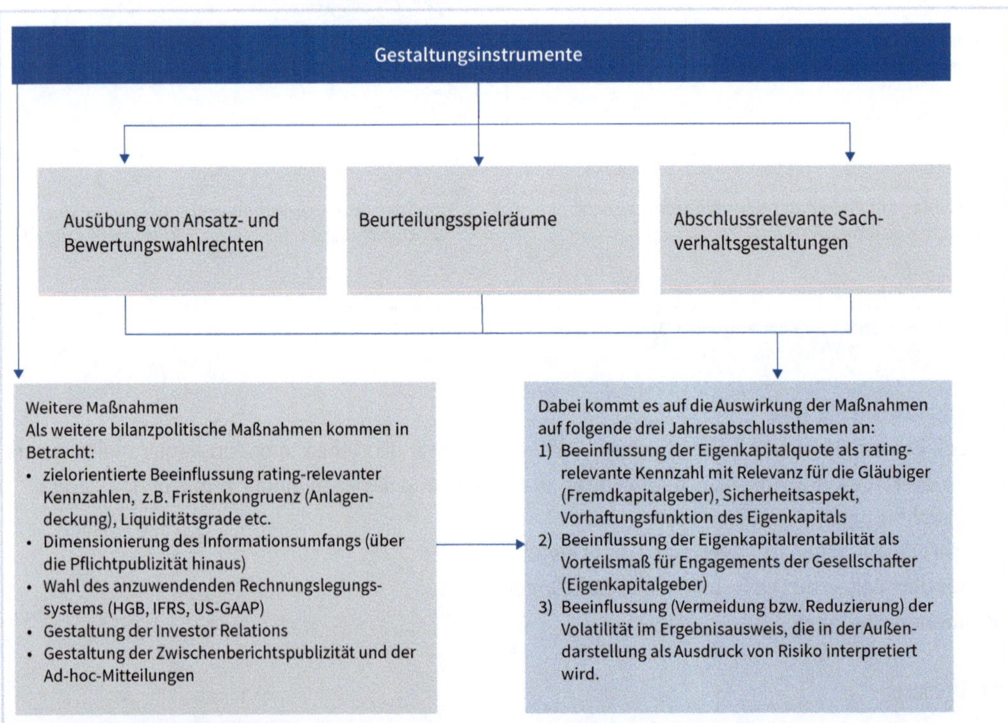

Abb. 119: Gestaltungsinstrumente

Bei der **Gestaltung von Sachverhalten** geht es um die Frage, wie Gestaltungsoptionen im Jahresabschluss auszuweisen sind und welche bilanziellen Effekte sie in der Außendarstellung entfalten, z.B. ist bei der Gestaltung von Leasingverträgen zu prüfen, ob diese als operate oder finance lease im Rechnungswesen auszuweisen sind mit der Folge, dass sich dadurch die Bilanzsumme und damit die Eigenkapitalquote verändert. Bei der Gestaltung von Sale-and-lease-back-Konstruktionen sind deren Auswirkungen auf den Jahresabschluss zu berücksichtigen, ein Aktienrückkauf wird regelmäßig mit dem Ziel vollzogen, die Eigenkapitalrentabilität zu verbessern.

Die **Eigenkapitalquote** ist ein Sicherheitsmaß für die Gläubiger und sollte deshalb zur Verbesserung des Ratings optimiert werden. Die Eigenkapitalrentabilität ist ein Vorteilsmaß der Eigenkapitalgeber. Allerdings besteht ein partieller Gegensatz bei der bilanzpolitischen Umsetzung, d.h. eine Erhöhung der Eigenkapitalrentabilität kann zulasten der Eigenkapitalquote gehen. Zu beachten ist, dass bei der Eigenkapitalquote das Eigenkapital im Zähler und bei der Eigenkapitalrentabilität das Eigenkapital im Nenner steht. Daher besteht ein partieller Gegensatz bei der bilanzpolitischen Umsetzung einer optimierten Außendarstellung.

> Über Sachverhaltsgestaltungen können Kennzahlen erheblich beeinflusst werden.

Neben den genannten Schlüsselkennzahlen sind folgende Analyseobjekte der Kapitalgeber zur Beurteilung der finanziellen Befindlichkeit des betrachteten Unternehmens heranzuziehen:

- Ergebnishöhe und -zusammensetzung,
- Risikopotenziale (interne und externe), vorauseilende Indikatoren,
- außerplanmäßige Abschreibungen, Rückstellungen,
- verbale Angaben in Anhang und Lagebericht,
- Cashflows durch Analyse der Kapitalflussrechnung: optimierte Darstellung des operativen Cashflows zulasten des Investitions- oder Finanzierungscashflows,
- finanzwirtschaftliche Qualitätsaspekte (Fristenkongruenz, Fixkostenthematik, Einflussfaktoren auf Ergebnis und Liquidität, Sicherheits- und Rentabilitätsaspekte),
- operative Qualitätskriterien, z.B. Umschlagshäufigkeiten, Bindungsdauer,
- Bestand an Haftungspotenzial (Ausweis dem Grunde und der Höhe nach, Werthaltigkeitsthematik),
- strategische Positionierung des Unternehmens, strategischer Fit
  - zwischen den Anforderungen der Umwelt und
  - dem Bestand und der Entwicklung seiner Potenziale, daraus Cashflows zu generieren.

Als Maßnahmen zur Beeinflussung der Ertragslage kommen in Betracht:

Gesamtkostenverfahren

- Ausweis der Aufwandsarten zur Beurteilung von deren Einfluss (Chancen/Risiken) auf das Ergebnis,
- Ausweis von Bestandsveränderungen als Hinweis auf (ungeplante) Lagerbestandserhöhungen.

Umsatzkostenverfahren

- Ausweis der Aufwendungen gegliedert nach Kostenstellen zur Beurteilung der relativen Veränderung von Herstellungs-, Verwaltungs- und Vertriebskosten bezogen auf die Umsatzveränderung in der Betrachtungsperiode,
- Ausweis des Bruttoergebnisses vom Umsatz als Hinweis auf die marktmäßige Positionierung im operativen Umfeld,
- Berechnung der Bruttoergebnismarge (Bruttoergebnis/Umsatz) zur Beurteilung der marktmäßigen Positionierung im zwischenbetrieblichen Vergleich,
- Gewinnrealisierung,
- Zuordnung von Aufwendungen zu bestimmten Kostenstellen
  - »gute« Kosten«, z. B. FuE-Aufwand, Vertriebskosten,
  - »schlechte« Kosten, z. B. Verwaltungskosten,
- Abgrenzungen,
- Bruttoergebnis, EBITDA, EBIT, Finanzergebnis,
- Verwaltungs-, Vertriebs-, FuE-Kosten.

Abb. 120: Gestaltungsansätze

Folgende Sachverhaltsgestaltungen sind in Bezug auf ihren Beitrag zur Beeinflussung von Kennzahlen zu würdigen:

- Pensionsgeschäfte (unechte),
- Verkauf von (Finanz-)Anlagevermögen mit anschließendem Rückkauf:
  - Auflösung stiller Reserven,
  - bei Rückkauf ggf. höhere Anschaffungskosten,
  - Umgehung des Anschaffungskostenprinzips.
- Sale-and-Lease-Back-Verkauf und anschließende Rückmiete:
  - Auflösung stiller Reserven,
  - Erhöhung der Liquidität,
  - ggf. Nutzung des Vermögensgegenstandes ohne dessen Bilanzierung (operate lease),
  - Schmälerung des Jahresüberschusses durch Leasing-Raten während der anschließenden Nutzung.
- Factoring (echtes):
  - Zufluss von Liquidität vor Fälligkeit der Kundenforderung,
  - Bilanzverkürzung bei vorzeitiger Tilgung von Verbindlichkeiten,
  - Gestaltung von Leasingverträgen,
  - Vermeidung einer Bilanzverlängerung durch Operating Leases.

3 Controlling

Unter Controlling versteht man ein Subsystem der Führung, das Planung und Kontrolle sowie Informationsversorgung ergebnisorientiert unterstützt. Somit werden dem Controlling folgende drei Begriffsmerkmale zugeschrieben:

- Subsystem der Führung – Bestandteil des dispositiven Faktors, Führungsunterstützungsfunktion des Controllings,
- Zielorientierung, Planung und Kontrolle – Aktionsseite des Controllings, Bezug zum Management-Regelkreis,
- Informationsversorgung – Informationsseite des Controllings, Berichtswesen als übergreifender Funktionsbereich, Systembildung und Systemkopplung: Koordinations- und Integrationsfunktion des Controllings.

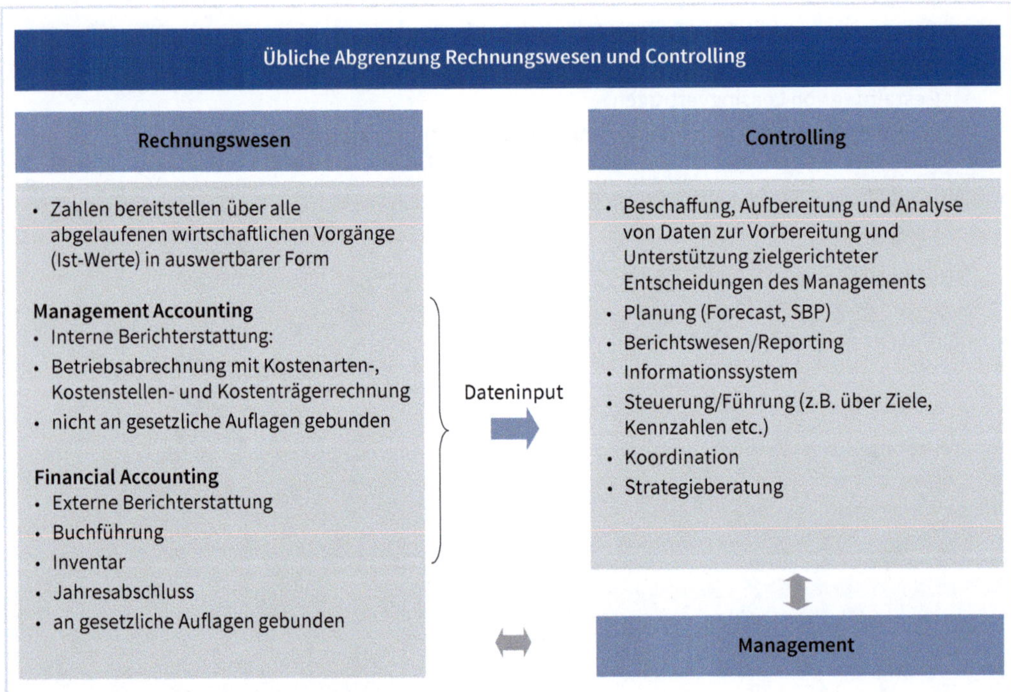

Abb. 121: Übliche Abgrenzung Rechnungswesen und Controlling

Bei der Controllingfunktion der Führungsunterstützung geht es um folgende drei Teilaspekte:

- Bereitstellung geeigneter Methoden und Instrumente, um dem Führungssystem bzw. dessen Teilsystemen zweckmäßige Informationen und Verfahren für koordiniertes Handeln zu liefern,
- Informationsbereitstellung zur Anpassung und Beeinflussung (Innovation) der Umwelt sowie der Märkte des Unternehmens; Kontrolle des Anpassungs- und Innovationsverhaltens,
- Koordination der Ergebniszielorientierung des Unternehmens (Verknüpfung verschiedener Ergebniszielausprägungen, Messkriterien für Ergebnisziele, Abstimmung der verschiedenen Teilziele).

> Unter Controlling versteht man ein Subsystem der Führung, das Planung und Kontrolle sowie Informationsversorgung ergebnisorientiert unterstützt.

Die Grundfunktionen des Controllings sind:
- Controlling als Servicestelle der Unternehmensleitung,
- Entwicklung, Einsatz und Pflege von Management-Instrumenten für Planung, Steuerung und Kontrolle,
- Informationsversorgung des Managements auf unterschiedlichen hierarchischen Ebenen,
- Koordination zwischen den Teilfunktionen (Prozesse) sowie Funktionsträgern im Unternehmen.

Die Aufgaben des strategischen Controllings betreffen:
- Mitwirkung bei der Schaffung und Weiterentwicklung des Planungs- und Kontrollsystems (Metaplanung),
- Konzeption, Implementierung und Entwicklung des Planungs- und Kontrollsystems, das Planung und Kontrolle selbst erst ermöglicht,
- Mitwirkung bei der Schaffung und Weiterentwicklung des inner- und zwischenbetrieblichen Informationssystems,
- Mitwirkung bei der Schaffung und Weiterentwicklung des Koordinationssystems zur Führungsunterstützung.

Die Aufgaben des strategischen Controllings bestehen in der Unterstützung des strategischen Managements aus:
- Strategischer Planung: Strategischer Fit zwischen den Anforderungen der Umwelt und den Potenzialen der Unternehmung,
- Strategischer Kontrolle,
- Strategischem Informationswesen,
- Organisation und Unternehmenskultur.

Aufsichtsräte sind im Rahmen ihrer antizipativen Kontrolle befasst mit der Unternehmensplanung einschließlich einer Follow-up-Berichterstattung. Dies erfordert ein kritisches Lesen der Vorstandsberichte, ein verständiges Nachfragen bezüglich kritischer Themen unabhängig davon, ob sie im Einzelnen ausgeführt sind oder nicht, sowie eine sachkundige Beurteilung der Projektthemen aus den Vorstandsberichten und den Tagesordnungspunkten der Aufsichtsratssitzungen.

Für Aufsichtsräte ist es in diesem Zusammenhang wichtig, die Planungs- und Kontrollinstrumente in ihrer Funktionsweise zu kennen und mit ihren Möglichkeiten und Grenzen zu beurteilen, andererseits die Informationsrechte zu kennen, um daraus zusammen mit dem Vorstand ein optimiertes Aufsichtsratsreporting zu konzipieren.

Ein Budget ist der zahlenmäßige Ausdruck der Unternehmensplanung. Es stellt die zu realisierenden Ziele einer Budgetperiode hinsichtlich der Verantwortlichkeiten, der Auswirkungen auf die Ressourcen sowie der zeitlichen Dimension (Budgetperiode) dar. Um die Zielerreichung nach dem Ende der Budgetperiode kontrollieren zu können, bedarf es nachvollziehbarer quantitativer Plandaten. Dabei besteht eine horizontale, vertikale und zeitliche Verzahnung mit anderen Budgets.

> Aufsichtsräte sind im Rahmen ihrer antizipativen Kontrolle befasst mit der Unternehmensplanung einschließlich einer Follow-up-Berichterstattung.

Die Beurteilung des Realitätsbezug und der Risikoorientierung der zugrunde liegenden Annahmen ist eine originäre Aufgabe der antizipativen Überwachung des Aufsichtsrats. Dabei sind die Budgetplanungen für einzelne Projekte, einzelne Unternehmensbereiche (Abteilungen, Zweigwerke) und einzelne Perioden mit ihren jeweiligen Interdependenzen zu beachten. Ferner sollten für besonders risikoanfällige Planungen Alternativszenarien und Sensitivitätsanalysen eingefordert werden. Auch sollten Aufsichtsräte Cross-Checks durchführen, um die Konsistenz der Plananahmen zu verifizieren. Beispiele sind:

- Investitionen, Abschreibungen, Verschuldung, Zinsen,
- Finanzanlagen, Zinserträge,
- Umsatz, umsatzabhängige Aufwendungen (Wareneinsatz, Materialaufwand) etc.

Für Aufsichtsräte ist die Abweichungsanalyse bei mehrjährigen Projekten besonders wichtig. Daher ist die Follow-up-Berichterstattung mit der zugehörigen Ursachenforschung bezüglich der Abweichungen für Aufsichtsräte von besonderer Bedeutung.

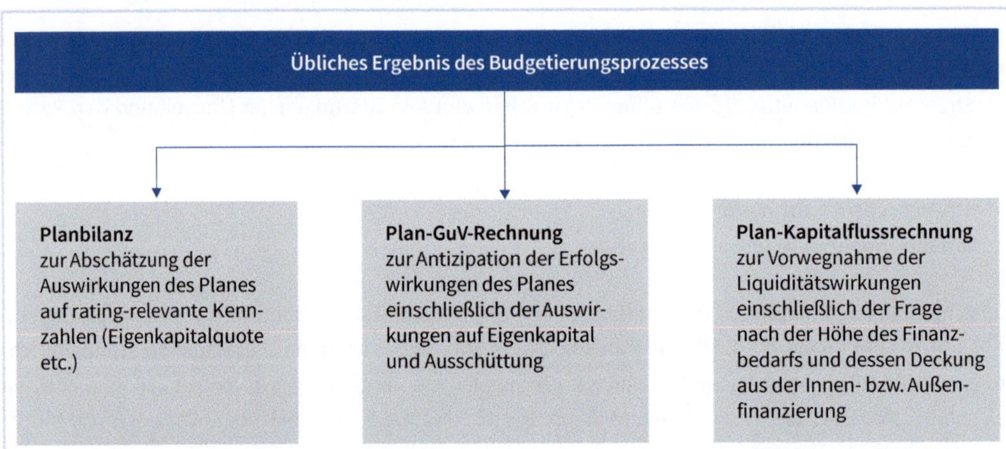

Abb. 122: Übliches Ergebnis des Budgetierungsprozesses

Das Ergebnis eines Budgetierungsprozesses ist eine Planbilanz zur Abschätzung der Auswirkungen des Planes auf ratingrelevante Kennzahlen (Eigenkapitalquote etc.), eine Plan-GuV-Rechnung zur Antizipation der Erfolgswirkungen des Planes einschließlich der Auswirkungen auf Eigenkapital und Ausschüttung, eine Plan-Kapitalflussrechnung zur Vorwegnahme der Liquiditätswirkungen einschließlich der Frage nach der Höhe des Finanzbedarfs und dessen Deckung aus der Innen- bzw. Außenfinanzierung.

> Die Budgetplanung ist Teil der Unternehmensplanung. Daher ist auf konsistente Prämissen zu achten.

Die Qualität der Budgetplanung hängt von der Erfüllung der Anforderungen ab, die an den Budgetierungsprozess gestellt werden. Die Anforderungen an die Budgetierung sind in einem Planungs- und Budgetierungshandbuch niedergelegt:

- Das Budget soll motivierend wirken.
- Das Budget soll Handlungen auslösen.
- Die Verantwortungsbereiche sollen unabhängig sein.
- Die Budgets müssen klar und exakt formuliert sein.
- Qualitative Vorgaben müssen berücksichtigt werden.
- Die Entscheidungsträger müssen an der Budgeterstellung und -auswertung beteiligt werden.
- Das Budget soll die Flexibilität des Unternehmens nicht einschränken.
- Das Budget soll zeitlich abgestimmt sein.
- Das Budget soll zukunftsbezogen sein.
- Dem Entscheidungsträger ist ein Soll-Ist-Vergleich vorzulegen.

Die Budgetkontrolle soll aufklärenden und nur in Ausnahmefällen sanktionierenden Charakter haben. Sie besteht aus den Einzelschritten

- Abweichungsmessung,
- Ursachenforschung,
- Suche nach Verantwortlichkeiten,
- Suche nach Möglichkeiten, die Abweichung zu reduzieren oder zu schließen.

Die Controllingfunktionen im Rahmen der Budgetierung bestehen darin,

- das Budgetmanagement zu gestalten und zu überwachen,
- die Budgetkontrolle durchzuführen,
- den Zeitrahmen mitzugestalten und zu überwachen,
- Ist-Vorjahr-, Soll-Ist-, Soll-Wird-Vergleiche durchzuführen und Konsequenzen aufzuzeigen bei Abweichungen,
- wesentliche Erfolgsfaktoren zu identifizieren,
- Informationen für die Budgetverantwortlichen zusammenstellen und
- Toleranzgrenzen zu ermitteln.

Da die Budgetplanung Teil der allgemeinen Unternehmensplanung ist, sind die Prämissen, die in die Budgetierung einfließen, mit den allgemeinen Plandeterminanten abzustimmen.

Aufsichtsratsfunktion	Klassische Budgetierung	Better Budgeting	Beyond Budgeting
Antizipative Kontrolle durch den Aufsichtsrat	Grundsätzlich geeignet; Achtung bei Innovation und Aktualität der Annahmen	Grundsätzlich geeignet; häufig aktueller als die klassische Budgetierung	Achtung: Bietet oftmals wenig Details, die zur sorgfältigen Beurteilung notwendig wären.
Angemessene Informationsversorgung des Aufsichtsrats	Grundsätzlich für finanzielle Größen gegeben	Sinnvolle Ergänzung im Hinblick auf »soft facts/ nicht finanzielle Größen«	Sinnvolle Ergänzung im Hinblick auf »soft facts/ nicht finanzielle Größen«
Follow-up-Berichterstattung an den Aufsichtsrat	Geeignet, da in der Regel sturkturtreu und somit Wiedererkennung und Vergleiche möglich	Kennzahlen und Schlüsselgrößen weniger geeignet, da • Veränderungen schwer zu erkennen, • Fortschreibung z.T. nicht sinnvoll, • umfassende Kenntnisse über das Geschäft und die Aussage der Kennzahl erforderlich	

Abb. 123: Budgetierungsformen (Details siehe Beyer/Heyd (2014), S. 84)

Die Umsatzplanung kann ergänzt werden durch Analysen

- der Verkaufspreise und -mengen,
- des Umsatzes nach Absatzsegment,
- der Deckungsbeiträge nach Absatzsegmenten,
- der Entwicklung der Verkaufsmengen und Umsatzerlöse im Zeitablauf.

Ferner wären in Form einer Alternativrechnung zu analysieren die Auswirkungen

- von Maßnahmen zur Umsatzförderung,
- der Preis- und Konditionenpolitik nach Absatzsegmenten,
- der Vertriebskosten,
- der Verbraucher und Abnehmer.

Bei der Kostenplanung sind zu berücksichtigen: direkte Kosteneinflussgrößen, Faktorpreise, Faktormengen, Beschäftigungsgrad, indirekte Kosteneinflussgrößen, Programm- und Sortimentskosten, Verfahrenskosten.

Eine Analyse der Kostenstruktur zeigt die Entwicklung der Kosten in Abhängigkeit von der Kostenart auf:

- Abschreibungsintensität,
- Personalintensität,
- Materialintensität.

Die Informationsbasis lässt die Repräsentativität der Plangrößen erkennen: Ist-Kosten, Normalkosten/ Standardkosten oder Plankosten.

> Bei der Vorstellung von Investitionsprojekten ist die Eignung des Verfahrens zu prüfen sowie das Vorliegen der Anwendbarkeitsvoraussetzungen des Verfahrens.

		Klassische Budgetierung	Better Budgeting	Beyond Bugeting
Finanzplan	Flexibilität			●●●
	Genauigkeit	●●●	●●	●
Zielsetzung	Steuerung	●●●	●●	●
	Aktualitätsgrad	●	●●	●●●
Kosten-management	Reaktionsfähigkeit	●●●	●●	●
	Effizienzfördernd	●	●●	●●●

Abb. 124: Vergleich der Budgetierungsformen

Die Präsentation von Investitionsprojekten erfolgt meist unter Rückgriff auf Investitionsrechenverfahren. Dabei gibt es einerseits qualitative Unterschiede zwischen statischen und dynamischen Verfahren. Andererseits ist zu prüfen, ob die Anwendbarkeitsvoraussetzungen für das jeweilige Verfahren erfüllt sind. So ist die Kostenvergleichsmethode nur aussagefähig, wenn der Output und damit die mit der Anlage zu erzielenden Erlöse und der Kapitaleinsatz der betrachteten Anlagen gleich oder vergleichbar sind. Die Gewinnvergleichsmethode setzt vergleichbare Kapitaleinsätze voraus und die Amortisationsdauer zielt nicht auf die Rentabilität, sondern auf den Sicherheitsaspekt einer möglichst kurzen Zeitdauer ab, bis der Kapitaleinsatz über die Einzahlungen wieder zugeflossen ist. Auch die Aussagen der dynamischen Investitionsrechenverfahren müssen den Aufsichtsratsmitgliedern bekannt sein. Die Kapitalwertmethode vergleicht die Vorteilhaftigkeit eines Investitionsprojektes mit einer impliziten Alternativinvestition, deren Rentabilität sich im Kalkulationszinssatz widerspiegelt. Die interne Zinsfuß-Methode berechnet die Verzinsung des betrachteten Investitionsobjektes, welche zu vergleichen ist mit einer realistischen Alternativanlage vergleichbaren Risikogehaltes. Wird das Finanzmanagement vom Aufsichtsrat begleitend überwacht, so sind folgende Themen relevant:

- Kapitalbedarfsanalyse für einzelne Projekte und Planungszeiträume,
- Eigen-/Fremdkapitalrelation (Eigenkapitalquote/Verschuldungsgrad),

- Fristigkeitsanalyse (Fristenkongruenz von Anlagevermögen und Eigen- bzw. langfristiger Fremdfinanzierung), Deckungsgrade,
- Finanzplanung nach Planungszeiträumen zur Aufdeckung temporärer Unterdeckungen,
- Innen- und Außenfinanzierung,
- Antizipation von Rating-Wirkungen geplanter Finanzierungsprogramme,
- Maßnahmen zur Stärkung der Eigenkapitalausstattung (Außen- oder Innenfinanzierung, Private-Equity-Finanzierungen, Venture-Capital-Beteiligungen),
- Nutzung von Mezzanine-Finanzierungen,
- Ausgestaltung von Fremdfinanzierungsmaßnahmen (Hausbank- oder Mehr-Banken-Prinzip, Anleihen, Schuldscheindarlehen, Darlehen) hinsichtlich Kosten, Fristigkeit, Besicherung, Verfügungsbeschränkungen (Financial Covenants) etc.,
- Anwendung von Sonderformen der Finanzierung (Leasing versus kreditfinanzierter Kauf, Sale and lease back, Pensionsgeschäfte, Factoring, ABS-Transaktionen),
- Verbindungen zwischen Finanz- und Bilanzplanung (Maßnahmen zur Bilanzverkürzung (Aktienrückkaufprogramme, Outsourcing, Operate-Lease-Verträge, Reduzierung der Kapitalbindung im Working Capital)).

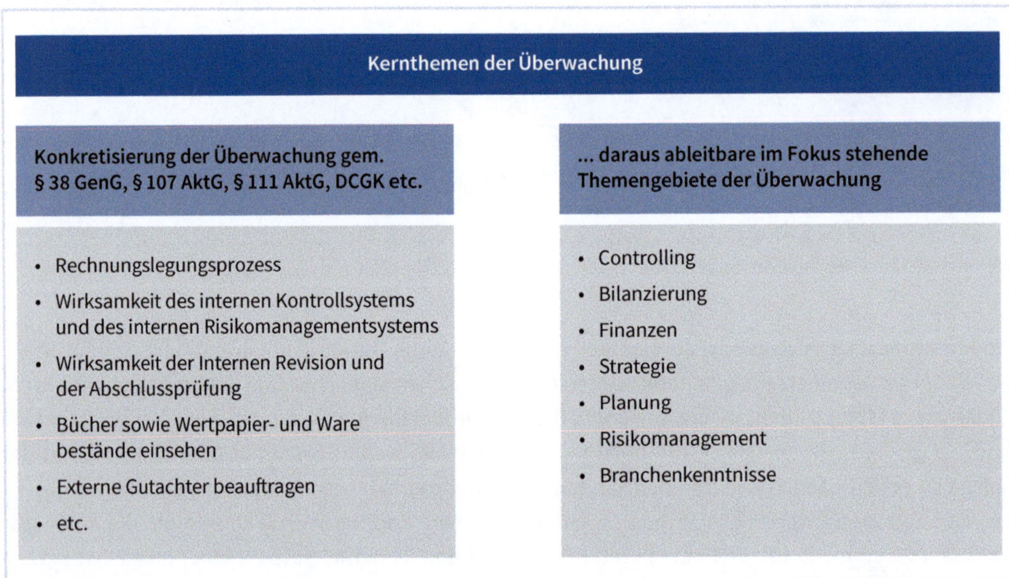

Abb. 125: Kernthemen der Überwachung

4 Aufsichtsratsreporting

Neben der inhaltlichen Durchdringung der durch das Controlling aufbereiteten Entscheidungsgrundlagen gehört es zu den Aufgaben des Aufsichtsrats, in Abstimmung mit dem Vorstand die Informationsversorgung sicherzustellen und effizient zu organisieren.

> Der Aufsichtsrat hat jedoch sicherzustellen, dass er angemessen informiert wird.

Im Grundsatz 15 des Deutschen Corporate-Governance-Kodex (DCGK 2022) ist formuliert, dass die Information des Aufsichtsrats Aufgabe des Vorstands ist. Der Aufsichtsrat hat jedoch seinerseits sicherzustellen, dass er angemessen informiert wird. Zu diesem Zweck soll der Aufsichtsrat die Informations- und Berichtspflichten des Vorstands näher festlegen. Das bedeutet, dass die Informationsversorgung des Aufsichtsrats gleichermaßen als Bringschuld des Vorstands wie auch als Holschuld des Aufsichtsrats gesehen werden kann. § 90 Abs. 3 AktG sieht ein Recht des Aufsichtsrats oder einzelner Aufsichtsratsmitglieder vor, vom Vorstand jederzeit einen Bericht zu verlangen über Angelegenheiten der Gesellschaft, über ihre rechtlichen und geschäftlichen Beziehungen zu verbundenen Unternehmen sowie über geschäftliche Vorgänge bei diesen Unternehmen, die auf die Lage der Gesellschaft von erheblichem Einfluss sein können. Weiter werden formale, organisatorische und inhaltliche Anforderungen an die Vorstandsberichte formuliert (§ 90 Abs. 2, 4 und 5 HGB). Die Informationen zwischen Vorstand und Aufsichtsrat haben Qualitätsanforderungen zu erfüllen. Dies muss sich in den Vorschriften der Geschäfts- und Informationsordnungen der Unternehmensorgane niederschlagen durch effiziente und sachgerechte Vorgaben für präzisierte Berichtspflichten.

Dies bedeutet, dass Berichte neben Regelberichten auch Sonderberichte umfassen müssen. Weiter soll vermieden werden, dass kritische Themen durch eine Informationsflut überdeckt werden. Informationsordnungen haben eine regelmäßige, rechtzeitige und einheitliche Versorgung des Aufsichtsrats mit Informationen zu gewährleisten (Grundsatz 15 des DCGK 2022). Dabei ist die Verschwiegenheitspflicht des Aufsichtsrats als Korrelat des Informationsrechts zu sehen.

Zu regeln ist auch der Informationsaustausch zwischen den Gremien und zwischen den Gremienvorsitzenden außerhalb der Gremiensitzungen. Dabei geht es auch um die inhaltliche Abstimmung zur Sicherstellung relevanter Informationen z. B. aus dem Prüfungsbereich oder dem Compliance- und Risikomanagementbereich. In formaler Hinsicht gilt es die Gesprächslinien zwischen dem Aufsichtsrat bzw. Prüfungsausschuss und den dem Vorstand nachgelagerten Abteilungen, wie z. B. den Revisions- und Compliance-Leitern, abzustimmen. Schließlich sind die Voraussetzungen der Pflicht zu Ad-hoc-Berichten festzulegen.

Da Informationen die zentrale Basis zur Erfüllung der Überwachungsaufgabe durch den Aufsichtsrat darstellen, stehen ihm folgende Informationsquellen zur Verfügung:

- Berichte des Vorstands,
- Berichterstattung des Abschlussprüfers,
- eigene Ermittlungsrechte im und außerhalb des Unternehmens,
- externe Berichterstattung.

Faktisch sind die Vorstandsberichte die primäre Informationsquelle für den Aufsichtsrat.

Die Qualitätsverbesserung der Information zwischen Vorstand und Aufsichtsrat kann sich in formaler Hinsicht auf die Aufbereitung bzw. die Themenauswahl und Komprimierung beziehen. Auch das Aufsichtsratsreporting ist einer regelmäßigen Effizienzprüfung zu unterziehen. Ferner sollte verabredet werden, dass keine »Management Letters« des Abschlussprüfers am Aufsichtsrat vorbei direkt an den Vorstand gehen.

> Zu beachten ist, dass Management Letter nicht Bestandteil des Prüfungsberichts sind, jedoch von Banken, Anwälten etc. immer mehr berücksichtigt werden.

Management Letters sind freiwillige ergänzende schriftliche Informationen des Abschlussprüfers an die Geschäftsführung. Sie werden vom Prüfungsbericht ferngehalten, weil dieser entgegen der gesetzlichen Intention nicht nur an Vorstand und Aufsichtsrat geht, sondern immer häufiger auch an Banken, sonstige Kreditgeber, Anwälte u.Ä. Dabei handelt es sich um die Kommunikation festgestellter Probleme und Fragestellungen, die im Rahmen der Gesamtbeurteilung der Ordnungsmäßigkeit der Rechnungslegung jedoch nicht ins Gewicht fallen. Ausdrücklich sind in den Management Letters nur Inhalte behandelt, die nicht der Redepflicht über die Abschlussprüfung innerhalb des Prüfungsberichtes unterliegen. Meist handelt es sich um das Aufzeigen von Ineffizienzen, konkreten Verbesserungsmöglichkeiten, sonstigen Anregungen und Hinweisen im Interesse von Geschäftsführung/Vorstand. Daher wird empfohlen, Management Letters an den Aufsichtsrat bzw. Prüfungsausschuss weiterzugeben bzw. bei der Erteilung des Prüfungsauftrags zu vereinbaren, dass Management Letters auch dem Aufsichtsrat bzw. Prüfungsausschuss weiterzuleiten sind.

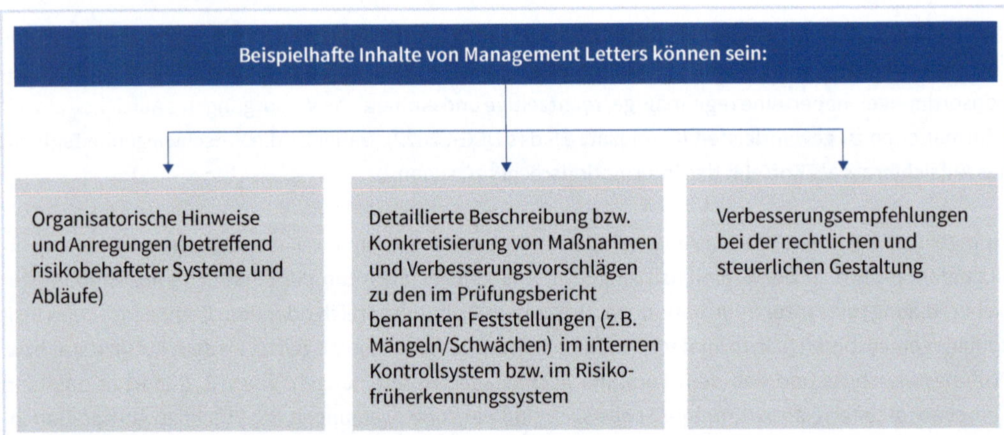

Abb. 126: Beispielhafte Inhalte von Management-Letters

Die Grenze zu niederschwelligen, nicht testats- aber überwachungsrelevanten Feststellungen nach § 321 Abs. 2 Satz 2 HGB, die im Prüfungsbericht zu vermerken sind, ist fließend.

Für den Informationsfluss innerhalb des Aufsichtsrats bedarf es klarer Informationsvorgaben zwischen dem Aufsichtsratsvorsitzenden und dem Gesamtaufsichtsrat, einer Aufgabenabgrenzung und Informationsordnung zwischen dem Aufsichtsrat und den Aufsichtsrats-Ausschüssen, für Vorbesprechungen zwischen AR-Vorsitzenden und Vorsitzenden der AR-Ausschüsse vor den AR-Sitzungen, für getrennte Besprechungen der Anteilseigner- und Arbeitnehmervertreter im Aufsichtsrat, für Besprechungen der AR-Mitglieder ohne Anwesenheit der Vorstands- bzw. Geschäftsführungsmitglieder und für die gemeinsamen Sitzungen von Aufsichtsrat, dem Vorsitzenden des Prüfungsausschusses und den Wirtschaftsprüfern.

Für die Dialogstrukturen zwischen Aufsichtsrat und Vorstand gilt es, rechtliche Rahmenbedingungen zu beachten. Für Geschäfte von grundlegender Bedeutung legen die Satzung oder der Aufsichtsrat Zustimmungsvorbehalte zugunsten des Aufsichtsrats fest. Hierzu gehören Entscheidungen oder Maßnahmen, die die Vermögens-, Finanz- oder Ertragslage des Unternehmens grundlegend verändern (u. a. Grundsatz 17 und Empfehlung D.5 des DCGK 2022).

Die ausreichende Informationsversorgung des Aufsichtsrats ist gemeinsame Aufgabe von Vorstand und Aufsichtsrat (Grundsatz 16 und 17 des DCGK 2022). Der Vorstand informiert den Aufsichtsrat regelmäßig, zeitnah und umfassend über alle für das Unternehmen relevanten Fragen der Planung, der Geschäftsentwicklung, der Risikolage, des Risikomanagements und der Compliance. Er geht auf Abweichungen des Geschäftsverlaufs von den aufgestellten Plänen und Zielen unter Angabe von Gründen ein. Der Aufsichtsrat soll die Informations- und Berichtspflichten des Vorstands näher festlegen. Berichte des Vorstands an den Aufsichtsrat sind in der Regel in Textform zu erstatten.

Entscheidungsnotwendige Unterlagen, insbesondere der Jahresabschluss, der Konzernabschluss und der Prüfungsbericht, werden den Mitgliedern des Aufsichtsrats möglichst rechtzeitig vor der Sitzung zugeleitet. Gute Unternehmensführung setzt eine offene Diskussion zwischen Vorstand und Aufsichtsrat sowie in Vorstand und Aufsichtsrat voraus. Die umfassende Wahrung der Vertraulichkeit ist dafür von entscheidender Bedeutung. Alle Organmitglieder stellen sicher, dass die von ihnen eingeschalteten Mitarbeiter die Verschwiegenheitspflicht in gleicher Weise einhalten.

> Der Aufsichtsrat soll die Informations- und Berichtspflichten des Vorstands näher festlegen. Er hat also auch eine Holschuld bzw. Verpflichtung zur Spezifikation benötigter Informationen.

Besprechungen zwischen Vorstandsvorsitzendem und AR-Vorsitzenden sollen in kurzen Zeitabständen, z. B. monatlich und bei Ad-hoc-Anlässen stattfinden. Vorstandsmitglieder können als ordentliche Mitglieder von AR-Ausschüssen berufen werden. Die Einbeziehung von dem Vorstand nachgeordneten Führungskräften in die Beratungen zu einzelnen Sachthemen kann auf Anregung des Aufsichtsrats oder seiner Ausschüsse, nicht aber ohne Kenntnis des zuständigen Ressortvorstands bzw. Gesamtvorstands erfolgen. Die direkte Kommunikation zwischen dem Aufsichtsrat und/oder seinen Ausschüssen mit den dem Vorstand nachgeordneten Führungskräften kann mit oder ohne Anwesenheit des fachlich zuständigen Vorstandsmitglieds verabredet werden. Schließlich bedarf es des Zusammenwirkens von Vorstand und Aufsichtsrat bei der Abfassung der Compliance-Erklärung in Bezug auf die Einhaltung des Deutschen Corporate Governance Kodex nach § 161 AktG.

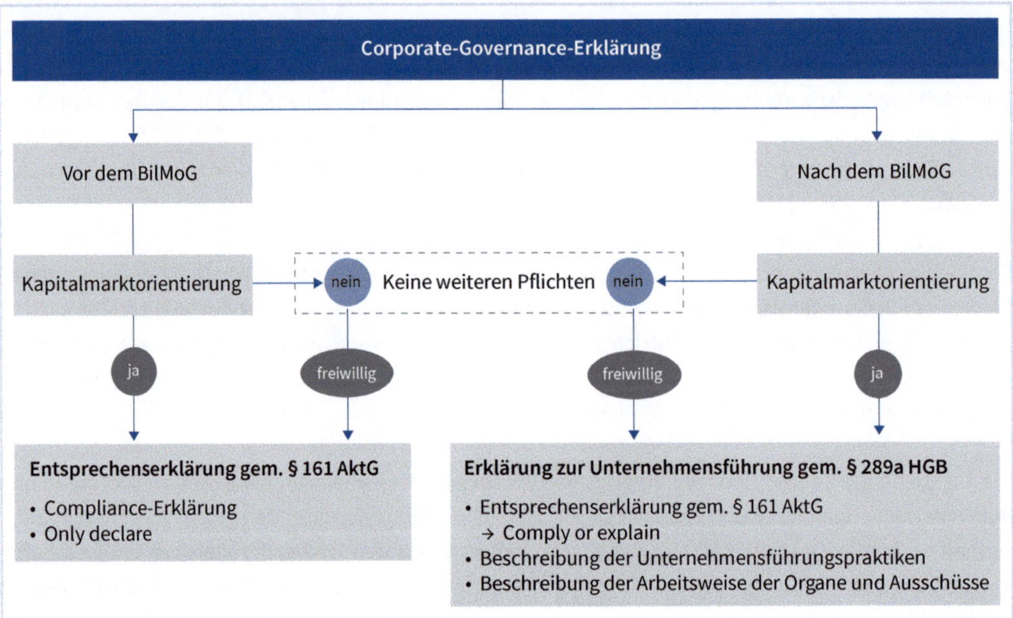

Abb. 127: Corporate-Governance-Erklärung

Für die Optimierung der Dialogstrukturen zwischen Aufsichtsrat und Abschlussprüfer gilt es Folgendes zu beachten: Die Aufgaben des Aufsichtsrats bzw. Prüfungsausschusses im Verhältnis zum Abschlussprüfer beziehen sich auf die Erteilung des Prüfungsauftrags und die Festlegung der Prüfungsschwerpunkte, die Honorarvereinbarung, die evtl. Erweiterung des Prüfungsauftrags, die Sicherstellung der Unabhängigkeit des Abschlussprüfers (§§ 319, 319b HGB) bei Erteilung des Prüfungsauftrags und während des Prüfungszeitraums, die Entgegennahme von Feststellungen über Unrichtigkeiten, Gesetzesverstöße oder bestandsgefährdende Risiken während der Prüfung (§ 321 Abs. 1 Satz 3 HGB), die Entgegennahme von Feststellungen über niederschwellige, d.h. nicht zu einer Einschränkung oder Versagung des Bestätigungsvermerks führende Beanstandungen (§ 321 Abs. 2 Satz 2 HGB) sowie die Erläuterungen des Abschlussprüfers über die Ausübung bilanzpolitischer Gestaltungsspielräume durch den Vorstand (§ 321 Abs. 2 Satz 4 HGB).

> Der Wirtschaftsprüfer ist »Erfüllungsgehilfe« des Aufsichtsrats, der die Ergebnisse des Wirtschaftsprüfers verstehen muss – insbesondere, wenn er Entscheidungen darauf abstellt.

Abb. 128: Ausgewählte Arbeitsgebiete des Aufsichtsrats bzw. Prüfungsausschusses

Der Aufsichtsrat soll vereinbaren, dass der Abschlussprüfer über alle für die Aufgaben des Aufsichtsrats wesentlichen Feststellungen und Vorkommnisse unverzüglich berichtet, die sich bei der Durchführung der Abschlussprüfung ergeben (Empfehlung D.8 DCGK). Der Aufsichtsrat soll ferner vereinbaren, dass der Abschlussprüfer ihn informiert bzw. im Prüfungsbericht vermerkt, wenn er bei Durchführung der Abschlussprüfung Tatsachen feststellt, die eine Unrichtigkeit der von Vorstand und Aufsichtsrat abgegebenen Erklärung zum Kodex nach § 161 AktG ergeben (Empfehlung D.9 DCGK). Die Präsentation des geprüften Abschlusses, des Prüfungsberichts und des Bestätigungsvermerks durch den Abschlussprüfer hat in der Bilanzsitzung des Aufsichtsrats zu erfolgen, in der für den Abschlussprüfer eine Anwesenheitspflicht besteht (§ 171 Abs. 1 Satz 2 AktG). Weitere Redepflichten des Abschlussprüfers in der Bilanzsitzung des Aufsichtsrats betreffen die Schwächen des internen Kontroll- und Risikomanagementsystems bezogen auf den Rechnungslegungsprozess, Umstände, die eine Befangenheit des Abschlussprüfers besorgen lassen sowie Leistungen, die der Abschlussprüfer zusätzlich zu den Abschlussprüferleistungen erbracht hat (§ 171 Abs. 1 Satz 2 und 3 HGB).

Die Dialogstrukturen zwischen Aufsichtsrat und Hauptversammlung (§ 171 Abs. 2 AktG) sehen vor, dass nach Entgegennahme der Vorstandsvorlagen nach § 170 AktG und des Prüfungsberichts des Abschlussprüfers der Aufsichtsrat selbst den Jahresabschluss, Lagebericht, Gewinnverwendungsvorschlag und ggf. Konzernabschluss und Konzernlagebericht prüft. Er hat der Hauptversammlung schriftlichen Bericht zu erstatten über das Ergebnis seiner Prüfung (§ 171 Abs. 2 AktG). Ferner berichtet der Aufsichtsrat der Hauptversammlung über die Art und den Umfang der Prüfung der Geschäftsführung während des

Jahres, und schließlich über die Art und Anzahl der Ausschüsse und Anzahl der Ausschusssitzungen. Dies schließt eine Stellungnahme des Aufsichtsrats zum Prüfungsbericht des Abschlussprüfers ein. In einer abschließenden Stellungnahme erklärt der Aufsichtsrat, ob er zum Jahresabschluss Einwendungen zu erheben hat bzw. ob er den aufgestellten Jahresabschluss billigt. Zuvor hat der Aufsichtsrat seinen Bericht dem Vorstand innerhalb eines Monats nach Eingang der Unterlagen zuzuleiten, bei Nichtvorlage kann keine Billigung des Jahresabschlusses erfolgen (§ 171 Abs. 3 AktG). Die Offenlegung des Abschlusses durch den Vorstand erfolgt erst nach seiner Billigung durch den Aufsichtsrat (§ 171 Abs. 4 AktG).

Berichtsarten

1 Regelberichte	2 Sonderberichte	3 Vorlageberichte
Die Regelberichterstattung des Vorstandes an den Aufsichtsrat umfasst den Jahresbericht nach § 90 Abs. 1 Satz 1 Nr. 1 i.V.m. Abs. 2 Nr. 1 AktG »beabsichtigte Geschäftspolitik der Gesellschaft und andere grundsätzliche Fragen der Unternehmensplanung (insb. die Finanz-, Investitions- und Personalplanung)«.	Eine Pflicht zur Sonderberichterstattung kann sich auch aus sonstigen wichtigen Anlässen ergeben (§ 90 Abs. 1 Satz 3 AktG), insbesondere bei negativen Ereignissen, die schwerwiegende Gefahren für die Interessen der Gesellschaft bergen, z.B. wesentliche Verluste, Arbeitskämpfe, Betriebsstörungen, Umweltschäden. Eine Sonderberichtspflicht besteht nach § 92 AktG im Falle der Krise wie Verlust, Zahlungsunfähigkeit oder Überschuldung der Gesellschaft.	Vorlageberichtspflichten bestehen im Zusammenhang mit dem Jahresabschluss, § 171 Abs. 1 Satz 1 AktG und umfassen den Jahresabschluss mit Anhang, Lagebericht inkl. Gewinnverwendungsvorschlag sowie den Prüfungsbericht des Abschlussprüfers, § 321 HGB.

Abb. 129: Berichtsarten

Die **Regelberichterstattung** des Vorstandes an den Aufsichtsrat umfasst den Jahresbericht nach § 90 Abs. 1 Satz 1 Nr. 1 i.V.m. Abs. 2 Nr. 1 AktG »beabsichtigte Geschäftspolitik der Gesellschaft und andere grundsätzliche Fragen der Unternehmensplanung (insb. die Finanz-, Investitions- und Personalplanung)«. Beispielhafte Informationen zur beabsichtigten Geschäftspolitik können sein Einzelplanungen/Planrechnungen (kurz, mittel, lang) zu Beginn oder unmittelbar vor dem betreffenden Geschäftsjahr. Die Berichterstattungspflicht über grundsätzliche Fragen der Unternehmensplanung basiert auf der Vorstandspflicht zur rationalen, überprüfbaren Unternehmensplanung sowie der konkreten Struktur und den besonderen Bedürfnissen der Gesellschaft.

Sie umfasst die Jahresplanung, Budgetzahlen und ermöglicht dem Aufsichtsrat bei Vierteljahresberichten Soll-Ist-Vergleiche. Darüber hinaus ist die besondere Darstellung der Abweichungen der tatsächlichen Entwicklung von früher berichteten Zielen unter Angabe von Gründen von Bedeutung. Sie ermöglicht eine Abweichungsanalyse und -begründung im Periodenvergleich (Follow-up). Sie umfasst auch einen Bericht über die Rentabilität nach § 90 Abs. 1 Satz 1 Nr. 2 i.V.m. Abs. 2 Nr. 2 AktG, also die »Rentabilität der Gesellschaft, insbesondere der Rentabilität des Eigenkapitals«.

> Die Vorstandsberichtspflicht gegenüber dem Aufsichtsrat erstreckt sich auf die Einrichtung und Wirksamkeit des Risikomanagementsystems, Internen Kontrollsystems, Internen Revisionssystems sowie auf die Compliance.

Grundsatz 4 des DCGK 2022 erstreckt die Vorstandsberichtspflicht gegenüber dem Aufsichtsrat auf die Einrichtung und Wirksamkeit des Risikomanagementsystems, des Internen Kontrollsystems, des Internen Revisionssystems sowie auf die Compliance. Die Berichterstattung in der Sitzung des Aufsichtsrats, in der über den Jahresabschluss verhandelt wird, umfasst die Vorlagen nach § 171 AktG betreffend die externe Rechnungslegung, die Ertragskraft der Gesellschaft in einem zusammenfassenden Bericht, welcher aussagekräftiger als im Jahresabschluss Angaben zur Verzinsung des EK, Cashflow, ROI, Gewinn je Aktie, Umsatzrentabilität, Rentabilitätskennziffern einschließlich Vergleichszahlen (Soll-Ist-Vergleich) enthält.

Die Berichtspflichten nach § 90 AktG sind Mindestpflichten und können weder durch Satzung noch Beschluss des Aufsichtsrats eingeschränkt werden. Aufsichtsrat und Satzung können jedoch die Informationspflichten des Vorstands ausweiten; die Grenze ist allerdings Schikane im Sinne von Rechtsmissbrauch. Vorstand und Aufsichtsrat müssen für ein angemessenes Informationssystem sorgen, das auch einen »laufenden Informationsaustausch« zwischen Vorstand und Aufsichtsrat sowie deren Vorsitzenden zwischen den Sitzungsterminen der Gremien umfasst.

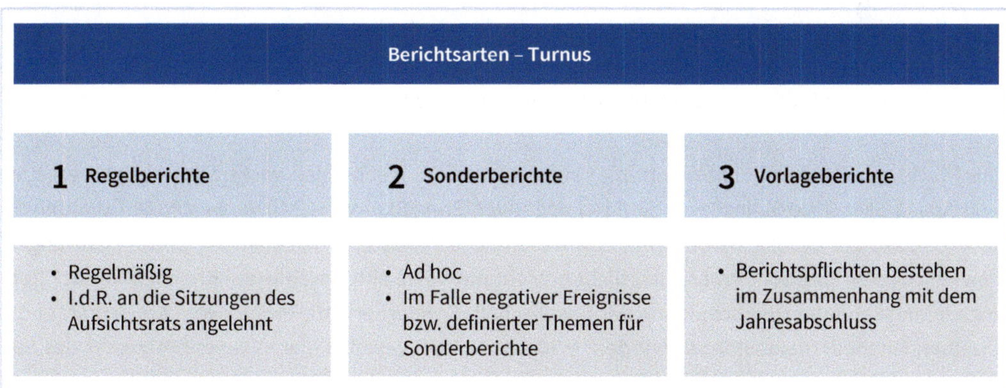

Abb. 130: Berichtsarten – Turnus

Vierteljahresberichte nach § 90 Abs. 1 Satz 1 Nr. 3 i.V.m. Abs. 2 Nr. 3 AktG: »Gang der Geschäfte, insbesondere Umsatz und Lage der Gesellschaft«. Dies umfasst Angaben zum Umsatz (Angaben im Periodenvergleich), mindestens nach Sparten, Vergleich Soll (Jahresplanung) und Ist (zeitanteilig), Gang der Geschäfte (allgemeine Entwicklung der Gesellschaft, Abweichungen gegenüber Vergleichsperioden und Plänen, Zusammenfassung, Analyse der Umsätze inkl. Marktvergleich), Lage der Gesellschaft, Liquiditätsübersicht (Angaben zur Ertrags- und Liquiditätslage), Übersicht Periodenvergleich (sparten-/produktbezogen), Einflussfaktoren, Abweichungen in Umsatz oder Ertrag.

Gesetzliche Grundlage

- Berichte an den Aufsichtsrat (§ 90 Abs. 1 Satz 1 AktG): »Der Vorstand hat dem Aufsichtsrat zu berichten über die beabsichtigte Geschäftspolitik und andere grundsätzliche Fragen der Unternehmensplanung.«
- Hierbei geht es insbesondere um die Finanz-, Investitions- und Personalplanung.
- Auf Abweichungen gegenüber den früher berichteten Zielen (Planwerten) ist unter Angabe der Ursachen einzugehen (§ 90 AktG).
- Die Berichterstattung erstreckt sich auch auf Tochterunternehmen bzw. verbundene Unternehmen, wenn der Vorfall für die Lage der Mutterunternehmen von erheblichem Einfluss sein könnte (§ 90 AktG).

Vergleiche Kapitel 1 Abschnitt 5 »Informationsversorgung«

Abb. 131: Gesetzliche Grundlage

Sonderberichte sind zu erstellen über Rechtsgeschäfte, die für die Rentabilität oder Liquidität der Gesellschaft von erheblicher Bedeutung sein können (§ 90 Abs. 1 Satz 1 Nr. 4 i.V.m. Abs. 2 Nr. 4 AktG). Hierzu besteht eine ständige Berichtspflicht, wobei »besondere Bedeutung« unternehmensspezifisch zu beurteilen ist nach den Auswirkungen auf Gesamttätigkeit der Gesellschaft in Bezug auf den Umfang des Rechtsgeschäfts. In Abhängigkeit vom Verhältnis zu anderen Daten bedarf es der Beratung des Vorstands durch den Aufsichtsrat oder der Unterrichtung des Aufsichtsrats (-vorsitzenden) vor Abschluss des Geschäfts.

> Sonderberichte an den Aufsichtsratsvorsitzenden sind umgehend weiterzuleiten, die Aufsichtsratsmitglieder sind entsprechend zu informieren.

Eine Pflicht zur Sonderberichterstattung kann sich auch aus sonstigen wichtigen Anlässen ergeben (§ 90 Abs. 1 Satz 3 AktG), insbesondere bei negativen Ereignissen, die schwerwiegende Gefahren für die Interessen der Gesellschaft bergen, z.B. wesentliche Verluste, Arbeitskämpfe, Betriebsstörungen, Umweltschäden. Eine Sonderberichtspflicht besteht nach § 92 AktG im Falle der Krise wie Verlust, Zahlungsunfähigkeit oder Überschuldung der Gesellschaft. Sonderberichte können vom Aufsichtsrat oder einzelnen Mitgliedern angefordert werden. § 90 Abs. 3 AktG gewährt hierzu ein Initiativrecht des Aufsichtsrats und seiner Mitglieder. Das Berichtsverlangen kann sich auf alle Angelegenheiten der Gesellschaft beziehen. Ein Berichtsverlangen eines einzelnen AR-Mitglieds reicht aus und kann weder vom Vorstand noch von der Mehrheit des AR zurückgewiesen werden. Erforderlich ist eine präzise Formulierung und das Verlangen darf nicht missbräuchlich sein. Die Berichterstattung erfolgt dann an den Aufsichtsrat in seiner Gesamtheit, d.h. an alle Aufsichtsratsmitglieder.

Sonderberichte an den Aufsichtsratsvorsitzenden sind umgehend weiterzuleiten, die Aufsichtsratsmitglieder sind entsprechend zu informieren. Eine Ausnahme besteht bei einem Beschluss des Aufsichtsrats, die Aushändigung von Berichten an die Aufsichtsratsmitglieder auszuschließen, § 90 Abs. 5 Satz 2 AktG. Die Berichte haben »den Grundsätzen einer gewissenhaften und getreuen Rechenschaft zu entsprechen« (§ 90 Abs. 4, Satz 1 AktG). Die Gestaltung obliegt in diesem Rahmen dem Vorstand. Die Berichte müssen inhaltlich vollständig, übersichtlich, klar strukturiert und straff formuliert sein ggf. unter Einsatz von Schaubildern. Es ist zu unterscheiden zwischen Tatsachendarstellungen und deren Bewertung, ggf. mit einem Entscheidungsvorschlag für den Aufsichtsrat.

Vorlageberichtspflichten bestehen im Zusammenhang mit dem Jahresabschluss, § 171 Abs. 1 Satz 1 AktG und umfassen den Jahresabschluss mit Anhang, Lagebericht inkl. Gewinnverwendungsvorschlag sowie den Prüfungsbericht des Abschlussprüfers, § 321 HGB. Vorlagen können auch im Zusammenhang mit der externen Zwischenberichterstattung geboten sein. Ferner können Vorlagen im Zusammenhang mit dem Abhängigkeitsbericht nach § 312 AktG erforderlich sein. Es handelt sich dabei um den Abhängigkeitsbericht des Vorstands einer abhängigen Gesellschaft sowie das diesbezügliche Prüfungsberichtsergebnis des Abschlussprüfers. Vorlageberichte des Vorstands sind schließlich erforderlich bei Maßnahmen, die der Mitwirkung (Zustimmung) des Aufsichtsrats bedürfen, so z. B. die Grundlagen für Zustimmungsvorbehalte für gesetzlich geregelte Fälle, Zustimmungsrechte des Aufsichtsrats lt. Satzung, Zustimmungsrechte des Aufsichtsrats lt. Geschäftsordnung und Ad-hoc-Zustimmungsrechte des Aufsichtsrats. Die Berichterstattung des Vorstands erfolgt stets an den Aufsichtsrat als Gesamtgremium. Jedes Aufsichtsratsmitglied hat das Recht, von den Berichten Kenntnis zu nehmen. Die Berichte sind in Textform auf Verlangen jedem AR-Mitglied zu übermitteln, entweder durch den Aufsichtsratsvorsitzenden oder direkt an alle AR-Mitglieder. Dieser Grundsatz gilt für alle schriftlichen Berichte, auch die von einem einzelnen AR-Mitglied angeforderten.

Die Berichte sind möglichst rechtzeitig und, mit Ausnahme des Anlassberichts, in Textform schriftlich, per E-Mail oder Fax abzufassen. Nur aktuelle Ergänzungen können mündlich oder per Tischvorlage in der Sitzung nachgereicht werden (Ausnahme). Hierzu besteht kein freies Ermessen des Vorstands. Rechtzeitigkeit bedeutet mindestens drei Tage vor der Sitzung.

> Der Aufsichtsrat hat ein eigenes unmittelbares Einsichts- und Prüfungsrecht.

Die Informationsrechte des Aufsichtsrats einer Konzernobergesellschaft orientieren sich an dessen Überwachungsaufgabe. Es geht um die Überwachung der Konzernleitung, also den Vorstand der Obergesellschaft durch den Aufsichtsrat dieser Gesellschaft. Der Konzern muss in den Berichten des Vorstands an den Aufsichtsrat und nach gleichen Regeln erscheinen, wie in den Berichten über die Gesellschaft. Es gibt keine systematische Parallelnorm, sondern nur eine ansatzweise Regelung in § 90 AktG. Allerdings besteht eine Erlaubnis des »schrankenlosen« Informationsflusses vom Vorstand der Tochtergesellschaft an den Vorstand der Muttergesellschaft bzw. direkt an deren Aufsichtsrat. Bei einer einheitlichen Leitung der Konzerngesellschaften sind Auskünfte der Tochtergesellschaften an die Muttergesellschaft zum Zwecke der Konzernleitung zulässig und erforderlich. Ein Informationsverbot besteht lediglich, wenn echte Minderheitsaktionäre vorhanden sind und kein Beherrschungsvertrag besteht.

Regelmäßige Berichtspflichten bestehen in gleichem Umfang wie für die Gesellschaft, § 90 Abs. 1 Satz 2 AktG. Dies gilt auch für eingegliederte Gesellschaften nach §§ 319 ff. AktG, Organgesellschaften nach §§ 291 ff. AktG, (fast) 100%-ige Tochter- und Enkelgesellschaften. Berichtspflichten bestehen im Konzern analog zu denen der Gesellschaft und betreffen die wirtschaftliche Lage, die Liquiditäts- und Ertragssituation des Konzerns, die Planungen im Konzern sowie die Konzernrentabilität. Sonderberichte über den Konzern und einzelne Konzerngesellschaften sind aus wichtigem Anlass nach § 90 Abs. 1 Satz 3 AktG geboten sowie bei einem geschäftlichen Vorgang von erheblichem Einfluss. Vorlageberichte betreffen die Vorlage des Konzernabschlusses und Konzernlageberichts sowie im Vorfeld eines Aufsichtsratsbeschlusses auch die zustimmungspflichtigen Maßnahmen im Konzern.

Ein eigenes unmittelbares Einsichts- und Prüfungsrecht des Aufsichtsrats besteht nach § 111 Abs. 2 AktG und betrifft die »Bücher und Schriften der Gesellschaft sowie Vermögensgegenstände, namentlich die Gesellschaftskasse und Bestände an Wertpapieren und Waren«. Es besteht ein Initiativrecht beim Aufsichtsrat als Organ, wobei regelmäßig ein Mehrheitsbeschluss erforderlich ist. Ein einzelnes Aufsichtsratsmitglied hat nur ein Recht auf Antragstellung und nur zur Überwachung des Vorstands in einem konkreten abgrenzbaren Fall. Die Übertragung des Einsichts- und Prüfungsrechts ist möglich auf einen Ausschuss, ein einzelnes Aufsichtsratsmitglied oder einen externen Sachverständigen. Dieses Einsichts- und Prüfungsrecht betrifft nur die Gesellschaft, nicht aber nachgelagerte Konzerngesellschaften.

> Es sollte eindeutig definiert werden (z. B. in einer Informationsordnung) wer, wann und wie an den Aufsichtsrat berichten darf.

Berichte und Auskünfte von Unternehmensmitarbeitern wie z. B. dem Leiter Interne Revision, Risikomanagement, Chief Compliance Officer sind gesetzlich nicht ausdrücklich gestattet; ein eigenständiges Informationssystem des Aufsichtsrats am Vorstand vorbei ist nach h. M. grds. unzulässig. Allerdings setzt sich eine differenzierte Betrachtung durch. Danach lässt sich ein Einsichts- und Prüfungsrecht an vorstandsnachgelagerte Abteilungen ohne Wissen des zuständigen Ressortvorstands aus § 111 Abs. 2 AktG nicht ableiten, insbesondere nicht für Fragen, die sich aus der Regelberichterstattung ergeben. Wenn es um die Klärung von Vorwürfen gegenüber einem Vorstandsmitglied geht, wird dieses Vorgehen nach h. M. als zulässig angesehen, allerdings wissend, dass damit bei den Mitarbeitern ein Loyalitätskonflikt ausgelöst wird. In der Praxis erfolgt die Teilnahme und Berichterstattung von vorstandsnachgelagerten Mitarbeitern in der Aufsichtsratssitzung üblicherweise mit Wissen und im Beisein des Vorstands.

Die Überwachungsfunktion des Aufsichtsrats bzw. Prüfungsausschusses umfasst auch die Überwachung der Wirksamkeit des RMS, IKS und IRS. Maßstab ist die ordentliche Sorgfaltspflicht unter Beachtung zeitnaher Erkenntnisse über Risiken und Kontrollschwächen sowie erfolgte oder notwendige Maßnahmen. Betroffen sind sowohl kapitalmarktorientierte wie nicht kapitalmarktorientierte Gesellschaften mit gesetzlichem Aufsichtsrat. Die Überwachung umfasst die zielgerichtete Beobachtung und Informationserhebung durch kritisches Hinterfragen der Ausgestaltung und Funktionsfähigkeit der Systeme sowie vorliegender Informationen auf Basis eigener Erfahrungen und Erkenntnisse einschließlich einem Vergleich mit Best Practices einer entsprechenden Peer Group. Die Überwachungspflicht des Aufsichtsrats beschränkt sich auf das Vorhandensein und die Wirksamkeit der Systeme, deren Optimierung und Effizienzsteigerung liegt in der Verantwortung des Vorstands.

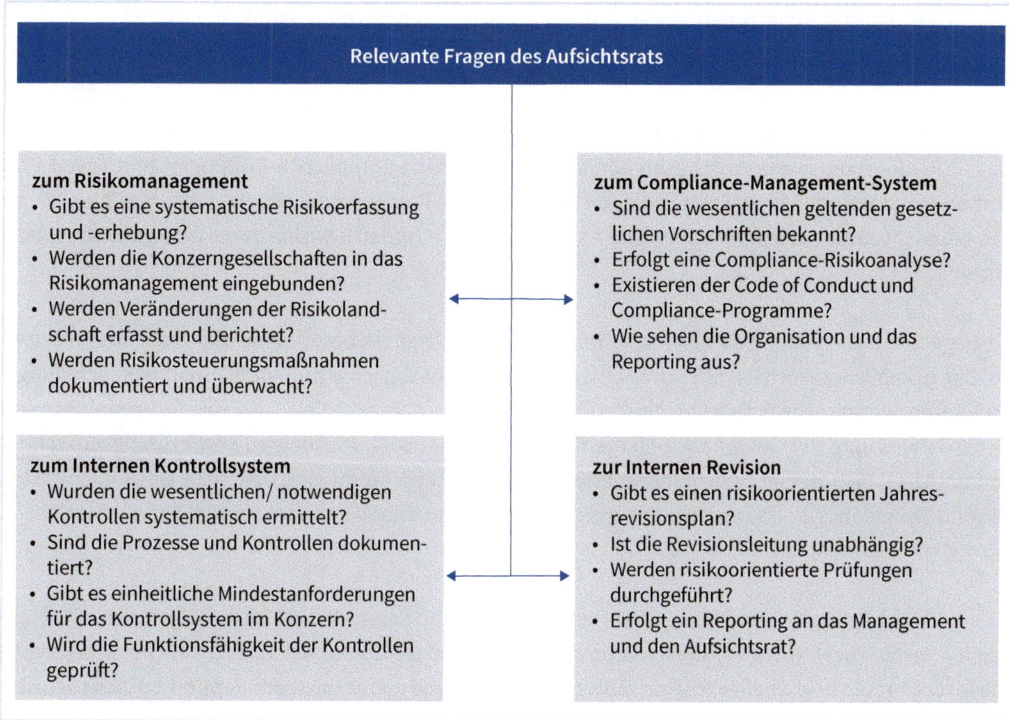

Abb. 132: Relevante Fragen des Aufsichtsrats

Der Vorstand hat zum Risikomanagementsystem das Handbuch, die Beschreibung zur Aufbauorganisation und zu den Prozessen sowie die Organisationsrichtlinien und Anweisungen vorzulegen sowie Berichte zu erstellen über die Risikofrüherkennung, die Risikoidentifizierung und -bewertung, die Entwicklung ergriffener Risikosteuerungsmaßnahmen einschließlich deren Auswirkung auf Plan, Budget und Rückstellungen sowie Nachweise über die Prüfung von Geeignetheit und Funktionsfähigkeit des RMS.

Zum Internen Kontrollsystem hat der Vorstand das Handbuch, die Prozess- und Kontrolldokumentation, die Rollenkonzepte sowie die Organisationsrichtlinien und Anweisungen vorzulegen. Berichte sind in diesem Zusammenhang zu erstellen über Kontrollschwächen, Maßnahmen zur Optimierung der Kontrollsysteme, Nachweise über die Prüfung der Funktionsfähigkeit sowie Self-Assessment-Ergebnisse. Betreffend das Compliance-Management-System sind vom Vorstand das Handbuch, die Organisationsrichtlinien und Anweisungen sowie der Verhaltenskodex vorzulegen. Berichte sind zu erstellen über die wesentlichen Änderungen von Gesetzen, Normen und internen Regeln, präventive Antikorruptionsmaßnahmen, potenzielle Compliance-Risiken, gemeldete Compliance-Verstöße, Maßnahmen und Notfallpläne bei Verstößen gegen Gesetze und interne Richtlinien sowie Nachweise über die Prüfung der Funktionsfähigkeit des Compliance-Systems. Schließlich erfordert die Überwachung des Internen Revisionssystems die Vorlage des entsprechenden Handbuchs, die Beschreibung zur Aufbauorganisation sowie zur Ablauforganisation und zu den Prozessen innerhalb der Revision, die Organisationsrichtlinien und Anweisungen sowie den Jahresbericht.

> Die Überwachungsfunktion des Aufsichtsrats bzw. Prüfungsausschusses umfasst auch die Überwachung der Wirksamkeit des RMS, IKS und IRS.

Berichte für den Aufsichtsrat sind zu erstellen über den (risikoorientierten) Jahresrevisionsplan, die Prüfungsdurchführung sowie Prüfungsergebnisse (einschließlich Compliance-Prüfungen und Fraud-Präventionen), die wesentlichen Feststellungen (einschließlich Betrugs- oder Unterschlagungsfälle). Weiter ist ein Bericht zu erstellen über ein Quality Assessment der Internen Revision durch einen unabhängigen Dritten.

Die Regelberichterstattung an den Aufsichtsrat zu diesen Themen betrifft eine Übersicht über die Top-Risiken, Compliance-Vorfälle, IKS Schwachstellen und diesbezüglich ergriffene Maßnahmen, Schulungsaktivitäten, wesentliche Entwicklungen im Corporate-Governance-Umfeld sowie die Ausgestaltung und Weiterentwicklung der Governance-Elemente. Die Regelberichterstattung an den Prüfungsausschuss umfasst zusätzlich zu den Berichtsgegenständen an den Aufsichtsrat eine Übersicht wesentlicher Risiken und Compliance-Vorfälle sowie eine quantitative und qualitative Darstellung der Schwachstellen im IKS mit Maßnahmenplan.

Ad-hoc-Berichtspflichten im Rahmen der Regelberichterstattung an den Aufsichtsrat können sich ergeben für Vorfälle bzw. »neue« Risiken mit potenziell bestandsgefährdender wirtschaftlicher Auswirkung sowie für Vorfälle bzw. »neue« Risiken mit potenziell bestandsgefährdendem Reputationsschaden. Zusätzliche Ad-hoc-Meldungen an den Prüfungsausschuss können sich ergeben für Vorfälle bzw. »neue« Risiken mit potenziell wesentlicher wirtschaftlicher Auswirkung, mit potenziell wesentlichem Reputationsschaden sowie bei Involvierung eines Vorstandsmitglieds in einen Compliance-Vorfall.

5 Quellen, weiterführende Literatur

Beyer M./Golkowsky, S. (2022): Der Strategie- und Technologieausschuss als ein wesentliches Instrument zur Validierung der Unternehmensstrategie, in: BOARD 01/2022, S. 20–23.

Bea, F. X./Haas J. (2013): Strategisches Management, 6. Aufl., Konstanz/München 2013.

Beyer M./Haugg T. (2020): Finanzreporting – Implikationen für den Aufsichtsrat, in: BOARD 05/2020, S. 197–199.

Beyer M./Hesselmann, H. (2021): Auswirkungen der VUCA-Welt auf die Aufsichtsratsarbeit – Eine Illustration am Beispiel von Cyberrisiken, in: BOARD 06/2021, S. 253–255.

Beyer, M./Heyd, R. (2014): Die Anwendung unterschiedlicher Budgetierungsverfahren und ihre Auswirkungen auf die Unternehmenskontrolle durch den Aufsichtsrat, in: Der Aufsichtsrat 2014, Heft 6/2014, S. 82–84.

Beyer, M./Heyd, R. (2015): Die Überwachung des Rechnungslegungsprozesses – Vom Prozessverständnis bis zur Bilanzpressekonferenz, in: BOARD 2015, Heft 1/2015, S. 6–10.

Beyer, M./Heyd, R. (2016): Einführung zur Corporate Governance, in: Heyd/Beyer (Hrsg.), Corporate Governance in der Finanzwirtschaft – Aktuelle Herausforderungen und Haftungsrisiken, Berlin 2016.

Beyer M./Heyd, R. (2021): Compliance für Aufsichtsräte – Rechtliche und fachliche Anforderungen an die Finanzexpertise, Stuttgart 2021.

Beyer, M./Wulfert, I. (2015): Finanzinstrumente – Herausforderung für Aufsichtsräte?, in: BOARD 2015, Heft 4/2015, S. 157–161.

Dehnen, P. (2019): Der professionelle Aufsichtsrat: Prüfen Sie Ihr Wissen! Das relevante Spezial-Know-How für Ihre Überwachungstätigkeit: Spezialwissen für Ihre Überwachungspraxis, Frankfurter a. M. 2019.

Heger, W. (2021): 100 ESG-Kennzahlen Environmental-Social-Governance, cometis.

Heinen, E./Fank, M. (2013): in: Bea/Haas Strategisches Management, 6. Aufl., Konstanz/München 2013.

Heyd, R. (2014): Jahresabschluss, Konstanz/München 2014.

Heyd, R./Beyer, M. (2010): Bedeutung des Corporate Governance Reportings nach § 289a HGB als Publizitätsinstrument – Wesentliche Neuerungen und deren Auswirkungen auf die bestehenden Informationsasymmetrien, in: Zeitschrift für Planung und Unternehmenssteuerung (Z Plan) 2010, S. 373–392.

Heyd, R./Beyer, M. (2011): Bedeutung des Corporate Governance Reportings nach neuem Recht, in: Heyd/Beyer (Hrsg.), Die Prinzipal-Agenten-Theorie in der Finanzwirtschaft – Analysen und Anwendungsmöglichkeiten in der Praxis, Berlin 2011.

Heyd, R./Beyer, M. (Hrsg.) (2016): Corporate Governance in der Finanzwirtschaft – Aktuelle Herausforderungen und Haftungsrisiken, Berlin 2016.

Heyd, R./Beyer, M. (2016): EU-Reform der Abschlussprüfung und ihre Auswirkungen auf die Arbeit von Aufsichtsrat und Prüfungsausschuss, in: Heyd/Beyer (Hrsg.), Corporate Governance in der Finanzwirtschaft – Aktuelle Herausforderungen und Haftungsrisiken, Berlin 2016.

Reichle, U. (2019): Jahresplan Aufsichtsrat, Stuttgart 2019.

Scheffler, E. (2020): Der Aufsichtsrat: Wirksame Überwachung der Unternehmensleitung, München 2020.

Schulte-Beckhausen S./Beyer M. (2020): Die Rolle des Aufsichtsrats in der Energiewende, in: BOARD 01/2020, S. 7–10.

Stichwortverzeichnis

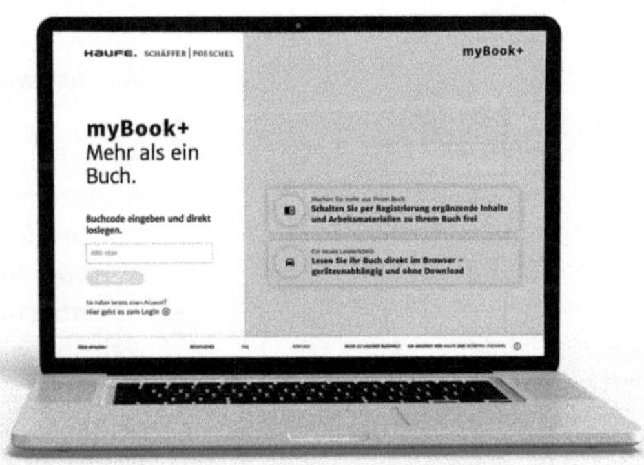

Ihre Online-Inhalte zum Buch: Exklusiv für Buchkäuferinnen und Buchkäufer!

▶ **https://mybookplus.de**

▶ Buchcode: QUE-66012

PI1380683O
9839817